高职高专"十二五"规划教材

电弧炉炼钢生产

主　编　董中奇　时彦林
副主编　王　波　孙会兰　彭可武　罗　刚
主　审　陈　津

U0342213

北　京
冶金工业出版社
2021

内 容 提 要

本书按照国家示范院校重点建设冶金技术专业课程改革要求和教材建设计划,参照冶金行业职业技能标准和职业技能鉴定规范,依据冶金企业的生产实际和岗位群的技能要求编写而成。

本书共分6章,主要内容包括电弧炉炼钢技术概述、电弧炉热工基础和电弧炉设备、电弧炉炼钢原料和耐火材料、电弧炉炼钢冶炼工艺及操作、电弧炉用氧技术和辅助燃烧技术、现代电弧炉炼钢的基本工艺特点以及配料计算和合金钢冶炼。

本书可作为冶金技术专业教材,也可作为相关专业的培训教材和冶金企业相关技术人员的参考书。

图书在版编目(CIP)数据

电弧炉炼钢生产/董中奇,时彦林主编. —北京:冶金工业出版社,2013.9(2021.9重印)

高职高专"十二五"规划教材

ISBN 978-7-5024-6280-2

Ⅰ.①电… Ⅱ.①董… ②时… Ⅲ.①电炉炼钢—高等职业教育—教材 Ⅳ.①TF741.5

中国版本图书馆 CIP 数据核字(2013)第 225812 号

出 版 人　苏长永
地　　址　北京市东城区嵩祝院北巷39号　邮编　100009　电话　(010)64027926
网　　址　www.cnmip.com.cn　电子信箱　yjcbs@cnmip.com.cn
策划编辑　俞跃春　责任编辑　俞跃春　美术编辑　彭子赫
版式设计　葛新霞　责任校对　郑　娟　责任印制　禹　蕊
ISBN 978-7-5024-6280-2
冶金工业出版社出版发行;各地新华书店经销;北京虎彩文化传播有限公司印刷
2013年9月第1版,2021年9月第6次印刷
787mm×1092mm　1/16;15.75印张;380千字;242页
40.00元

冶金工业出版社　投稿电话　(010)64027932　投稿信箱　tougao@cnmip.com.cn
冶金工业出版社营销中心　电话　(010)64044283　传真　(010)64027893
冶金工业出版社天猫旗舰店　yjgycbs.tmall.com
(本书如有印装质量问题,本社营销中心负责退换)

前　言

　　本书是编者在行业专家、毕业生工作岗位调研基础上，与生产一线的技术专家一起，跟踪技术发展趋势，依据冶金工业的生产实际和岗位群的技能要求编写的。本书力求紧密结合现场实践，注意学以致用，体现以岗位技能为目标的特点，在叙述和表达方式上力求深入浅出，直观易懂，使读者触类旁通。

　　本书由河北工业职业技术学院董中奇、时彦林担任主编，河北科技大学冶金工程学院王波、孙会兰和辽宁科技学院冶金工程学院彭可武、太原钢铁集团罗刚担任副主编，参加编写的还有河北工业职业技术学院李建朝、齐素慈、刘燕霞、张士宪、贾燕和张欣杰、黄伟青、关昕和李文兴。

　　本书由太原理工大学陈津教授担任主审，陈津教授在百忙中审阅了全书，提出了许多宝贵的意见，在此谨致谢意。

　　本书在编写过程中参考了相关书籍、资料，在此对其作者表示由衷的感谢。由于编者水平所限，书中不妥之处，敬请读者批评指正。

编　者
2013 年 6 月

目　录

1 电弧炉炼钢技术概述

1.1 电弧炉炼钢的基础

近现代炼钢方法主要有转炉炼钢法、平炉炼钢法和电炉炼钢法，结构示意图如图1-1所示。平炉炼钢法基本已被淘汰，电炉炼钢法与转炉炼钢法最根本的差别在于所使用的热源不同，电炉炼钢法是以电能作为热源的。通常所说的电炉炼钢，主要是指电弧炉炼钢，因为其他类型的电炉如感应电炉、电渣炉等所炼的钢数量较少。

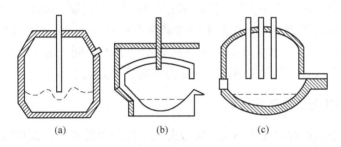

图 1-1　炼钢法结构示意图

(a) 转炉炼钢；(b) 平炉炼钢；(c) 电炉炼钢

电弧炉炼钢就是利用电极和炉料间放电产生的电弧，借助电弧的辐射和直接作用加热并熔化金属和炉渣，冶炼出各种成分的钢和合金的一种炼钢方法。

电弧炉炼钢与其他炼钢方法相比较，有其独特的优点。电弧炉炼钢是靠电弧进行加热的，其温度可以高达2000℃以上，超过了其他炼钢炉用一般燃料燃烧加热时所能达到的最高温度。同时，熔化炉料时热量大部分是在被加热的炉料包围中产生的，而且无大量高温废气带走的热损失，所以热效率比平炉、转炉炼钢法要高。用电能加热还能精确地控制温度。因为炉内没有可燃烧气体，所以可以根据工艺要求在各种不同的气氛中进行加热，也可在任何压力或真空中进行加热。

由于电弧炉炼钢具有上述特点，能保证冶炼含磷、硫、氧低的优质钢，能使用各种元素（包括铝、铁等容易被氧化的元素）来使钢合金化，冶炼出各种类型的优质钢和合金钢，如滚珠轴承钢、不锈耐酸钢、高速工具钢、电工用钢、耐热钢和合金以及磁性材料等。

电弧炉炼钢与平炉、转炉相比较的另一个优点是基建投资少，占地面积小。尤其是和转炉相比，它可以用废钢作为原料，不像转炉那样需要热铁水，所以不需要一套庞大的炼铁和炼焦系统。

另外，从长远观点看，电能的成本稳定，供应方便；电弧炉设备简单，操作方便；还比较易于控制污染。

由此可见，用电弧炉炼钢的优越性是相当大的，所以现在世界各国都在大力发展纯氧顶吹转炉的同时，稳步地发展电弧炉炼钢技术。当前电弧炉的发展趋势是：发展大型电弧炉；发展超高功率供电技术；采用各种炉外精炼法；发展直接还原法炼钢；逐步扩大机械化自动化及用电子计算机进行过程控制等。

1.1.1 钢与生铁的区别

生铁是含碳 1.7% 以上并含有一定数量的硅、锰、磷、硫等元素的铁碳合金的统称，主要用高炉生产。目前伴随着炼铁工业的发展，以 Corex 方法为代表的炼铁新工艺的生产对铁的概念有了进一步的扩展。生铁一般分为三大类：即供炼钢用的炼钢生铁、供铸造用的机件和铸造工具用的铸造生铁（包括制造球墨铸铁用的生铁），以及如用作铁合金和硅铁等的特种生铁。此外，还有含特殊元素钒的含钒生铁。生铁的非铁元素杂质较高，是不能进行塑性加工的铁碳合金。

钢是指以铁为基体、碳为主要元素的多元合金，是含碳量一般在 2.11% 以下，并含有其他元素的可变形的铁碳合金（在碳钢中含碳量有可能大于 2.11%，但 2.11% 通常是钢和铸铁的分界线）。钢的品种繁多，成分性能和用途各不相同，为了便于生产、管理和使用，通常把钢分为碳素钢和合金钢两种。但是钢的分类方法繁多。

1.1.2 碱性电弧炉与酸性电弧炉

炼钢电弧炉根据炉衬的性质不同，可以分为碱性炉和酸性炉。碱性电弧炉的炉衬是用镁砂、白云石等碱性耐火材料修砌的；而酸性电弧炉炉衬是用硅砖、石英砂、白泥等酸性材料修砌的。

由于炉衬的性质不同，在炼钢过程中所采用的造渣材料也不一样。碱性炉要用石灰为主的碱性材料造碱性渣，而酸性炉则是用石英砂为主的材料造酸性渣。

碱性电弧炉由于使用碱性炉渣，能有效地去除钢中的有害元素磷、硫。而酸性渣无去除磷、硫的能力，所以酸性炉炼钢要用含磷、硫很低的原材料，在特殊钢生产中不能大量采用，一般以钢锭和连铸坯为产品的电炉炼钢厂都是使用碱性电弧炉。但酸性炉渣阻止气体透过的能力大于碱性渣，使钢液升温快，因而异型铸造车间多数使用酸性电弧炉。两种电弧炉的比较如表 1-1 所示。

表 1-1 碱性电弧炉和酸性电弧炉的比较

比较项目			碱 性 电 弧 炉		酸 性 电 弧 炉
炉衬材料	炉底	碱性耐火材料	镁砂沥青或镁砂焦油打结	碱性耐火材料	石英砂石泥打结加硅砖
	炉墙		沥青镁砂砖及沥青白云石砖		石英砂白泥掺加水玻璃打结
	炉盖		高铝砖		硅砖
	出钢槽		高温水泥或沥青镁砖		黏土
造渣材料			石灰、萤石		石英砂、石灰
脱磷硫效果			很好		无
适用范围			电炉车间冶炼优质合金钢		铸钢车间

1.1.3 传统碱性电弧炉炼钢过程

电弧炉炼钢一般是用废钢铁作为固体炉料，所以电弧炉炼钢过程首先是利用电能使其熔化及升温，然后在炉内进行精炼，去除钢中的有害元素、杂质及气体，调整化学成分到成品规格范围，以及使钢液在出钢时达到适合浇铸所需要的温度。

碱性电弧炉炼钢的工艺方法，一般可分为氧化法、不氧化法（又称装入法）及返回吹氧法。

氧化法冶炼操作由扒补炉、装料、熔化期、氧化期、还原期、出钢等 6 个阶段组成。其特点是在氧化期，用加矿石或吹氧进行脱磷和脱碳，使熔池沸腾，以降低钢中的气体和杂质，再经过脱氧还原和调整钢液的化学成分及温度，然后出钢。用这种方法冶炼，可以得到钢，还可以利用廉价废钢为原料，因此一般钢种大多采用氧化法冶炼。其缺点是如果炉料中有合金返回料，则其中的某些合金元素会被氧化而损失于炉渣中。

不氧化法在冶炼过程中没有氧化期，能充分回收原料中的合金元素。因此，可在炉料中配入大量的合金钢切头、切尾、废锭、注余钢、切屑和汤道钢等，减少铁合金的消耗，降低钢的成本。炉料熔清后，经过还原调整钢液成分和温度后即可出钢。冶炼时间较短，低合金钢、不锈钢、高速工具钢等均可以用此法冶炼。其缺点是不能去磷、去夹杂物和除气，因此对炉料要求高，必须配入清洁无锈、含磷低的钢铁料，并在冶炼过程中要求采取各种措施防止吸气。同时钢液的化学成分基本上取决于配料的成分，这就要求炉料配料的化学成分和称量力求准确，致使这种冶炼方法用得比较少。

返回吹氧法是在炉料中配入大量的合金钢返回料。依据碳和氧的亲和力在一定的温度条件下比某些合金元素和氧的亲和力大的理论，当钢液升到一定温度以后，向钢液中吹氧，强化冶炼过程，达到在脱碳、去气、去夹杂物的同时，又回收大量合金元素的目的。这样，既降低成本，又提高质量。返回吹氧法常用于不锈钢、高速工具钢等高合金钢的冶炼。因为这些高合金钢如果用氧化法冶炼，由于元素的烧损，在还原期要加入大量铁合金，特别是要加入低碳的铁合金，这样不仅使成本提高，而且使还原期操作极为困难。

现在将生产中主要采用的氧化法冶炼的工艺流程做一个概括的介绍：

（1）补炉。补炉是指当上炉出钢完毕后，需要迅速将炉体损坏的部位进行修补，以保证下一炉钢的正常冶炼。新炉子在冶炼前几炉一般不需要补炉。

（2）装料。装料是指将固体炉料（按冶炼钢种要求配入的废钢铁料及少量石灰）装入炉膛内。目前多数电弧炉采用炉盖上升，炉体开出，或者炉盖升起旋开，用吊车吊起料罐将炉料一次加入炉膛内，称为顶装料。小于 3t 的电弧炉多数是用手工从炉门装料。

（3）熔化期。从通电开始到炉料全部熔清的阶段称为熔化期。其主要任务是迅速熔化全部炉料，并且要求去除部分的磷。为了加速炉料的熔化和节省用电量，在熔化期一般采用吹氧助熔。此外，如发现电极损坏或长度不够，应在熔化期接好电极，同时堵好出钢口，调换渣包，整理好冶炼操作时所需要用的一切工具及做好各项准备工作。

（4）氧化期。当炉料全部熔清后取样分析进入氧化期。这阶段的任务为：

1）最大限度地降低钢液中的磷含量。

2）去除钢中气体（氮、氢）及夹杂物。

3）将钢液温度加热到稍高于出钢温度。

为完成上述任务，必须向炉内加入石灰、矿石，进行吹氧、流渣等项操作。当氧化期结束时，要将炉渣扒掉。

（5）还原期。停电扒除氧化渣后，用石灰、萤石造新渣，开始进入还原期。还原期的主要任务为：

1）去除钢中的硫含量。

2）脱氧。

3）调整钢液化学成分及温度。

还原期操作时要分批向炉渣面均匀加入碳粉、硅铁粉，设法使炉渣颜色变白并保持白渣，并向熔池中加入锰铁、硅铁以及冶炼钢种所需要的铁合金。为了最终脱氧，还要向钢液内插铝块。

（6）出钢。出钢是指将经过冶炼符合要求的钢液，从出钢口处倾入盛钢桶，然后进行浇铸。出钢时要求炉渣覆盖在钢流面上，随钢流一起倾入盛钢桶。

所以氧化法冶炼一炉钢的操作顺序为：上炉钢→补炉→装料→熔化期→氧化期→还原期→出钢浇铸成钢锭。

电弧炉炼钢操作时，除了控制钢的化学成分外，要特别重视冶炼温度和炉渣成分的调整。温度的高低主要是通过变压器输入功率大小来控制，电功率大小可以通过调节供电电压、电流的大小来进行调整。炉渣成分可随意调整，例如多加些石灰就能增强炉渣的碱性及黏度，加些萤石能增强炉渣的流动性，甚至可以将原有渣子扒除掉（或扒除部分）重新造渣。总之，可根据冶炼需要对炉渣适当控制。

1.2　现代电弧炉炼钢的基本工艺特点

1.2.1　超高功率电弧炉炼钢的优势

电弧炉炼钢产量占目前世界炼钢总产量30%以上，高功率和超高功率炼钢的产量占全部电弧炉炼钢的65%以上，超高功率电弧炉炼钢的短流程生产线具有以下的优势：

（1）投资少。约为转炉长流程生产线的2/3，但吨钢成本比转炉的吨钢成本高150~400元。

（2）建设周期短，见效快，受矿产资源的限制的因素较少，产品范围广，在具有铁水热装和直接还原铁等新铁料的条件下几乎可以生产转炉所能够生产的钢种。

（3）生产组织方式灵活。可以按照市场的要求，灵活地组织生产市场需要的钢种，可以按照市场的需求和市场电价、原材料的价格涨落指数，灵活地进行动态的生产计划组织，实现订单生产，在原料价格高峰期进行检修或者休整培训，在电力紧张的时候在用电低峰期生产。

（4）现场生产组织模式比较简单，易于生产的组织和调配。

（5）受原料限制的因素较少。电弧炉炼钢所需要的主要原料是废钢，目前已经有多种替代品，如冷生铁、直接还原铁、热铁水、Croex 铁水、海绵铁等新原料用于电弧炉炼钢的技术已经成熟。

由于电弧炉炼钢对于铁水的要求不高，而且在电弧炉炼钢转炉化的影响下，国外的厂家甚至利用接近100%的铁水加矿石作为冷却剂进行炼钢，效果也在预期之中。

随着目前电弧炉炼钢技术日新月异的发展，炼钢企业在电弧炉形式和设备上有了越来越多的选择。同时，超高功率电弧炉的技术进步也优化和促进了电气配套设施的发展，主要体现在：

（1）采用直接导电电极横臂，利用铜钢复合或者铝导电电极臂代替大电流水冷铜管，简化了设备与水冷系统、减轻了重量、便于维护、降低电抗、提高输入功率。

（2）采用喷淋水冷电极，减少电极侧面氧化损失，电极消耗降低5%～20%。

（3）管式水冷炉壁、水冷炉盖代替炉壁与炉盖耐火材料炉衬，利用水冷盘的冷却水测定炉壁热流量，控制最佳输入功率，提高了电弧炉生产率，耐火材料耗量降低了50%，使电弧炉由短弧操作可改为长弧操作，功率因数由0.707提高至0.75～0.83。

（4）采用偏心炉底出钢代替普通出钢槽出钢的方式，可以实现无渣出钢、留钢操作；钢流紧密，减少了二次氧化与温降，出钢温度可降低30℃左右，炉体倾动角度减少20°～30°，短网长度缩短2m，提高了输入功率，冶炼时间缩短5～9min。

（5）氧燃烧嘴的使用，使熔化更加均匀，以燃料替代一部分电能，缩短了冶炼时间，消除了冷区，允许电极高功率供电，降低了电耗。

（6）各种类型的炭氧枪的使用，在吹氧的同时向炉渣喷炭粉，形成泡沫渣，实现埋弧操作以后，可提高功率因数，使用长弧操作，提高了输入功率与热效率。

（7）炉外精炼手段和连铸的配置，将精炼期移到钢包炉进行，由双渣冶炼改为单渣操作，加快了电弧炉冶炼节奏，提高了变压器利用率，高功率供电时间增长。

（8）第3、4孔加密闭罩，冶炼过程的密闭罩（dog house）的应用，以及除尘系统的优化（加烟气导流罩），净化了一次、二次烟尘，改善了环境条件，降低了电弧炉噪声的危害。

（9）采用废钢预热的竖炉、Consteel电弧炉、料篮预热，利用热烟气预热废钢，回收了余热、预热的废钢温度可达200～1000℃，缩短了冶炼时间，减少了供电时间。

（10）双炉壳电弧炉的冶炼工艺，可以预热废钢，使总能耗降低35kW·h/t，加快了生产节奏，冶炼周期可以缩短至45min左右，易与连铸匹配，充分利用了变压器，可使两炉之间不通电时间缩短到3min（双电极）至5min（单电极）。

（11）直流电弧炉冶炼，可以消除炉衬热点多的问题，减少了电极消耗，搅拌熔池的作用加强，减少了对电网冲击。

（12）高阻抗电弧炉工艺，利用泡沫渣埋弧操作，提高了变压器水平，降低了电极消耗，提高了功率因数，弱化了对电网的干扰。

（13）无功功率静止式动态补偿SVC的使用，消除或减弱了电弧炉冶炼中用电负荷造成的电压波动与谐波对电网的危害，降低了闪烁和谐波。

（14）冶炼过程计算机和自动化控制，可以按冶金模型、热模型进行最佳配料、电热平衡、最佳控制功率等计算，实现了控制、管理、决策，合理电气工作点动态选择，保证合理供电制度执行。

（15）智能电弧炉。利用人工智能进行电弧炉综合控制减少了对电网的冲击。

1.2.2 超高功率电弧炉炼钢生产线的主要特点

超高功率电弧炉炼钢生产的主要特点有：

（1）电弧炉的功率水平较高。功率水平是指冶炼过程中，每吨钢占有变压器额定容量的大小。功率水平是衡量电弧炉装备水平以及影响冶炼周期的一个重要指标，它是一个动态的值，装入量不同，功率水平也不相同，在生产中要根据变压器容量的大小决定冶炼的装入量，避免"大马拉小车，小马拖大车"这种不合理的现象。国际钢联对于电弧炉功率水平的划分见表1-2。

表1-2　电弧炉功率水平的划分

类　别	RP	HP	UHP
吨钢功率水平/kV · A	<400	400 ~ 700	>700

（2）供氧强度大。目前超高功率电弧炉的吨钢氧耗（标态）在 28 ~ 40m^3 之间，有的甚至达到 50 m^3 以上。氧气总流量在 3500 ~ 1000m^3/h 之间。供氧强度如果达不到一定的水平，熔池钢液已经形成，冶金反应不能够迅速进行，将会影响冶炼进程，出现停电或者降低输入功率等待冶金反应的进行，影响冶炼周期。

（3）冶炼周期加快。由于采用了多种现代电弧炉炼钢技术，目前全废钢冶炼最快的冶炼周期达 27min，相当于相同容量的顶底复吹转炉的水平。普遍的冶炼周期在 40 ~ 65min 之间。

（4）冶炼过程中的界限不再明显，熔化期与氧化期有时候成为熔氧合一，各阶段的冶金反应在不同的阶段都在进行。

（5）炼钢过程中噪声增大，一般在 80 ~ 150dB 之间，采用冶炼密封罩可以把噪声降低在 80 ~ 100dB 之间。噪声对于环境的影响见表1-3。

表1-3　噪声对于环境的影响

噪声/dB			
>50	>70	>90	>150
影响睡眠与休息	干扰谈话、影响工作	影响听力、引起神经衰弱头痛、血压升高	鼓膜出血、失去听力

（6）冶炼过程中的冶金反应速率加快，脱磷脱碳速度比普通功率的电弧炉有了成倍的提高。

概括来讲，目前超高功率电弧炉的基本特点是：功率水平在中下（小于 850kV · A/t）的，采用废钢预热，热装铁水，输入辅助化学能的手段用来提高台时产量；功率水平比较大的，除了采用以上措施外，还采用低配碳、底吹气搅拌的手段来体现超高功率电弧炉升温速度快的优势。电弧炉的主要功能是快速熔化废钢，控制钢水中碳、磷含量，满足所需的出钢温度，出钢过程粗调成分，按工序质量控制要求向炉外精炼工位提供合格钢水。图1-2 为变压器额定功率水平与冶炼不

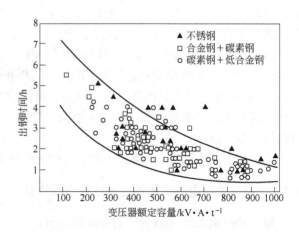

图1-2　变压器额定功率水平与冶炼周期

同钢种的冶炼周期之间的关系。

1.3 现代电弧炉炼钢先进技术

1.3.1 废钢预热技术

当电弧炉采用超高功率化、氧—燃烧嘴助熔、泡沫渣、二次燃烧及强化用氧技术后，炼钢过程的废气量大量地增加。废气的温度高达 1200 ~ 1500℃，废气带走的热量占总热量支出的 15% ~ 20% 之间，相当于 80 ~ 120kW·h/t。采用废钢预热技术，其优点是能耗降低 13.5% ~ 20%（节电 50 ~ 100 kW·h/t）、电极消耗降低 29%（0.15 ~ 0.3kg/t）、降低粉尘 30%、降低转换成本 15% ~ 21%，废钢预热的效果随预热温度的提高而提高。其中，双炉壳电弧炉的功率利用率可达 83%（一般电弧炉仅为 72%），缩短冶炼时间 20%，增产 10% ~ 20%。为了降低能耗、回收能量，在废钢入炉前，利用电弧炉中排出的高温烟气进行废钢预热，是十分重要的，但是有些废钢预热技术对环境的危害是十分明显的。二恶英（dioxin）、呋喃（furan）、硫化物、氯化物等气态物质在预热过程中排放在大气里，目前还没有有效的环保治理措施，即使通过现有环保技术的处理预防，效果也不尽如人意，所以在一些发达的欧洲国家，为了环境的优化，是不提倡废钢预热技术的，甚至是电弧炉炼钢产生的废气，除了二次燃烧使一氧化碳进一步氧化放出的热能加以利用外，烟气要进行水冷处理，以减少二恶英及呋喃的生成量，满足环境保护的要求。随着我国经济技术和环保要求的提高，可以预见，废钢预热技术面临着需要进一步的发展和改善，以满足环保的需要。主要的废钢预热方式主要有以下几种。

1.3.1.1 料罐预热法

据介绍，料罐预热法能回收废气带走热量的 20% ~ 30%，平均节电 20 ~ 25 kW·h/t，节约电极消耗 0.3 ~ 0.5 kg/t，提高生产率约 5%。但料罐废钢预热带来的问题主要有：

（1）产生白烟、臭气、二恶英、呋喃等公害，恶化了工作环境，是产生职业病的一个主要源点。

（2）高温废气使料罐局部过热，从而降低了其使用寿命。

（3）废钢预热温度低，预热废钢的量不大。

为了解决这些问题，虽然采取了一些弥补措施，如再循环方式、加压方式、多段预热方式、喷雾冷却方式以及后燃方式等措施对付白烟与臭气；采取水冷料罐以及限制预热时间、温度等措施来提高料罐的寿命，但是，实际操作结果表明这些措施不尽理想，而且这些措施均使原本废钢预热温度就不高（废钢入炉前温降大，降至 100 ~ 200℃）的情况进一步恶化，综合效益甚微。

1.3.1.2 双炉壳电弧炉的废钢预热技术

新式双炉壳电弧炉大部分为直流双炉壳电弧炉。双壳炉具有一套供电系统、两个炉体，即"一电双炉"。即一座电弧炉冶炼时，产生的炉气通过烟道进入另外一个装入了废钢的电弧炉，对废钢进行预热，冶炼结束后立即进行另外一个废钢预热了的电弧炉冶炼，循环冶炼操作。废钢预热以后温度可达 300℃ 左右，总的电耗可降低 30kW·h/t 左右，冶炼周期可缩短至45min。这种电弧炉的示意图如图1-3所示。

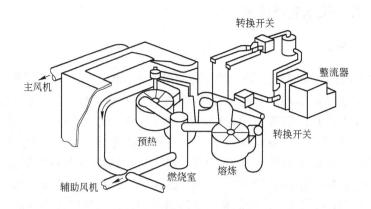

图1-3 双炉壳的直流电弧炉

1.3.1.3 炉料连续预热电弧炉

废钢连续预热电弧炉也称为康斯迪电弧炉，有交流和直流两种。这种电弧炉采用较大的留钢量，使得电弧炉炉内始终有熔池存在。康斯迪电弧炉是在连续加料的同时，利用炉子产生的高温废气对炉料进行连续预热。可使废钢入炉前的温度高达500℃，而预热后的废气经燃烧室进入余热回收系统或除尘系统。根据理论核算后认为，这种预热方式是最合理的预热方式之一，而且这种预热方式可以具有以下的优点：

（1）这种电弧炉实现了废钢连续预热、连续加料、连续熔化，提高了生产率，降低了冶炼电耗和电极消耗，减少了渣中的氧化铁含量，提高了钢水的收得率。

（2）由于废钢熔化速度快，降低了穿井熔化过程的噪声，减少了烟尘量以及对于电网的干扰，改善了生产车间的环境。在预热过程中，烟气中的氧化物颗粒与废钢的碰撞过程中将有一大部分减速停留在废钢中间，增加了金属的收得率约4%，而且降低了除尘的负荷。

（3）输料道上的废钢被炉气的显热和二次燃烧的潜热预热后温度可以达到600~650℃，预热时候炉料中的有机物被高温炉气烧掉，减少了钢液的氢、氯含量。

（4）熔池内的温度特别适合于连续脱碳、脱磷、脱硫的反应，成分控制比较容易。

（5）可以连续生产一周左右不用打开炉盖，降低了热损失，降低了电耗。

（6）因为炉内始终有熔池存在，所以提高了吹氧的效率，电弧稳定，电极的消耗较低，提高了变压器的功率因数。

1.3.1.4 竖窑式电弧炉

竖窑式电弧炉（简称竖炉）是Fuchs公司研制出的新一代电弧炉。竖炉同样有交流、直流，单炉壳电弧炉和双炉壳电弧炉之分。为了实现100%废预热，Fuchs竖炉又对原有的竖式电弧炉进行了新的发展，第二代竖式电弧炉（手指式竖炉）也已经在世界范围内推广使用。手指式竖炉可以实现100%废钢预热。竖式电弧炉预热的简图如图1-4所示。

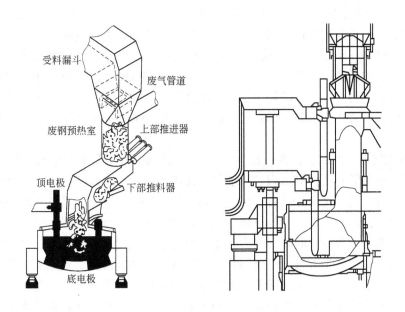

图 1-4　竖窑式电弧炉的主要结构

1.3.1.5　多级废钢预热式电弧炉

多级废钢预热技术是废钢预热技术的最新发展，多级废钢预热式电弧炉的主要结构如图1-5所示。

多级废钢预热式电弧炉的预热原理、运行模式、组成和特点介绍如下：

（1）竖炉分两层预热室，上下两层都可以利用"手指"独立操作开关。

（2）在废钢加入电弧炉前，可以单独分批预热废钢。

（3）预热室分为 3 个工位：预热位、加料位和维修位。

（4）电弧炉冶炼开始后，高温烟气分为两路进入预热室，一路进入下部预热室，一路进入上部预热室，解决了竖炉废钢预热不均匀、局部废钢预热温度过高"粘手指"的矛盾。

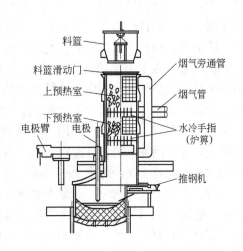

图 1-5　多级废钢预热式电弧炉示意图

（5）该系统允许上部预热室不预热废钢时，废气可以直接从下部预热室进入预热室预热废钢。废气在上下预热室之间汇集进入除尘系统。

该系统在日本 Yamato Kogyo 厂使用后，各项经济指标优于传统的竖炉单级预热的效果。

1.3.2　强化用氧技术

近代电弧炉炼钢大量使用氧气，以达到强化冶炼效果的目的，供氧量比普通功率水平的电弧炉有了大幅度的提高，一般吨钢氧耗在 $20 \sim 45 m^3/t$ 之间，有的甚至达到 $50 m^3/t$ 以上。强化供氧的结果是冶炼速度和台时产量大幅度的增加，冶炼电耗明显下降，最低的冶炼电耗达到 $180 kW \cdot h/t$。电弧炉强化用氧技术包括：氧燃烧嘴或者氧油烧嘴助熔；炉门自耗式炭氧枪，炉门或者炉壁超声速水冷氧枪，炉壁多点吹氧的超声速集束氧枪，用于脱碳和造泡沫渣，实现炉气二次燃烧以达到节能降耗的二次燃烧氧枪以及能够实现二次燃烧的多功能烧嘴；布置在渣线部位的自耗推进式底吹氧枪 Korf-arc 系统等。它们的主要特点分别如下：

（1）氧燃烧嘴。西欧、日本、北美几乎所有的电弧炉都采用氧燃烧嘴进行强化冶炼。因价格、燃料的来源及操作等原因，目前氧燃烧嘴用燃气作燃料的较多，氧燃烧嘴也容易控制。在天然气充足的地区，具备焦炉或者高炉生产条件的地区，采取氧燃烧嘴的经济效益会比较明显，而且见效快。氧气—燃油烧嘴在燃气缺乏的地区使用，使用效果是和设备维护水平与重视程度紧密关联的。国内张家港润忠公司引进的 90t 竖炉上采用氧气—燃油烧嘴进行助熔，使用效果较好。广州钢厂引进的 ABB 公司的 60t 直流电弧炉的氧气—燃油烧嘴（使用轻质柴油）的效果据介绍比较理想。目前随着大型电弧炉生存环境的影响，采用氧燃烧嘴技术作为增加电弧炉钢竞争力的主要手段正在普及。随着烧嘴优势的体现，促进了烧嘴技术的发展，目前国内烧嘴的技术已经有了进一步的发展，集烧嘴、氧枪、二次燃烧为一体的多功能烧嘴已经开始普遍使用。

（2）炉门氧枪。炉门氧枪分为消耗式与水冷（非消耗式）氧枪，国内大多数的电弧炉使用炉门消耗式的氧枪。它的优点是操作灵活，能够充分发挥氧枪"点热源"的作用，在脱磷、脱碳和留碳操作，控制造泡沫渣操作方面具有独到的优势，它的缺点是必须人工更换吹氧管，操作不当时枪管消耗较快时，工人的劳动强度较大。炉门水冷超声速氧枪其主要优点是不需要更换枪管，水冷氧枪的枪管使用寿命在 $200 \sim 300$ 炉左右，故障点少，减轻了操作人员的劳动强度，脱碳速度快，控制泡沫渣时，渣中氧化铁含量比自耗式氧枪控制泡沫渣的条件下，渣中氧化铁要低，氧气利用率较高，有利于降低铁耗。缺点是操作的灵活性被限制。为了提高使用率和供氧强度，有的厂家在炉门水冷炭氧枪上增加了喷吹燃烧气体或者燃油的枪，在废钢加入炉内后，喷吹燃料，在炉区废钢出现红热状态时才使用水冷炭氧枪。在冶炼中受氧气压力等因素的影响，容易发生氧化期的大沸腾事故。

（3）二次燃烧氧枪。二次燃烧技术虽然是最近几年出现的技术，但发展很快，美国、日本、德国、法国及意大利等均达到工业应用水平。二次燃烧氧枪也称为 PC 枪，国内有的厂家已经取得了这种枪的专利。目前二次燃烧氧枪的形式有多种，有的是集成在炉门枪上的专用 PC 枪，有的是布置在炉壁上专用的氧气喷嘴或者具有二次燃烧功能的多功能烧嘴。

二次燃烧主要是利用废钢熔化和熔池脱碳族时，吹氧产生的 CO 气体，使其燃烧放热，达到利用热能的目的。增加电弧炉的留钢量、改进废钢的块度配比、增加必要的燃气助熔，是解决二次燃烧氧枪利用率低的关键因素。

（4）炉壁超声速集束氧枪。炉壁超声速集束氧枪技术是最近几年流行的一门新技术。它的主要特点是：在电弧炉内实现多点吹氧，多点喷碳。氧气射流的射流长度较长，最长的射流可以达到 2m，射流氧气能够射入熔池内部进行脱碳，脱碳速度较快，同时采用燃气作为辅吹气体超声速集束氧枪还具有烧嘴的多种功能。炉壁超声速集束氧枪的使用在提高劳动生产率，降低操作难度上发挥了积极作用。其主要缺点在于氧气射流到达熔池的距离过长，通常需提高喷枪的流量以达到较高的射流速度，方能满足长行程的要求，同时还必须有燃气或辅吹氧气、氮气、氩气作为环绕保护气体。然而过度地使用氧气会产生严重的负面效应，如炉壁反溅、耐火材料的消耗加剧、电极消耗升高、钢中溶解氧含量普遍较高等缺点。其冶炼过程如图 1-6 所示。

图 1-6　采用炉壁超声速集束氧枪吹炼

（5）渣线供氧的 Korf-arc 技术。这种在渣线部位增设自耗式的供氧技术在交流电弧炉和直流电弧炉上先后投入使用过。一般是在炉门两侧渣线部位，以及炉渣线部位侵蚀严重，炉衬寿命短，冶炼过程中不易控制。

1.3.3　电弧炉底吹气技术

电弧炉底吹气技术（DPP）最早是在 1980 年德国蒂森特殊钢公司 110t 电弧炉上实现了工业化应用，主要具有以下优点：

（1）促进了废钢的熔化，减少了冷区的软熔现象，有助于消除电弧炉炼钢过程中存在的冷区。

（2）有益于提高钢渣界面的反应速度，有助于电弧炉粗炼钢中夹杂物的吸附和去除，增加了脱磷脱碳的反应速度，对于缩短冶炼周期有积极意义。

（3）增加了钢水在熔池内的运动速度，有助于消除熔池内的温度不均衡现象，可以降低出钢温度。

（4）由于底吹气的搅拌作用，钢渣界面的反应更加趋于平衡，降低了渣中氧化铁含量，有利于铁耗的降低。

（5）由于降低了电弧炉的出钢温度和渣中氧化铁的含量，提高了炉衬的寿命。

由于以上的优点，电弧炉底吹气技术在最近几年里得到了重视和发展。底吹气技术主要是在电弧炉炉底成 120°角分布装三块透气砖，透气砖和套砖之间用炉底捣打料填充。第一炉使用时不供气，透气砖受损严重时可以更换，更换方式与更换 EBT 套砖的方法相似。电弧炉的冷区如图 1-7 所示，底吹气砖的分布如图 1-8 所示。一般供气压力在 0.3 ~ 1.2MPa 之间，搅拌气体的流量（标态）控制在 0.002 ~ 0.001m^3/（min·t）效果最佳。底吹气采用的气体有氮气、二氧化碳气体以及氩气，使用氩气作为底吹气体，可以降低钢中的氮含量。为了降低成本，部分厂家在不同的阶段使用不同的气体介质，在 Oberhause 厂，生产对氮不敏感的钢种时，熔炼时钢水温度在 1550℃ 以下时吹氮，1550 ~ 1650℃ 吹氩气，因为钢水温度在 1550℃ 以下，钢水吸氮的量较小。

1.3.4　密封置技术和高效除尘技术

电弧炉冶炼过程中的高分贝噪声和超声速氧枪和超声速氧燃烧嘴吹炼条件下产生的噪声，严重地影响工作区域工人的听觉和工作效率。为了降低噪声的危害，电弧炉采用冶炼

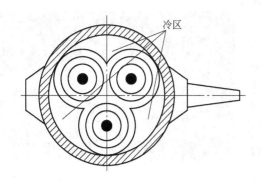

图 1-7　电弧炉冶炼中的冷区分布图　　　　图 1-8　底吹气砖的分布简图

过程中在电弧炉冶炼区域加装密封罩的技术，正常使用时效果比较明显，可以降低噪声 10～30dB。这种密封罩一般是可以移动的，冶炼过程中关闭密封罩，冶炼结束加料时打开密封罩进行加料的操作。

现代超高功率电弧炉炼钢时，由于强化用氧，产生的烟气量非常大，实际生产中在没有除尘系统运行的条件下，电弧炉冶炼时，厂房内污染特别严重，甚至看不到行车和设备的运行状况，可以说没有高效率的除尘设备，超高功率电弧炉的冶炼就不可能进行。高效除尘技术主要包括水冷烟道和厂房顶部的屋顶罩两部分。水冷烟道将冶炼过程中产生的大部分烟气抽走，从电极孔和其他部位产生的烟气和粉尘由屋顶罩抽走。水冷烟道的抽气量可以动态地使用电磁阀调节，这种调节是根据冶炼的工艺要求决定的。

1.4　现代电弧炉炼钢的基本工艺操作过程

1.4.1　工艺准备

冶炼以前，为了保证冶炼的连续性，需要准备炼钢使用的各类废钢铁原料、各类脱氧剂、辅助原料。废钢原料主要包括各种类型的废钢、生铁、直接还原铁、铁水等；渣料主要有石灰、轻烧白云石、萤石或者镁钙石灰等；铁合金根据冶炼钢种对于化学成分的要求准备，常见的有硅铁、锰铁、铬铁、铝铁、铌铁、钒铁、钛铁、钼铁等。脱氧剂主要有铝铁、铝块、硅钙钡合金、硅钙合金、铝锰铁、电石、精炼剂以及各种类型的合成渣等。辅助原料有增碳剂、喷吹炭粉、EBT 填料；各类修补炉衬的耐火材料，主要是炉门快补料、喷补炉衬的不定形耐火材料等。

基本工器具包括：测温枪、取样器和取样器铁杆、送样的铁夹子、发送试样的炮弹、清理 EBT 的掀柄式烧氧枪、与之配套的吹氧钢管、相应的乙炔气瓶、乙炔气割刀、清理炉门用的叉车、撬棒、铁锹、添 EBT 的漏斗、铁杆、处理断电极的专用夹子、各类的吊具链条、长 3m 左右的钢丝绳、铁桶等。

冶炼的记录针对直流电弧炉和交流电弧炉不同。填写冶炼记录的主要目的是对于冶炼过程中的数据做分析，为质量控制做参考，为过程分析提供依据，找到和发现问题，以利于产能和总体系统的提高。图 1-9 为交流电弧炉的工艺流程图，图 1-10 为某 150t 交流电弧炉的物料平衡图。

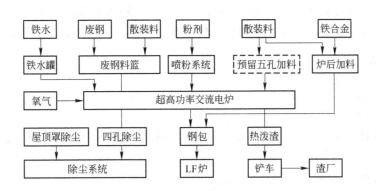

图 1-9　交流电弧炉的工艺流程图

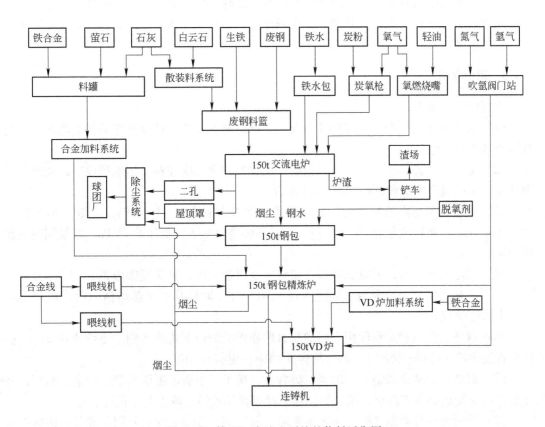

图 1-10　某 150t 交流电弧炉的物料平衡图

电弧炉加料前准备与检查电弧炉加料以前冶炼工艺的检查内容主要有：

（1）第一炉冶炼时，在滑板测试结束以后，就可以直接填充 EBT；连续生产时，出钢结束以后，快速将炉体前倾 10° ~ 15°，迅速处理好 EBT 出钢口的冷钢残渣；关闭 EBT 挡板，用专用填料砂灌满出钢口并呈馒头状凸起。

（2）摇平炉体，同时及时用铲车清理炉门残渣，并用炉门快补料修补铺平炉门。

（3）仔细观察炉体情况，尤其是渣线和炉门下巴部位，发现侵蚀凹坑时，应及时趁热喷补。

（4）检查各类水冷系统、管道、风机、电气及炉底测温系统、压力、炉坡温度等情况，计算机画面中有无异常和报警现象，检查确认正常即可进料通电操作。

1.4.2　进料操作

进料操作步骤为：

（1）旋开炉盖。

（2）将料篮吊至炉体上方，高度为料篮底与炉体上沿大致为同一平面，打开蛤壳式料篮。

（3）清除炉体上沿废钢，旋回炉盖。

（4）第一篮料加入炉膛后，送电冶炼到加第二篮料的时间间隔约 10～20min，或视输入功率和烧嘴的使用情况而定，原则是根据第二批料的配料量的情况，确认炉内废钢基本熔清或者 70% 以上的废钢已经熔清，不会发生第二篮废钢料入炉以后料高，炉盖旋转不进来的压料事故。

1.4.3　冶炼操作

冶炼操作步骤为：

（1）送电操作。根据废钢的具体情况、炉况及有关工艺卡选择相应的供电曲线。进行自动或者手动送电。

（2）通电以后开始吹氧助熔，包括第一次加料和第二次加料。熔池形成后，喷炭粉造泡沫渣，泡沫渣高度要求 500～1500mm 左右。

（3）吹氧采用超声速炭氧枪，氧气压力一般控制在 0.8～1.8MPa；流量（标态）为 30～85m³/min；炭粉流量为 20～110kg/min；压缩空气压力不低于 0.6MPa。吹氧同时喷炭造泡沫渣。

（4）溶池形成以后，根据钢种磷含量要求及时地放渣，确保脱磷效果。

（5）氧化后期，当炉内钢水温度达到 1560℃ 时，炉料基本全部熔清以后，取样分析钢水中的化学成分。

（6）取样、测温和定氧使用专用的脱氧取样器沿炉门下角插入钢渣下约 300mm 左右，探头在钢中停留时间：测温 3～7s；取样 5～10s；定氧 6～10s。

（7）根据分析结果和钢水中的氧、碳含量，按工艺卡要求配脱氧剂、合金及辅料，并将操作指令发送给高位料仓。脱氧剂、合金及辅料加入顺序按工艺卡执行。

（8）当钢液成分和温度符合工艺卡要求，脱氧剂、合金、辅料及钢包准备就绪后就可以做出钢的准备。

1.4.4　出钢操作

出钢操作步骤如下：

（1）钢包在出钢前 3～5min 开到出钢位，包衬至少呈暗红色（烘烤温度超过 1000℃）包衬无损坏，包内无冷钢残渣，钢包就位后打开氩气，透气畅通；若检查透气砖发现不透气不允许出钢，必须换包处理。

（2）合金、脱氧剂、增碳剂准备就位。

（3）停电，电极提升到出钢位，炉子后倾 3°~5°；将操作台控制权释放到出钢台，出钢台允许出钢台激活的信号到达以后，激活出钢台，检查出钢条件，一般情况下，出钢条件不满足，出钢台不能激活。激活出钢台以后，同时打开 EBT 保险装置，开启 EBT 滑板出钢，并逐步增大炉体倾角。

（4）出钢量达到出钢总量的约 1/5 时，向钢包加入事先配算好的合金及各类辅料。检查料仓中的材料是否完全加入钢包内，出钢量按作业计划执行，出钢尽量保证不下渣，不带渣。出钢量达到目标要求时，迅速摇回炉子并使炉体前倾约 10°~15°，钢包离开后，对 EBT 进行清理，进入下一炉的填充 EBT 的循环操作过程中。

1.5 直流电弧炉冶炼工艺操作要点

1.5.1 直流电弧炉的冶炼启动

直流电弧炉特殊的电极结构决定了直流电弧炉冶炼开始的特殊性，一般在开始冶炼第一炉以前，要做启动起弧的准备。这种准备有的是要做底电极的起弧台架，有的要做不同形式的起弧电极。石墨电极起弧有三种方式：

（1）水冷棒式的底电极要在底电极上焊接起弧台架，这种起弧台架根据底阳极的数量来制作，比如有四根底电极的起弧台架，就要做一个没有桌面的"矩形桌子"，桌子和桌子的四条腿由铸坯制作，使用人工与底电极焊合在一起，然后在起弧台架中间加入一些切头废钢，或者堆比和导电性能良好的废钢，然后送电起弧冶炼。

（2）第二种方式与交流电弧炉冶炼的起弧方式相同。在第一批料加入一些优质废钢以后，就可以直接通电冶炼。

（3）采用启动电极。启动电极和普通电极一样，包括一个立柱、液压缸、带夹持器的电极臂和一根石墨电极。它恒定地和阳极相连并且通过炉顶进入炉内，接近中心处阴极的电弧电极。启动电极不需要进行电极调节，只是通过其本身的自重压向废钢铁料。起弧后 15min 左右，炉底聚集了足够数量的钢水以后，再切断起弧电极通路，退回启动电极，把启动电极升高到炉底以上，并且使用液压缸把炉顶启动电极的孔密封以后，就可以正常使用阴极石墨电极使直流电流过底阳极，进行正常冶炼了。很多大容量直流电弧炉采用了启动电极，启动电极的电源是单独的，电流很小，但需要有足以起弧的电压。启动电极能够有效地阻止电流集中在大块废钢和导电弧炉底之间，保护了炉底不至于过早地损坏。

1.5.2 直流电弧炉冶炼对留钢的要求

直流电弧炉的一个主要的特点就是出钢时不能把钢水出尽，要有一定数量的留钢，否则底电极内出现孔洞，与废钢接触不良会出现底电极不导电的事故。在有热装铁水的情况下，这种钢水出尽后，可以兑加铁水弥补留钢，没有铁水的条件，出尽留钢后，只有加入起弧台架帮助起弧或者采取启动电极的措施帮助起弧。对于水冷棒式的底电极，在废钢加入后发现不导电的情况，只有吹氧升温，以高温来实现熔融钢液与底电极的打通。

1.5.3 直流电弧炉对渣料加入的要求

对于渣料采用料篮加入方式的直流电弧炉来讲，由于渣料的导电性能差，为了防止石灰或者白云石加入时堆积在底电极，发生不导电的事故，所以直流电弧炉的渣料控制在第二批料加入。在有合适的留钢量的情况下，第一批料也可以加入，但是带有一定的不稳定性。采用炉顶加料系统加料的电弧炉，渣料也是在废钢加入以后，电弧炉送电冶炼开始以后加入的。

1.6 电弧炉炼钢的主要经济技术指标

1.6.1 电弧炉炼钢技术经济指标

电弧炉炼钢的生产水平和管理水平，在各项技术经济指标中具体地反映出来，因而提高各项技术经济指标显得十分重要。电炉炼钢的主要技术经济指标有以下几个方面。

1.6.1.1 产量

产量方面的技术经济指标包括：

（1）合格钢产量（t）：

$$实际合格钢产量 = 实际检验产量 - 废品量 \tag{1-1}$$

（2）利用系数（t/(MV·A·d)）。利用系数指一昼夜（24h）每 1MV·A 变压器生产的合格钢产量（t），计算方法为：

$$利用系数 = \frac{合格钢产量}{变压器容量 \times 日历昼夜} \tag{1-2}$$

式中，变压器容量 = 变压器额定容量 kV·A/10³。

日历昼夜即统计期，通常按月、季、年度进行，但应扣除计划检修和计划停电所占去的时间。冷装电炉利用系数一般为 15~30t/(MV·A·d)。

（3）作业率（%）。作业率指电弧炉实际炼钢时间与日历时间的百分比，计算方法为：

$$作业率 = \frac{实际炼钢时间}{日历时间} \times 100\%$$
$$= \frac{日历时间 - 热停工时间}{日历时间} \times 100\% \tag{1-3}$$

热停工时间包括接电极、检修机械电器、更换水冷设备、等吊车、中修炉、非计划停电等所花时间的总和。

（4）冶炼时间（min/炉）。冶炼时间指冶炼每炉钢所需时间，计算方法为：

$$平均每炉冶炼时间 = \frac{实际冶炼时间总和}{实际出钢炉数} \tag{1-4}$$

式中，实际出钢炉数不包括炼原料钢炉数。

（5）时间利用率（%）和功率利用率（%）。这是电弧炉生产能力方面有重大影响的两个因素，能反映出电炉车间的生产组织能力、管理、操作和维护水平。

时间利用率为一炉钢总通电时间与总冶炼时间之比，用 T_u 表示：

$$T_u = \frac{t_2 + t_3}{t_1 + t_2 + t_3 + t_4} \tag{1-5}$$

式中 t_1——上炉出钢至下炉通电的时间；

t_2——熔化时间；

t_3——精炼时间；

t_4——冶炼过程中停电时间，提高时间利用率即减少热停工时间。

功率利用率是指炼一炉钢实际耗电量与通电时以额定功率进行的最大耗电量之比，用 C_2 表示：

$$C_2 = \frac{P_熔 t_2 + P_精 t_3}{P_额定(t_2 + t_3)} \tag{1-6}$$

式中　$P_熔$——熔化期的平均功率；

$P_精$——精炼期平均功率；

$P_额定$——炉用变压器额定功率；

t_2——熔化时间；

t_3——精炼时间。

提高功率利用率即要充分发挥使用变压器功率，尽量地延长最大功率的时间。

1.6.1.2　质量

质量方面的技术经济指标包括：

（1）合格率（%）。合格率指合格钢产量与实际检验产量的比值，按钢种分月、分季、分年统计，又称质量合格率，计算方法为：

$$合格率 = \frac{合格钢产量}{实际检验产量} \times 100\% \tag{1-7}$$

（2）废品率（%）。废品率指废品量与实际检验产量的比值，计算方法为：

$$废品率 = 1 - 合格率 \tag{1-8}$$

1.6.1.3　品种

品种方面的技术经济指标包括：

（1）品种完成率（%）。品种完成率指完成品种与计划品种的比值，计算方法为：

$$品种完成率 = \frac{完成品种}{计划品种} \times 100\% \tag{1-9}$$

（2）合金比（%）。合金比指合金钢合格产量占合格钢总产量的比例，计算方法为：

$$合金比 = \frac{合金钢合格产量}{合格钢总产量} \times 100\% \tag{1-10}$$

有些钢厂还用高合金比来表明高合金钢（合金元素总量大于 10% 的钢）比例的多少，即：

$$高合金比 = \frac{合格高合金钢产量}{合格钢总产量} \times 100\% \tag{1-11}$$

1.6.1.4　消耗

消耗方面的技术经济指标包括：

（1）电力消耗（kW·h/t）。电力消耗指生产 1t 合格钢所消耗的电能，计算方法为：

$$电力消耗 = \frac{电弧炉用电量}{合格钢产量} \qquad (1\text{-}12)$$

（2）电极消耗（kg/t）。电极消耗指生产 1t 合格钢所消耗的电极量，计算方法为：

$$电极消耗 = \frac{电极用电量}{合格钢产量} \qquad (1\text{-}13)$$

（3）钢锭模消耗（kg/t）。钢锭模消耗指生产 1t 合格钢所消耗的钢锭模质量，计算方法为：

$$钢锭模消耗 = \frac{所耗用钢锭模质量}{合格钢产量} \qquad (1\text{-}14)$$

（4）耐火材料消耗（kg/t）。耐火材料消耗指生产 1t 合格钢所消耗的镁砂、耐火砖等的质量，计算方法为：

$$耐火材料消耗 = \frac{所耗用耐火材料质量}{合格钢产量} \qquad (1\text{-}15)$$

炉龄、炉盖、盛钢桶均按寿命计算，单位为炉（次）。

（5）金属料消耗与钢铁料消耗（kg/t）。金属料消耗指生产 1t 合格钢所消耗的废钢、生铁及其他合金材料、氧化铁皮、铁矿石等的总耗量，计算方法为：

$$金属料消耗 = \frac{废钢 + 生铁 + 铁合金 + 氧化铁皮 + 铁矿石}{合格钢产量} \qquad (1\text{-}16)$$

钢铁料消耗指生产 1t 合格钢所消耗的废钢和生铁量，计算方法为：

$$钢铁料消耗 = \frac{废钢 + 生铁}{合格钢产量} \qquad (1\text{-}17)$$

1.6.2　提高技术经济指标的主要途径

提高技术经济指标的主要目的是要使电弧炉生产达到优质、高产、多品种、低消耗的要求。而产品质量的好坏是提高技术经济指标的中心环节。从各项指标分析表明，质量与各项指标间具有紧密的内在联系。如要完成计划产量指标，首先要确保在优质的前提下增加合格钢产量。而合格钢产量的多少，又决定了电弧炉利用系数的高低。又如品种完成率指标也就是要求生产具有一定数量的优质合金钢。再如消耗方面，要降低生产每吨合格钢的单耗，除了降低各项原材料定额消耗外，还必须确保质量合格。总之，要提高技术经济指标，质量是个关键，又是中心，为了提高各项技术经济指标，就一定要以质量为中心，做好以下几方面工作：

（1）不断提高操作技术水平，加强电弧炉炼钢的基本训练，尽量缩短各项工艺操作的时间，尤其是缩短补炉、装料、接电极和扒渣等操作的时间。

（2）进行冶炼工艺改革，改革现有冶炼工艺。如推广炉外精炼工艺，各厂可根据具体条件，选择各种炉外精炼方法；氧化期强化冶炼；扩大沉淀脱氧的比重；还原期强化脱硫等。

（3）挖掘潜力，增加产量。如为扩大炉产量而进行合理超装，为提高变压器输出功率而改进电气设备等。

（4）"开源节流"，努力增加炉子的能量收入，减少能量损失。如废钢预热，热装铁水，余钢余渣倒回炉，吹氧助熔、煤气助熔，减少热停工，缩短补炉装料时间等。

（5）降低原材料消耗。如加强炉体和电极的维护，采用水冷挂渣炉壁，加入铁合金要精打细算等。

复习思考题

1-1 如何区分碱性电弧炉和酸性电弧炉？

1-2 传统碱性电弧炉由哪几个阶段组成？

1-3 简述超高功率电弧炉炼钢的优点。

1-4 简述现代电弧炉炼钢的先进技术。

1-5 提高电弧炉经济指标有哪些途径？

1-6 名词解释：利用系数，作业率，时间利用率，合格率，品种完成率，电极消耗率。

电弧炉热工基础和电弧炉设备

2.1 冶炼过程的能量供给与热交换

2.1.1 电弧炉炼钢过程中的能量供给制度

电弧炉冶炼各个阶段的钢液具有一定的温度,温度制度是要靠合理的能量供给制度来实现的,电弧炉炼钢的能量供给制度是指在不同的冶炼阶段向电弧炉输入电弧功率的多少以及辅助能源的多少。以下做简要分析。

2.1.1.1 熔化期

电弧炉加入废钢铁料以后,电弧在固体炉料上面和接近炉盖的区域起弧,弧光会辐射到炉盖,如果炉料的配加和布置比较合理,电极很快就会插入炉料内,电弧就会被炉料包裹。当电弧被炉料包裹以后,直到炉料大部分被熔化,电弧暴露在熔池面上为止,这一阶段,炉料直接吸收电弧的功率,炉衬几乎不参加热交换,所以电弧炉可以输入最大的电压和电弧功率,各类烧嘴在这一阶段也要满功率地输入能量。

随着废钢的熔化,电弧暴露在熔池面上,炉衬参与了热交换,熔池非高温区主要依靠炉衬辐射而加热,由于炉墙的位置和熔池之间的夹角略大于90°,炉盖可以认为是与熔池液面平行的,所以可以认为,在加热熔池方面,炉盖起着主要的作用。输入电弧炉电弧功率的分配可以表示为:

$$P_{电弧} = P_{有用功} + P_{热损失} + P_{炉衬储热} \tag{2-1}$$

式中 $P_{电弧}$——电弧的功率,kW;

$\quad P_{有用功}$——加热炉渣和钢液的功率,kW;

$\quad P_{热损失}$——通过炉衬和其他途径散失的功率,kW;

$\quad P_{炉衬储热}$——炉衬储存的能量,使得炉衬升温,kW。

随着冶炼的进行,炉衬的温度升高,炉衬储存能量的程度降低,$P_{热损失}$增加,$P_{有用功}$由两部分组成,一部分是电弧直接辐射给炉料或者熔池,另外一部分是首先辐射到炉衬,再从炉衬反射给熔池,炉衬反射给熔池功率的大小,由炉衬的温度和熔池表面温度的四次方之差来决定:

$$q = \frac{4}{800} \times \left[\left(\frac{T_1 + 273}{100} \right)^4 - \left(\frac{T_2 + 273}{100} \right)^4 \right] \tag{2-2}$$

式中 q——炉衬辐射给熔池面的热流,kW/m²;

$\quad T_1$——炉衬的内表面温度,℃;

$\quad T_2$——熔池表面上的温度,℃;

$\quad 4/800$——辐射系数,kW/(m² · K²),角度系数约为1。

熔化期的温差大，这种传热可以大量地进行。随着熔池温度的升高，这种传热的进行程度变小，当输入的电弧功率不变时，由于熔池表面温度的升高，$P_{炉衬储热}$将会下降，$P_{热损失}$和$P_{有用功}$将会增加，$P_{热损失}$的增加，将会增加冶炼的电耗，$P_{炉衬储热}$的增加会引起炉衬温度的升高。当温度升高到炉衬耐火度的时候，炉衬就会损坏，特别是炉盖。为了减少热损失和延长炉衬、炉盖的寿命，输入电弧炉的电弧功率要随着熔池温度的升高而降低。很多的时候，炉衬的薄弱部位，是在废钢熔清70%左右穿炉的，就是以上传热因素造成的。

2.1.1.2 氧化期

氧化期由于脱碳反应的作用，熔池剧烈沸腾，熔池内部的对流传热得到强化，钢液内部的温差小，为钢液的升温操作提供了有利的条件。同时由于氧化放热反应，熔池的升温速度会更快，所以要根据装入量和配碳量，合理地调整送电的挡位和输入电弧炉的电弧功率。

需要特别说明的是，在超高功率电弧炉的生产中，如果氧化期脱碳反应能够正常地进行、温度控制得合理，即使是炉役后期的薄弱处也很少穿炉。穿炉就是在脱碳反应没有开始，熔池内部钢液之间的传热较差，炉渣乳化以后经常发生。

2.1.1.3 还原期

由于还原期冶炼的期间，熔池平静，熔池内部主要是导热，钢液上下的温差大。此时尽管炉衬的温度已经很高，甚至接近于炉衬耐火材料的耐火度，钢液升温还是很困难，所以不能够大功率地送电，以免损伤炉衬。在普通功率的电弧炉生产中，在还原期间，采用强化人工搅拌、底吹气搅拌、电磁搅拌，或者将还原期移到钢包炉进行，是提高炉衬寿命的有效途径。

泡沫渣的应用，包括电弧炉的泡沫渣和精炼炉的泡沫渣，就是通过埋弧达到提高黑度、屏蔽电弧、降低炉衬温度、提高炉衬寿命的目的。三期冶炼的普通功率的电弧炉，炉衬的寿命在100~300炉之间；超高功率电弧炉的炉衬寿命，最高的可以达到1000炉以上，除了采用泡沫渣工艺以外，将还原期移到钢包炉进行，是主要的影响因素之一。

2.1.2 冶炼过程中的热交换

2.1.2.1 传导传热

物体内部依靠分子、原子或电子的热运动（热振动）而引起的热量传导过程称为传导传热。传导传热的基本定理是傅里叶定律。单位时间内的传热量称为热流φ，J/s或者W；而通过单位传热面的热流称为热流密度q，J/($m^2 \cdot s$)或者W/m^2。按傅里叶公式，有：

$$dQ = -\lambda \frac{\partial t}{\partial n} dF d\tau \tag{2-3}$$

即传导传热量与其在传热方向上的温度梯度$\partial t/\partial n$和传热面积dF以及传热时间$d\tau$成正比。式中负号表示传热向温度下降的方向；λ为导热系数，又称为热导率。

2.1.2.2 对流换热

流体流经物体表面引起的热量传递称为对流换热，发生在液体和固体之间，或者液体和气体之间、气体和固体之间。按牛顿热流量方程：

$$\varphi = \alpha(t_1 - t_2)F \tag{2-4}$$

式中　$t_1 - t_2$ ——流体与固体之间的温度差，℃；

F ——换热面积，m^2；

α ——对流传热系数，$W/(m^2 \cdot ℃)$。

2.1.2.3 辐射传热

由于物体内部分子、原子或离子的振动（或跃迁），一切物体都向外界辐射电磁波，单位表面积辐射的热流量与表面温度的关系遵循斯忒藩-玻耳兹曼定律：

$$\varphi = \varepsilon\sigma (T + 273)^4 \tag{2-5}$$

式中　φ ——单位表面积辐射的热流量，W/m^2；

ε ——物体黑度，在 $0 \sim 1$ 之间取值；

σ ——黑体辐射常数（斯忒藩-玻耳兹曼常数），其值为 $5.672 \times 10^{-8} W/(m^2 \cdot K^4)$；

T ——物体的表面温度，℃。

固体在空气中冷却时的辐射散热计算公式为：

$$q = \varepsilon_w C_0 \times \left[\left(\frac{T_w + 273}{100} \right)^4 - \left(\frac{T_a + 273}{100} \right)^4 \right] \tag{2-6}$$

式中　ε_w ——固体表面黑度系数，在 $0 \sim 1$ 之间取值；

C_0 ——黑体辐射系数，$C_0 = \sigma \times 108 = 5.672 \ W/m^2$；

T_w ——固体表面湿度，℃；

T_a ——环境空气温度，℃。

2.1.2.4 电弧炉炼钢过程中升温的焓变计算

电弧炉炼钢过程中的加热过程可以简化为恒压的过程。比热容的定义是单位数量（通常取 1mol）的物质在加热或者冷却过程中温度升高或者降低 1K 所吸收或放出的热量。比热容用符号 C_m 表示，单位为 $J/(mol \cdot K)$，炼钢条件下常用的是恒压比热容 $C_{p,m}$。

设在恒压下加热某物质，使其从 298K 经过相变温度 T_t，熔点 T_f 和沸点 T_b 达到 T，则有：

$$dH = nC_{p,m}dT \tag{2-7}$$

对式（2-6）积分以后可以得到：

$$Q_p = \Delta H = \int_{298}^{T_t} nC_{p,m}(s_1) dT + n\Delta H_1 + \int_{T_t}^{T_f} nC_{p,m}(s_2) dT +$$

$$n\Delta H_f + \int_{T_f}^{T_b} nC_{p,m}(l) dT + n\Delta H_b + \int_{T_b}^{T} nC_{p,m}(g) dT \tag{2-8}$$

式中，ΔH_1、ΔH_f 和 ΔH_b 分别为物质的相变潜热、熔化潜热和汽化潜热。

例如，已知纯铁的熔点为 1538℃，固态比热容为 $17.27 + 2.28 \times 10^{-2} T$，$J/(mol \cdot K)$，

计算 1kg 的铁从 600K 加热升温到 1600K 的热量。将有关数据代入上式，可以求出 1kg 的铁从 600K 加热升温到 1600K 需要的热量为：

$$\Delta H = \int_{600}^{1600} nC_{p,m}(17.47 + 2.48 \times 10^{-2} T)\mathrm{d}T$$

$$= \frac{1000}{56} [17.47 \times (1600 - 600) + 2.48 \times 10^{-2} \times (1600^2 - 600^2)]$$

$$= 799107(\mathrm{J})$$

2.2 电弧炉的基本构造

从电弧炉炼钢的形式上讲有各种各样的电弧炉。从电流的频率来讲，分为交流电弧炉和直流电弧炉两种。在电弧炉发展过程中，交流电弧炉一直起着主导作用。目前电弧炉炼钢总产量占世界总产钢的 30% 以上，但是世界上电弧炉炼钢使用的炉型中交流电弧炉占有绝对优势，直流电弧炉炼钢所占的比例不大。目前世界上直流电弧炉的产量占电弧炉炼钢的 30% 左右。

电弧炉的构造主要是由炼钢工艺决定的，同时与电炉的容量大小、装料方式、传动方式等有关。电弧炉示意图如图 2-1 所示，基本结构如图 2-2 所示。

电弧炉的主要机械设备由炉体金属构件、电极夹持器及电极升降装置、炉体倾动装置、炉盖提升和旋转装置等几部分组成。

炉体是电炉最主要的装置，它用来熔化炉料和进行各种冶金反应，电弧炉炉体由金属构件和耐火材料砌筑成的炉衬两部分组成。炉体的金属构件包括炉壳、炉门、出钢槽、炉盖圈和电极密封圈。炉壳使用钢板焊成的，其上部有加固圈。大炉子炉壳上部往往

图 2-1 电弧炉示意图

做成双层的，中间通水冷却。炉门供观察炉内情况及扒渣、取样、加料等操作用，炉门口平时用炉门盖掩盖。炉门一般通水冷却。小型电炉的炉门盖用人工启闭，稍大的炉子用压缩空气或液压机构等启闭。出钢槽连在炉壳上，外部用钢板焊成，内部砌耐火材料供出钢用。电弧炉的炉盖四周是一个用钢板或型钢焊成的圆环形构件称炉盖圈，里面大多通水冷却。炉盖用耐火材料砌成圆拱形。炉盖有 3 个呈正三角形对称布置的电极孔，在电极孔与电极之间设有电极密封圈。电极密封圈是用钢板做成的圆环形，里面通水冷却。

电弧炉在炼钢过程中，由于要不断地熔化炉料，同时在熔炼各期要求供给不同的电能，因此电极需要随时升降来保证或调整电弧的长度。电极通过电极夹持器装在电极升降装置上。电极夹持器可以夹紧和松放电极。在熔炼过程中，电极的升降受电极自动调节装置的控制。电极升降装置由横臂、立柱和传动机构组成。结构有活动立柱式和固定立柱式两种，较大型的电炉一般都采用活动立柱式结构。传动方式又有钢丝绳传动、齿轮和齿条传动、液压传动三种，大型电弧炉多采用液压传动。

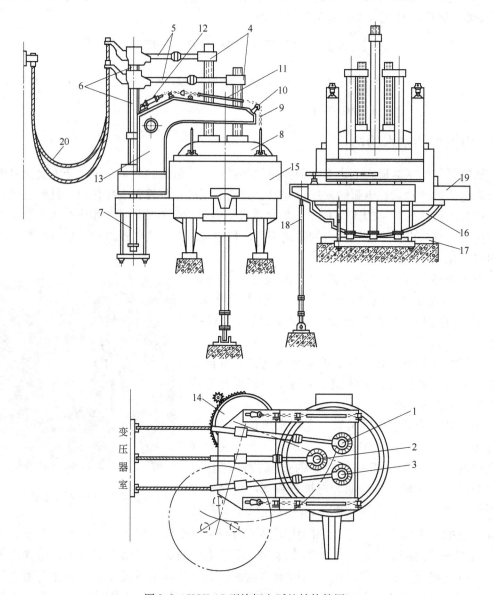

图 2-2　HGX-15 型炼钢电弧炉结构简图

1—1 号电极；2—2 号电极；3—3 号电极；4—电极夹持器；5—电极支撑横臂；6—升降电极立柱；
7—升降电极液压缸；8—炉盖；9—提升炉盖链条；10—滑轮；11—拉杆；12—提升炉盖液压缸；
13—提升炉盖支撑臂；14—转动炉盖机构；15—炉体；16—摇架；17—支撑轨道；
18—倾炉液压缸；19—出钢槽；20—电缆

　　电弧炉在出钢时需要向出钢槽侧倾动，使钢液从出钢槽流出；在熔炼过程中，为了便于扒渣操作，需要把炉体向炉门侧倾动，因此电炉应具有炉体倾动装置。

　　电弧炉的装料方式有炉门装料和炉顶装料。炉门手工装料只适用于很小的电炉。绝大多数电炉都采用炉顶装料。按装料时炉体和炉盖位置变动情况的不同，炉顶装料可分为炉体开出式、炉盖旋转式和炉盖开出式三种类型。

2.3 电弧炉本体结构

2.3.1 炉体的金属构件

2.3.1.1 炉壳

炉壳的结构如图2-3所示，炉壳包括炉身壳、炉壳底和上部加固圈三部分。大多是用钢板焊接而成的。

炉壳在工作过程中，除了承受炉衬和炉料的重量外，还要抵抗顶装料时的强大冲击力，同时还受到炉衬被加热所产生的热应力。在正常情况下，炉壳外表面的温度为100～150℃，当炉墙的耐火材料比较薄的时候，炉壳的温度还会提高，产生局部过热。目前许多钢厂都采用备用炉壳，在热状态下调换炉壳，以提高炉子作业率，这些都要求炉壳有足够的强度和刚度。

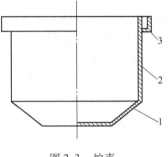

图2-3　炉壳
1—炉壳底；2—炉身壳；3—加固圈

炉壳钢板的厚度与炉壳直径大小有关，根据经验大约为炉壳直径的1/200。通常炉壳钢板的厚度为12～30mm。炉身壳做成圆筒形，可以减少散热面积及热损失。炉门和出钢口四周的切口部分需用钢板加固。容量20t以上的炉子在炉壳外面焊有水平和垂直的加固筋。

炉壳底有球形的、截头圆锥形的、平底的三种，如图2-4所示。球形底坚固，砌筑时用耐火材料最少，但制造比较困难。目前多数采用焊制的截头圆锥形炉壳底，与球形炉壳底比较，坚固性略差，所需的耐火材料稍多，但制造和耐火材料的砌筑都较容易。平底制造简单，但因有死角，砌筑时耐火材料消耗较大，很少采用。

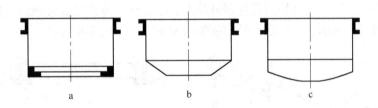

图2-4　炉壳底的三种形式
（a）平底；（b）截头圆锥形；（c）球形

炉壳上沿的加固圈用钢板或型钢焊成。在大中型电炉上都采用中间通水冷却的加固圈，以增加炉壳的刚度，防止炉壳由于受热而变形，保证炉壳与炉盖接触严密。近年来，炉壳加固圈部分高度不断增大，渣线以上部分均通水冷却，使炉壳变成一个带夹层的水冷炉壳，如图2-5所示。水冷炉壳提高了炉墙的寿命，但热损失较大。在加固圈的上部留有一个砂封槽，使炉盖圈插入槽内，并填入镁砂使之密封。

2.3.1.2 炉门

炉门包括炉门盖、炉门框、炉门槛和炉门升降机构等几部分。对炉门的要求是：结构

严密、升降简便灵活，牢固耐用，同时各部分便
于拆装。

　　炉门盖用钢板焊成，大多数制成空心水冷式，
这样可以改善炉前的工作环境。炉门框是用钢板
焊成的一个"Ⅱ"形水冷箱，如图2-6所示。炉
门框的上部嵌入炉墙内，用以支撑炉门上部的炉
墙。炉门框的前壁做成倾斜的，和垂直线成
8°~12°的夹角，以保证炉门盖和炉门框之间能压
紧，保持密封良好，减少热量损失和保持炉内的

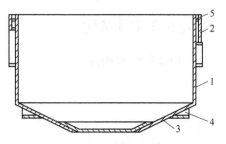

图2-5　水冷炉壳底结构
1—炉身；2—水箱；3—炉壳底；
4—撑板；5—砂封槽

气氛。同时在炉门盖升降时还可起到导向作用，
防止炉门盖摆动。炉门槛固定在炉壳上，作为出渣用。有些厂把炉门槛做成斜底，增加炉
衬的厚度，以防止在炉门槛下面发生漏钢事故。

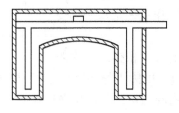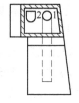

图2-6　炉门框
1—进水口；2—出水口

　　炉门升降机构有手动、气动、电动和液压传动等几种方式。手动炉门升降机构通常用
于小炉子，其构造为炉门盖吊在专门的杠杆系统上，升降机构上装有平衡锤，如图2-7
所示。

　　气动的炉门升降机构其炉门悬挂在链轮上，压缩空气通入气缸带动链轮转动而打开炉
门，在要关闭时将压缩空气放出，炉门依靠自重下降，如图2-8所示。

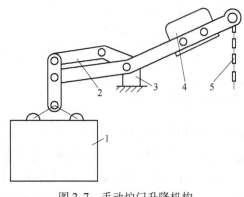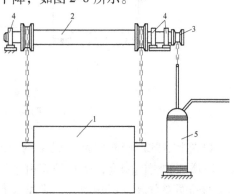

图2-7　手动炉门升降机构
1—炉门盖；2—杠杆系统；
3—支座；4—平衡锤；5—拉手

图2-8　气动炉门升降机构
1—炉门盖；2—轴；3—链轮；
4—轴承座；5—气缸

　　电动和液压传动的炉门升降机构比气动的炉门升降机构构造复杂，但是能保证炉门盖
在任一中间位置停止，而不限于全打开和全关闭的两个极限位置。

中小型电炉一般只有一个炉门。而大型电炉为了加速炉子的修补，便于推料、扒渣、吹氧等操作，在炉子侧面还增设一个辅助炉门，两个炉门的位置互成90°。

2.3.1.3　出钢槽和偏心炉底出钢

出钢槽由钢板和角钢焊成，固定在炉壳上。槽内砌以大块耐火砖，目前很多厂采用预制整块的流钢槽砖，砌筑方便，使用寿命长。出钢槽的长度取决于炉子的尺寸、炉子在车间的位置及倾动机构的类型。在保证顺利出钢的前提下出钢槽应尽量短些，以减少钢液的二次氧化和吸收气体。为了减少出钢时钢液对盛钢桶衬壁的冲刷作用及防止出钢口打开后钢水自动流出，出钢槽做成与水平面成8°~12°的倾斜度。

随着超高功率电弧炉的推广，并采用水冷炉壁和炉外精炼，要求最大限度地增加水冷面积和实现无渣出钢，出钢槽出钢难以满足。1979年4月，蒂森公司研制成功中心炉底出钢（CBT——Centric Bottom Tapping）电弧炉，但仍难彻底地实现无渣出钢，且留钢留渣困难。为此，曼内斯曼德马格公司、蒂森公司和丹麦特殊钢厂共同开发电弧炉偏心底出钢（EBT——Eccentric Bottom Tapping）技术。1983年1月，第一台偏心炉底出钢电弧炉在丹麦特殊钢厂投产（110t改造炉），之后迅速在世界各国得到普及。1987年6月，我国第一台偏心炉底出钢电弧炉在上钢五厂建成投产，如图2-9所示。和出钢槽出钢相比，其电气设备完全相同，炉身上部仍是圆形。但炉身下部断面为鼻状椭圆形。在突出的鼻状部分的底部布置出钢口。炉身下部突出的鼻状部分和上部圆形之间采用水冷块连接。炉壁采用水冷炉壁块组装成水冷炉壁。

电弧炉偏心炉底出钢系统如图2-10所示。在总体结构上，它在原出钢侧安装一突出炉壳的出钢箱以取代原来的出钢槽。出钢箱内部砌筑耐火材料，并形成一小熔池，它与原

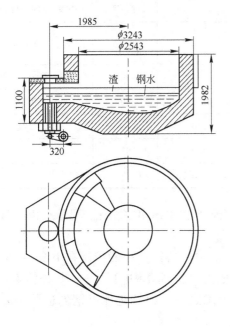

图2-9　偏心炉底出钢电弧炉炉型简图

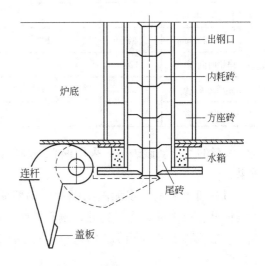

图2-10　电弧炉偏心炉底出钢系统

炉底大熔池连通且圆滑过渡。出钢口垂直地开在出钢箱小熔池的底部。出钢箱上部设水冷盖板（其上开有操作孔），以封闭小熔池及清理与维护出钢口。出钢口为双层结构，外层为方形座砖，内层为釉砖，层与层间用镁质耐火材料填充，以便于釉砖的更换。出钢口的开闭可通过开闭摆动式盖板完成。尾砖用水冷却。盖板和尾砖由石墨构成，以防高温变形与保护炉子。电弧炉装料前，关闭出钢口盖板，在出钢口内填入含 10% Fe_2O_3 的 $MgO-SiO_2$ 混合粉料，以堵塞出钢口。

在工艺设计上，为达到彻底地实现无渣出钢及留钢留渣操作，主要要确定出合理的出钢口中心到炉子中心的距离（偏心度）及出钢口的大小，以保证在 $1\sim2min$ 内出完全部的钢水和炉渣。钢渣既能出得尽又能留得住，且最大后倾角不大于 $12°\sim15°$，以便于出钢口的维护等。表 2-1 为偏心炉底出钢电弧炉主要技术参数。

表 2-1　偏心炉底出钢电弧炉主要技术参数

项　目	丹麦	德国 TN	德国 BS	国内厂 A	国内厂 B
平均出钢量/t	110	128	43	10.5	38
残留钢水量/t	13.6（15）	12.5~20.8（15~25）	14~16（6~7）	10~15	
变压器容量/MV·A				3	12.5
一次电压/kV				6	35
二次电压/V				200~104	130~350（15 级）
最大二次电流/kA				7.9	
炉壳直径/mm				3240（高 1520）	4600（高 3226）
电极直径/mm	600			300（极心圈直径 700）	400（极心圈直径 1050~1250 可调）
出钢时最大倾角/(°)	12			15（出钢 8~10）	15
出钢口偏心度/mm				1985	2800
出钢口直径/mm	200	200	150	80	120
出钢时间/s	120	140	110	60~120	150~240
出钢管寿命/炉	200	100	350	87	
尾砖寿命/炉	150	100	150		

大量的生产实践表明，采用偏心炉底出钢电弧炉与出钢槽出钢相比，可取得以下显著效果：

（1）可彻底地实现无渣出钢和留钢留渣操作。炉内留钢量一般控制在 $10\%\sim15\%$，留渣量可达到 95% 以上。为此，偏心炉底出钢已成为"超高功率电弧炉——炉外精炼——连铸"短流程及直流电弧炉的一项重要的必备技术之一，为氧化性出钢创造了必要的条件。

（2）电弧炉水冷炉壁的水冷面积可从出钢槽出钢的 70% 增加到 $87\%\sim90\%$，从而提高炉衬寿命15%及扩大炉膛直径（德国 BS 公司45t 炉从原来的4.2m 扩大到4.6m）。耐火材料消耗可降低2.5~3.5kg/t，维修喷补炉衬的费用可减少60%，炉容量可扩大12.5%。

（3）炉体后倾角从42°~45°减少到12°~15°，可缩短短网长度，从而提高输入炉内的有功功率（10%~33%）和功率因数（从0.707提高到0.8），缩短冶炼时间3~7min，可降低电耗15%~30%。此外，炉体倾动角减少可简化炉子设计（短网中的非磁性支承架、电缆接头等有关连接构件受力状况改善，倾动摇架质量减轻），且减少电极折断几率。

（4）缩短出钢时间75%，出钢温度可降低30℃，因而可缩短冶炼时间，降低电耗，降低电极消耗6%，生产率提高10%~15%。

（5）出钢钢流短而垂直，且集中无分散，可减轻出钢过程中钢流的二次氧化及吸气，加上出钢时间缩短，钢中氢、氧和氮及夹杂物的含量均有所减少。同时便于采用钢包加盖及氩气保护技术。

偏心底出钢存在出钢口附近钢水混合搅拌困难问题，该区域熔池的成分和温度与其他区域相差较大。此外，炉底的维护也较出钢槽出钢困难。为此，在设有底吹搅拌装置的电弧炉上，可在电极圆到出钢口的直线上，约在其中心处设置一底吹搅拌多孔塞，以加强该区域钢水的均匀混合搅拌。此外，在某些竖炉电弧炉内，由于其结构上的特殊性，往往采用圆形底出钢（RBT——Round Bottom Tapping）技术，即把偏心底出钢的出钢口移向炉体圆筒内，靠近炉壁的炉底处。

此外，还有虹吸出钢（Side Bottom Tapping——SBT）、水平无渣出钢（Horizontal Tapping—HT）、偏位底出钢（Off Centre Bottom Tapping——OBT）及滑动阀门出钢（Slide Gate——SG）等形式的出钢方法。但普遍采用偏心底出钢形式。

偏心炉底出钢电弧炉的主要经济指标及经济效益如表2-2所示。

表2-2　某厂偏心炉底出钢电弧炉的主要经济指标及经济效益

项　目	EBT 电弧炉	原有的电弧炉	比　较
冶炼时间/min	127	167	-40
冶炼电耗/kW·h·t^{-1}	449	512	-63
电极消耗/kg·t^{-1}	5.3	6.74	-1.44
炉龄/炉	87	73	+14
出钢口寿命/炉	87		
自动出钢率/%	95		
耐火材料消耗/kg·t^{-1}	18	22	-4
年经济效益/万元			51.33（20 元/t）
$w_{[H]}$/%	0.00034~0.00045	0.0006~0.0007	-0.0003
$w_{[O]}$/%	0.006~0.0065	0.0065~0.007	-0.0005
$w_{[N]}$/%	0.004~0.0053	0.0056~0.0062	-0.0015

2.3.1.4　炉盖圈

炉盖圈用钢板焊成，用来支撑炉盖耐火材料。为了防止变形，采用水冷炉盖圈。水冷炉盖圈的截面形状通常分为垂直形和倾斜形两种，如图2-11所示。倾斜形内壁的倾斜角约为22.5°，这样可以不用拱脚砖。

炉盖圈的外径尺寸应比炉壳外径稍大，从而使炉盖的全部重量支撑在炉壳上部的加固圈上，而不是压在炉墙上。炉盖圈与炉壳之间必须有良好的密封，否则高温炉气会逸出，不仅增加炉子的热损失和使冶炼时造渣困难，而且容易烧坏炉壳上部和炉盖圈，在炉盖圈外沿下部设有刀口，使炉盖圈能很好地插入到加固圈的砂封槽内。为了使炉盖在炉子倾动时不致滑动，在炉壳上应安装阻挡用螺栓或挡板。

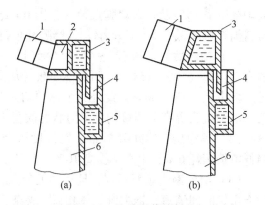

图2-11　炉盖圈截面形状
（a）垂直形炉盖圈；（b）倾斜形炉盖圈
1—炉盖；2—拱脚砖；3—炉盖圈；
4—砂槽；5—水冷加固圈；6—炉墙

2.3.1.5　电极密封圈

为了使电极能自由地升降，以及防止炉盖受热变形时折断电极，要求电极孔的直径应比电极直径大40~50mm。电极与电极、孔之间这样大的间隙对冶炼十分不利，造成大量的高温炉气逸出，不仅增加了热损失，而且容易造成炉盖上部的电极温度升高，氧化激烈，电极变细而易折断，为此需采用电极密封圈。此外，密封圈还可以冷却电极孔四周的炉盖，提高炉盖的寿命，以及有利于保持炉内的气氛。

密封圈的形式很多，常用的是环形水箱式，如图2-12（a）所示。它是用钢板焊成的，为了减少电能的损失，不宜做成一个整环，在圆环上应留有20~40mm的间隙，或在分开处嵌入一块非磁性材料的钢板，以避免造成回绕电极的闭合磁路。在大型电炉上，密封圈是用非磁性钢制成的。

有些电炉上也用蛇形管式电极密封圈，如图2-12（b）所示。它是用无缝钢管弯成，对电极冷却作用良好，但密封性差，易被烧坏，现在很少使用。国外尚有采用气封式电极密封圈的，如图2-13所示。从气室喷出压缩空气或惰性气体冷却电极，并阻止烟气逸出。

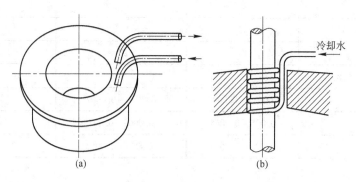

图2-12　电极密封圈
（a）环形水箱式；（b）蛇形管式

电极密封圈的外径为电极直径的 1.5~2.0 倍，内径比电极直径大 20~40mm，高度约是电极直径的 0.9~1.0 倍。

通常密封圈全部嵌入炉盖砖内，仅留一个凸缘露在炉盖外部，如图 2-14 所示。这样可提高炉盖的寿命。

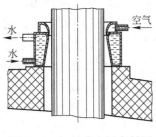

图 2-13 气封式电极密封圈

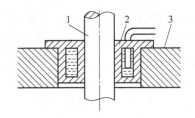

图 2-14 电极密封圈
1—电极；2—密封圈；3—炉盖

密封圈及其水管应与炉盖圈绝缘，以免短路。如果炉盖砖在高温下电阻不够（尤其是中心部分），或是密封圈对地绝缘过小，密封圈有时会与电极发生电弧而被击穿。

2.3.2 炉缸

炉缸一般采用球形和圆锥形联合的形状，底部为球形，熔池为截头圆锥形，圆锥的侧面与垂线成 25°角，球形地面的高度约为钢液总深度的 20%。球形底部的作用在于熔化初期易于聚集钢水，既可以保护炉底，防止电弧在炉底直接接触耐火材料，又可以加速熔化，使得熔渣覆盖钢液减少钢液的吸气降温，圆锥部分的侧面和垂线成 25°角，保证电弧炉倾动 20°左右就可以把钢液出干净，并且有利于热修补炉衬的操作。熔池中钢液的体积可以表示为：

$$V = MV_0 \tag{2-9}$$

式中 V——熔池中钢液的体积，m^3；

  M——电弧炉设计的公称容量，t；

  V_0——钢液的质量体积，设时取 125m^3/t。

钢液面的直径与钢液的深度之比为 3.5~5.5 之间。

2.3.3 炉膛

炉膛一般也是锥台形。炉墙的倾角一般为 6°~7°之间，炉墙的倾斜是为了便于补炉操作。倾角过大会增加炉壳的直径，热损失增加，机械装置也要增大。炉膛的高度是指电弧炉熔池斜坡平面，即炉墙角到炉壳上沿的高度。炉膛高度要保持在一个合理的高度，以避免炉顶过热和影响加料的操作。炉膛过高，散热损失加大，而且要求厂房的高度也要相应地增加。一般来讲，5t 以下的小电弧炉，炉膛高度和炉膛的熔池直径之间的比在 0.5~0.6；容量在 10~20t 的电弧炉，炉膛高度和炉膛的熔池直径之间的比在 0.25~0.5；80~180t 的电弧炉在 0.2~0.25 之间。随着电弧炉容量的增加，相对高度减小，是为了缩短电极长度和母线长度，以减少电阻和阻抗，同时降低厂房的高度。

2.3.4　炉顶拱度

电弧炉的炉顶是一段圆弧形状。由于电弧炉炉顶的重量较大,对于砖砌的5t电弧炉来讲,炉顶的重量接近5t,对于水冷炉盖来讲,有的超过10t以上。电弧炉炉顶中心部位的小炉盖采取预制块,或者水冷、半水冷的炉盖。电弧炉炉盖既受高温作用,又经常受温度由高温到低温的剧变作用,对耐火材料要求较高。以前主要用硅砖砌炉盖,它的耐火度在1690~1710℃之间,随着电弧炉冶炼强度的增加,炉温增高,加上硅砖面急冷急热性和抗碱性渣侵蚀能力均差,硅砖炉顶已不能满足要求。目前大都采用耐急冷急热性好、耐火度为1750~1710℃的高铝砖来砌炉盖。高铝砖使用中的缺点是在高温下对石灰粉末和含氧化铁的碱性渣抵抗能力较差。砖体在石灰粉末和氧化铁的作用下,逐层剥落,甚至熔化,进入炉渣后还会使渣子变得很稀。因此,有厂已采用耐火度更高,在2100℃左右,抗碱性能更强的铝镁砖来砌炉盖的主要部分,只在电极孔和加料孔附近仍用高铝砖。极高功率电弧炉的炉顶采用水冷炉盖,电极小炉盖采用外因水冷的高铝质预制块。

此外,采用砖砌的拱顶,由于拱顶的内表面比外表面小,这样可以采用上大下小的楔形砖砌筑,砖与砖之间彼此楔紧,使拱的稳定性更大。在冶炼实际中,带有电极孔的炉盖中央部分寿命最低,有了一定的拱度,使中央部分离炉内的高温区远些也有利于提高炉盖的寿命。但是这个拱度也不能过分提高,否则在出钢时,炉顶砖就容易翻落。

2.3.5　炉墙与炉门

确定炉墙厚度的原则是为了提高炉衬寿命和减少热损失。炉墙厚度一般在230~250mm之间。炉门的尺寸应该尽量小,只要能够满足工艺操作就可以。一般设计中炉门宽与熔池直径之比在0.2~0.3之间,炉门的高与宽之比在0.75~0.85之间。炉门槛平面与渣面平齐,也可以比渣面高1~20mm。采用三期冶炼、容量在20t以上的普通电弧炉,通常在炉门侧面还设有一个辅助工作门。

2.3.6　炉衬

电弧炉的炉衬分为炉底和炉墙,目前最前沿的技术之一就是:炉墙一般采用镁炭砖砌筑,炉底有采用炉底不定形捣打料修砌的,也有采用砖砌的。

由于炉墙位于炉坡墙脚上,炉墙底部的镁炭砖的砖长度要比炉墙的长,如墙脚的砖比炉墙的薄,墙脚一经钢渣侵蚀,炉墙就有倒塌的危险;另外,一般渣线均在炉城墙脚附近,炉坡墙脚厚些,补炉镁砂很容易补在墙脚的凸出部分之上,不易滚下,这对提高炉衬寿命有好处。

此外,炉坡倾角一般要小于25°。25°在物理上又称为自然堆角。砂子等松散材料堆成堆后,它的自然堆角正好是25°。之所以把炉坡筑成25°,也可以小一些,是因为当炉坡被侵蚀后,可投补镁砂或打结料去修复它,利用镁砂自然滚落的特性可以很容易使炉坡恢复原有的形状,这就有利于保持熔池应有的容积,稳定钢液面的位置,方便冶炼的工艺操作。如果炉坡角度大于25°,镁砂不能自然落下,就会造成炉坡上涨,减少了熔池容积,就会提高钢水面,对操作不利。

一座超高功率直流电弧炉的尺寸和数据见图2-15和表2-3。

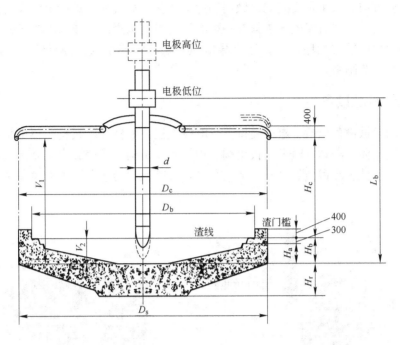

图 2-15　电弧炉的基本结构

表 2-3　一座超高功率直流电弧炉的尺寸介绍

水冷壁内径	D_c	7400mm	熔池容积	V_2	36.6m³
电极直径	d	710mm	钢水熔池最大高度	H_b	1430mm
炉壳直径	D_s	7300mm	夹持器低位到炉底的距离	L_b	6760mm
炉壳高度	H_c	3580mm	石墨电极行程	L_h	5680+800mm
炉膛内径	D_b	6248mm	钢水高度	H_a	1113mm
双炉体中心间距	E	16000mm	炉底耐火材料厚度	H_r	1100mm
炉膛内容积	V_1	180m³			

2.3.7　电极位置

2.3.7.1　交流电弧炉电极

将 3 个电极从炉盖上的电极孔插入炉内，排列成等边三角形使得 3 个电极的圆心在一个圆周上，叫做电极的极心圆，电极的极心圆确定了电极和电弧在电弧炉中的位置。电极的极心圆分布太大，将会加剧炉壁的热负荷，影响炉衬寿命；太小，又会造成电弧炉内的冷区面积扩大，影响冶炼。一般电极的极心圆分布半径和熔池半径之比在 0.25 ~ 0.35 之间，大电弧炉和超高功率电弧炉的比值还要小一些。

2.3.7.2　直流电弧炉底电极

直流电弧炉炼钢的最大特点就是电流方向和大小是恒定的，电压没有闪烁。交流电弧炉炼钢的电流方向和大小是交变的，做周期性的变化，直流电弧炉的电流没有交流电弧炉的集肤效应，所以一般直流电弧炉只有一根石墨电极，采用风冷或水冷棒式的底电极 2~3 根，也有采用多触针式的底电极，还有导电弧炉底式的底电极。通常情况下底部的为阳极，顶部的石墨为阴极。

2.4　电弧炉机械设备

电弧炉的机械设备包括：电极夹持器、电极立柱、电极升降机构、氧枪机构、供氧阀站、各类介质气体的阀站、EBT 滑板机构、炉体倾动机构、炉盖旋出或开出机构、除尘系统、各类的水冷件、废钢预热设备、钢包车等。一座超高功率电弧炉的设备基本全貌如图 2-16 所示。

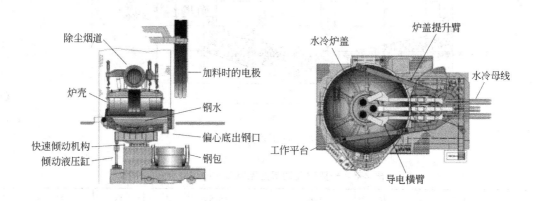

图 2-16　一座电弧炉的视图全貌

2.4.1　电极夹持器

电极夹持器有两个作用：一是夹紧或松放电极；二是把电流传送到电极上。电极夹持器由夹头、横臂和松放电极机构等三部分组成。

夹头可用钢或铜制成。铜的导电性能好，电阻小，但机械强度较差，线膨胀系数大，电极容易滑落，而且铜夹头造价较高。近年来，很多厂改用钢制的夹头，制造及维修容易，强度高，电极不易滑落。其缺点是电阻大，电能损耗增加。为了减少电磁损失，用无磁性钢或合金制作效果更好。夹头内部通水冷却，这样既可保证强度，减少膨胀，又可减少氧化和降低电阻。电极夹头和电极接触表面需良好加工，接触不良或有凹坑可能引起打弧而使夹头烧坏。

电极夹头固定在横臂上。横臂用钢管做成，或用型钢和钢板焊成矩形断面梁，并附有加强筋。横臂上设置与夹头相连的导电铜管，铜管内部通以冷却水，既冷却导电铜管，又冷却电极夹头。横臂作为支持用的机械结构部分，与电极夹头和导电铜管之间需要很好绝缘，而且导电铜管与支持的机械结构之间应有足够的距离，大型电炉横臂的机械结构是用无磁性钢做成的，以避免横臂机械结构产生涡流发热。横臂的结构还要保证电极和夹头位置在水平方向能做一定的调整。

近年来，在超高功率电弧炉上出现了一种新型横臂，称为导电横臂。它由铜钢复合板或铝钢复合板制成，断面形状为矩形，内部—通水冷却，取消了水冷导电铜管、电极夹头与横臂之间众多绝缘环节，使横臂结构大为简化。同时也减少了维修工作量，减少了电能损耗，向电弧炉内输送的功率也可以增加。

夹紧和松放电极的方式很多，有钳式、楔式、螺旋压紧式和气动弹簧式等几种。钳式电极夹持器、楔式夹持器和螺旋压紧式夹持器构造都比较简单，但操作不方便，松紧电极时必须到炉顶平台上操作，目前已很少采用。

现在广泛采用的是气动弹簧式电极夹持器，它利用弹簧的张力把电极夹紧，靠压缩空气的压力来放松电极。这种夹持器又分为顶杆式和拉杆式两种。弹簧顶杆式如图2-17所示。它依靠弹簧的张力通过顶杆将电极压于夹头前部，在气缸通入压缩空气后，通过杠杆机构将弹簧压紧，电极被放松。拉杆式夹持器如图2-18所示。它依靠弹簧的张力带动拉杆，再通过杠杆机构将电极压紧于夹头后部。通入压缩空气后，弹簧被压紧，电极被放松。一般认为拉杆式较好，因为顶杆式的顶杆受压容易变形。同时，在高温下工作的夹头（尤其是铜制的）前部容易变形，造成电极与夹头间接触不良而发生电弧。弹簧式电极夹持器还可以采用液压传动，其工作原理与气动的相同，只是油缸离电极要远些，最好采用水冷。

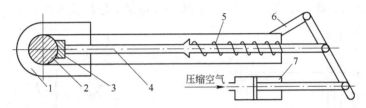

图 2-17　气动弹簧顶杆式夹持器示意图

1—夹头；2—电极；3—压块；4—顶杆；5—弹簧；

6—杠杆机构；7—气缸

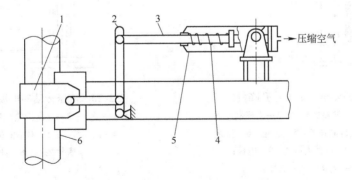

图 2-18　弹簧拉杆式夹持器示意图

1—拉环；2—杠杆机构；3—拉杆；4—弹簧；5—气缸；6—电极

2.4.2　电极升降机构

电极升降机构用以升降电极。电极升降机构有升降车式和活动支柱式两种类型。小型电弧炉过去多采用升降车式机构，这种机构比较简单，由钢丝绳滑轮组软连接，也有采用齿条硬连接代替钢丝绳滑轮组的连接。大中型电弧炉均采用机械马达或液压驱动，活动支柱式的升降设备的高度较小，采用液压系统驱动。

电极升降机构必须满足下列要求：

（1）升降灵活，系统惯性小，启动、制动快。

（2）升降速度要能够调节。上升要快，否则在熔化期易造成短路而使高压断路器自动跳闸；下降要慢些，以免电极碰撞炉料而折断或浸入钢液中。

电极升降机构有液压传动和电动两种方式。电动传动的升降机构如图 2-19 所示，通常用电动机通过减速机拖动齿轮齿条或卷扬筒、钢丝绳，从而驱动立柱、横臂和电极升降。为减少电动机的功率，常用平衡锤来平衡电极横臂和立柱自重。电动传动既可用于固定立柱式，也可应用于活动立柱式。目前国内已采用交流电动机调节器取代直流电动机调整，交流变频调速也日趋流行。

液压传动升降机构如图 2-20 所示。升降液压缸安装在立柱内，升降液压缸是一柱塞缸，缸的顶端用柱销与立柱铰接。当工作液由油管经柱塞内腔通入液压缸内时，就将立柱，横臂和电极一起升起。油管放液时，依靠立柱、横臂和电极等自重而下降。调节进出油的流速就可调节升降速度。液压传动一般只适用于活动立柱式。液压传动系统的惯性小，启动、制动和升降速度快，力矩大，在大中型电炉上已广泛采用。

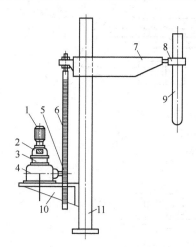

图 2-19　电动传动的电极升降机构

1—电动机；2—转差离合器；3—电磁制动器
（抱闸）；4—齿轮减速箱；5—齿轮；6—齿条；
7—横臂；8—电极夹持器；9—电极；
10—支架；11—立柱

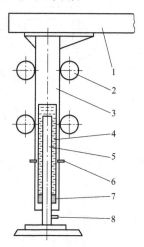

图 2-20　液压传动的电极升降机构

1—横臂；2—导向滑轮；3—立柱；
4—液压缸体；5—柱塞；6—销轴；
7—密封装置；8—油管

电极升降还要有足够的行程，电极最大行程可由下式确定：

$$L = H_1 + H_2 + (100 \sim 150) \qquad (2-10)$$

式中　L——电极最大行程，mm；

H_1——电炉底最低点到炉盖最高点的距离，mm；

H_2——熔炼 2~3 炉所需电极的储备长度，mm；

100~150——考虑炉盖上涨所留的长度，mm。

2.4.3 炉体倾动机构

炉体倾动机构用以倾动炉体，向出钢口方向倾动 10° ~ 15°（EBT 形式出钢）或者 25° ~ 30°（出钢槽出钢）出钢；向炉门方向倾动以便出渣。目前可分为侧倾和底倾两种。侧倾如图 2-21 所示。这种机构简单，但由于炉子全部重量都落在两个扇形齿轮上，倾动时炉壳受到的压力很大，易使炉壳变形，所以一般只用于 3t 以下的小炉子上。

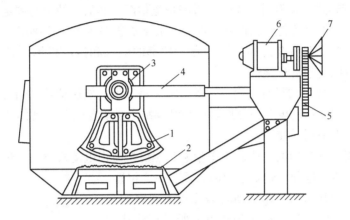

图 2-21 侧倾机构示意图

1—扇形齿轮；2—水平齿条；3—带螺纹的滑块；4—丝杠；5—减速齿轮；6—电动机；7—手动轮

底倾机构目前常见有三种：第一种是由电动机带动装有两个倾动齿轮的长轴旋转，长轴上的倾动齿轮与固定在炉底下的两根扇形齿条啮合，并随之运动而带动炉体倾动，如图 2-22 所示；第二种底倾机构是由齿轮带动两根固定在炉底上的直齿条运动而使炉子倾动的；第三种是位于炉体框架下，炉门左侧由伸缩液压缸实现的，在炉底钢结构框两侧有直线齿轮条，在圆形炉底两侧设有圆弧齿轮配合实现齿条和齿轮的啮合，保证倾动的平稳。这种形式主要用于容量较大的电弧炉，如图 2-23 所示。

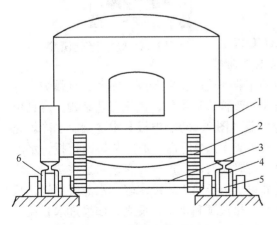

图 2-22 底倾式机构示意图

1—倾动摇架；2—弧形齿条；3—倾动长轴；
4—倾动齿轮；5—手托轮；6—有槽托轮

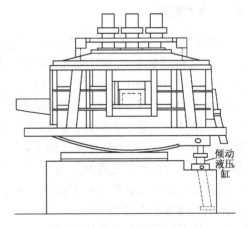

图 2-23 液压倾动装置示意图

2.4.4　炉盖旋出或开出机构

现在电弧炉除去容量极小的以外，都是采用炉顶装料。炉顶装料能缩短装料时间，减轻劳动强度，并且可以充分利用炉膛的容积和装入大块炉料。

根据装料时炉盖和炉体相对移动的方式不同，炉顶装料可分为炉盖旋转式、炉体开出式和炉盖开出式三种类型。

（1）炉盖旋转式。加料时，先将电极和炉盖抬起，然后使炉盖与固定支柱一起绕垂直轴向外旋转。当料加完后再将它们旋回原处，放下炉盖并盖紧。这种形式结构轻便，电极炉盖不受振动，但要有强有力的旋转轴和大功率的电机和传动机构，对于水冷炉盖的旋转，一般采用液压马达进行旋转。

（2）炉盖开出式。加料时，先将炉盖吊起在吊架上，然后炉盖连同吊架、支柱一起开向出钢槽一边，装完料后再开回原地。这种结构缺点是炉盖受到振动的冲击严重，短网需要额外加长，所以采用的较少。

（3）炉体开出式装料时，先将炉盖抬起，然后炉身由电动机驱动向炉门一边开出，装完料后再开回原地。这种形式要求炉前必须有一定位置，可使炉前操作平台开出，炉体开动时需要较大功率的台车，但它克服了上面两种装料法的缺点，所以目前被广泛采用在 20t 以下的电弧炉。但是受到台车的能力限制和不稳定因素的影响，大型的电弧炉一般都采用炉盖旋出的形式进行加料操作。

2.4.5　废钢预热装置

不同的电弧炉有不同的废钢预热装置，废钢预热装置大多数是用水冷件构成的炉顶上部的竖井或者是电弧炉侧面的废钢预热窑。典型的如图 2-24 和图 2-25 所示。

2.4.6　水冷装置

电弧炉生产过程中，炉内温度可高达 1800℃ 以上。对于炉衬（包括炉盖）、炉门、炉顶机械设备的寿命威

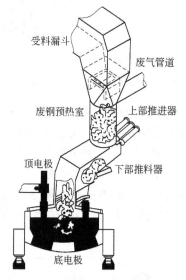

受料漏斗

废气管道

废钢预热室

上部推进器

顶电极

下部推料器

底电极

图 2-24　竖井废钢预热窑

胁很大，也使炼钢操作工的工作条件恶化，劳动作业环境的温度升高，因此，电弧炉构件中许多都采用水冷却来降温，以便提高使用寿命和改善劳动条件，优化工艺结构。常见用水冷却的构件有：电极夹持器、炉盖圈、水冷炉盖（图 2-26）、电极孔水冷圈、水冷炉壳（也称为水冷盘，一般使用在渣线的上部，见图 2-27）、炉门框、炉门及炉门挡板，水冷烟道等。由于冷却水通过高温区后，水温升高，有时还有蒸汽产生，必须将这些热水、热汽迅速排出，让冷水顺利流入才能保证水冷的效果。由于热水比冷水轻，水蒸气更轻，只有当出水管布置在构件的上部，才能使这些热水、热汽顺利排出。反之，如果进水管在上面，出水管在下面或低于构件上部水平面时，就会有一部分热水或热汽上升到上面的进水管附近，形成汽袋，其中的热水和热汽不能顺利排出，在高温作用下，温度和压力不断增加，当汽袋中水汽的压力加大到超过进水压力时，冷水就不能进入构件，炉膛传给水冷构件

的热量全部被用来加热构件中的水，使它很快汽化，产生巨大压力，直至构件爆开。因此，在设计水冷构件时，一定要合理布置进水和出水管的位置。目前水冷件的发展是以高速水冷盘和喷淋水冷炉盖为发展方向的。

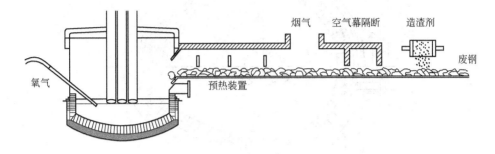

图 2-25　Consteel 电弧炉废钢预热装置的设备简图

图 2-26　带有除尘弯管的电炉水冷炉盖

图 2-27　水冷炉壳的局部图

2.4.7　偏心炉底出钢机构

　　EBT 机构通常是由滑板机构和气动（或者液压）驱动机构组成的，还有相应的控制阀站。电弧炉的尺寸和形状是电弧炉设计的重要部分。确定炉型尺寸的原则是：首先要满足炼钢的要求，其次要有利于电弧炉炼钢过程的热交换，热损失要小，能量能够得到充分的利用，还要有较高的炉衬寿命。图 2-28 和图 2-29 是 EBT 出钢形式的电弧炉结构简图。

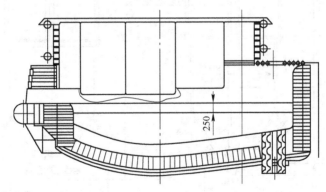

图 2-28　EBT 出钢形式的电弧炉结构简图

2.4.8　补炉机

　　电弧炉在冶炼过程中，炉衬由于受到高温作用以及钢水冲刷和炉渣侵蚀而损坏，每次

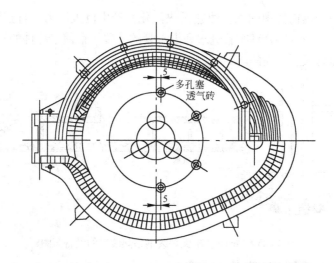

图 2-29 EBT 出钢形式的电弧炉俯视图

熔炼后应及时修补炉衬。人工补炉的劳动条件差、劳动强度高、补炉时间长、补炉质量受到一定限制，因此现在广泛采用补炉机进行补炉。补炉机的种类很多，主要有离心式补炉机和喷补机两种。离心补炉机的效率比较高。这种补炉机用电动机或气动马达作驱动装置。图 2-30 所示为离心式补炉机，其驱动装置采用电动机，电动机旋转通过立轴传递到撒料盘。落在撒料盘上的镁砂在离心力作用下，被均匀地抛向炉壁，从而达到补炉的目

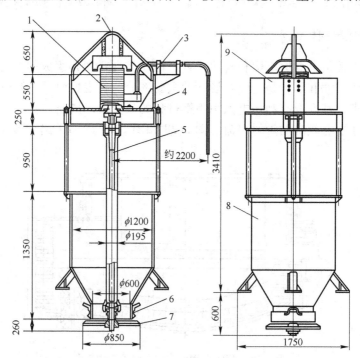

图 2-30 离心式补炉机

（料仓容积 0.8m³，抛料能力 2000kg/min，电动机特性：ROR-2，7kW，250/min）

1—电动机；2—吊挂杆；3—带挠性电缆的托架；4—石棉板；5—传动轴；

6—调节环；7—撒料盘；8—料仓；9—电动机外罩

的，补炉机时用吊车垂直升降。补炉工作可以沿炉衬整个圆周均匀地进行。其缺点是无法局部修补，并且需打开炉盖，使炉膛散热加快，对补炉不利。

喷补机是利用压缩空气将补炉材料喷射到炉衬上。从炉门插入喷枪喷补，由于不打开炉盖，炉膛温度高，对局部熔损严重区域可重点修补，并对维护炉坡、炉底也有效。与转炉喷补机一样，电弧炉喷补方法分为湿法和半干法两种。湿法是将喷补料调成泥浆，泥浆含水量一般为 25% ~ 30%。半干法喷补的物料较粗，水分一般为 5% ~ 10%。半干法和湿法喷补装置与转炉使用喷补装置相同。喷补器控制调节系统如图 2-31 所示，喷枪枪口形式如图 2-32 所示。喷枪枪口包括直管、45°弯管、90°弯管和135°弯管 4 种形式。喷补料以冶金镁砂为主，黏结剂为硅酸盐和磷酸盐系材料。

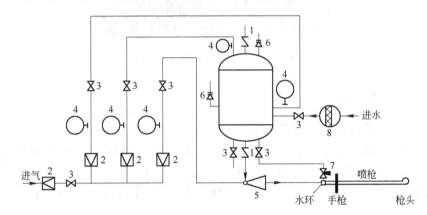

图 2-31 SG-1 型炉衬喷补器控制调节系统示意图
1—蝶阀；2—调压阀；3—截止阀；4—压力表；5—喷射器；
6—安全阀；7—针形阀；8—过滤器

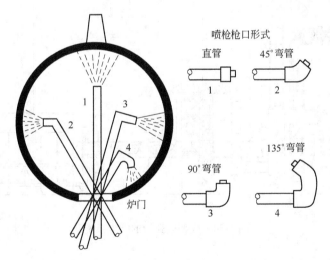

图 2-32 4 种喷枪枪口形式与喷补炉衬部位示意图

2.4.9 排烟除尘装置系统

除尘系统由水冷烟道、燃烧室、沉降室、屋顶罩等组成。除尘系统如图 2-33 和图 2-34所示。

图 2-33 大型电弧炉的除尘外貌

2.4.9.1 电弧炉烟气和烟尘

电弧炉在整个冶炼过程中均产生烟气，不同时期烟气量不同。氧化期吹氧时，烟气量最大，其次是熔化期，还原期最小。电弧炉烟气量如表 2-4 所示。炉内排烟方式为 500～1200m³/(h·t)；炉外排烟方式，因有厂内空气混入，为 5600～9000m³/(h·t)。炉内排烟方式的排烟温度为 1000～1400℃；炉外排烟方式的排烟温度为 100～160℃。

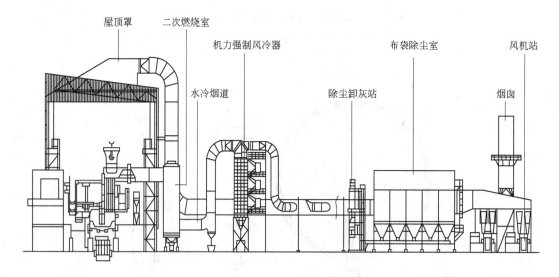

图 2-34 大型电弧炉的除尘系统

电弧炉烟气的主要成分是 CO、N_2、CO_2、O_2，当空气过剩系数 $a=0.5～3$ 时，各成分含量（质量分数）分别为：

$w(CO_2)$	$w(CO)$	$w(O_2)$	$w(N_2)$
12%～20%	1%～34%	5%～14%	45%～74%

在不同冶炼阶段 CO 和 N_2 含量变化如表 2-5 所示。

表 2-4　电炉烟气量　　　　　　　　　　　　　（%）

项　目		排烟量/m³·（h·t）⁻¹
1. 炉内直接（四孔）排烟	普通电弧炉（≤300kV·A/t）	500~700
	高功率电弧炉（≤450kV·A/t）	700~800
	超高功率电弧炉（≥600kV·A/t）	800~1000
	超高功率电弧炉，有氧—油烧嘴	1000~1200
2. 炉外排烟	一般局部罩	5600~7000
	屋顶排烟罩	900
	整体封闭罩	4000~7000

表 2-5　电炉烟气成分　　　　　　　　　（质量分数/%）

钢　种	抽取烟气时间	一氧化碳	氮　气
普通钢	熔化中期	31	69
	氧气吹炼初期	39	61
	氧气吹炼中期	27	73
	氧气吹炼末期	26	74
	还原期中期	22	78
不锈钢	氧气吹炼中期	63	37
	氧气吹炼末期	49	51

炼钢生产过程中，为了增加钢渣的流动性和易于除去磷、硫等杂质，需加入少量萤石作为助熔剂（每吨钢平均耗量 3~5kg）。萤石主要成分为 CaF_2，因此，烟气中还含有少量氟化物（多以 HF 和 SiF_4 状态存在）。

在冶炼过程中，有的超高功率电弧炉需喷轻柴油，平均每吨钢耗油约6kg，因而烟气中含有极少量的二氧化硫。

电弧炉烟（粉）尘的产生量、浓度和粒径及其组成成分主要随不同冶炼期而异，同时也和炉料种类及其配比，以及冶炼钢种等有关。

电弧炉烟（粉）尘产生量一般为 10~15kg/t，烟尘浓度为 4.5~8.5g/m³。不同冶炼期烟尘粒度组成如表2-6所示。

表 2-6　熔化期和氧化期烟尘粒度组成　　　　　　　（%）

冶炼钢种	冶炼期	烟尘粒度/μm						
		<0.1	0.1~0.5	0.5~1.0	1.0~5.0	5.0~10.0	10~20	>20
碳素钢	熔化期			25	45	7	9	14
	氧化期	50	25	15	10			
特殊钢	熔化期		2	27	58	7	5	1
	氧化期	48	28	10	6	8		

电弧炉烟尘主要成分是氧化铁。电弧炉烟尘具体成分如表2-7所示。

表 2-7　电弧炉烟尘的成分及其质量分数

成　分	Fe$_2$O$_3$	FeO	Fe	SiO$_2$	Al$_2$O$_3$	CaO	MgO	MnO
质量分数/%	19~60	4~11	5~36	1~9	1~13	2~22	2~15	3~12
成　分	Cr$_2$O$_3$	NiO	PbO	ZnO	P	S	C	其他
质量分数/%	0~12	0~3	0~4	0~44	0~1	0~1	1~4	少量

2.4.9.2　排烟方式

目前国内外电弧炉采用的排烟方式很多，大致可归纳为：炉内排烟，炉内外结合排烟，全封闭罩和电弧炉炉内排烟结合。

A　炉内排烟

炉内排烟是在电弧炉炉盖上的适当位置设置一个排烟孔（俗称第四孔），将水冷排烟弯管插入其中，直接从炉内引出烟气的排烟方式，如图 2-35 所示。

炉顶水冷弯管与净化设施的水冷排烟管道相对衔接，设有活动套管来调节控制其间距，水冷弯管能随电炉一起倾动。

炉内排烟方式具有排烟量小，排烟效果好，可以加快反应速度、缩短氧化期、降低电耗等优点。在还原期可调节套管间

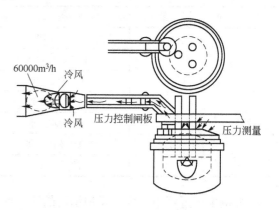

图 2-35　电弧炉炉内排烟

距，减少炉内排烟量，使炉内处于微正压状态，以保证还原气氛。国内外炼钢电弧炉采用炉内排烟已取得了明显的技术经济效果。

B　炉外排烟

炉外排烟是烟气在炉内正压作用下，由电极孔或炉门不严密处逸散于炉外后，再加以捕集的排烟方式。炉外排烟的烟气量要比炉内排烟大得多。

电弧炉炉外排烟方式很多，已使用的主要有屋顶排烟罩、整体封闭罩、侧吸罩和炉盖罩等。实践证明，较有成效的是电弧炉整体封闭罩。此方法是将电弧炉置于封闭罩内，罩内壁四周设有隔音、隔热、泄爆等措施，罩壁留有必要开启的孔洞和门窗，可以使电弧炉冶炼工序，即加料、出钢、吹氧、加合金料、更换电极、测温取样及设备维修等均可正常进行，而不影响工艺操作。排烟口设在烟罩顶部适当位置，连接排烟管道至烟气净化设施。炉盖罩和屋顶排烟罩分别如图 2-36 和图 2-37 所示。

C　炉内外结合排烟

屋顶排烟罩和电弧炉炉内排烟相结合，这是当前国际上普遍采用的电弧炉排烟方式。此方法最有效地控制了厂区内外环境污染。排烟设施由屋顶排烟罩和炉内第四孔排烟两者相结合，以炉内排烟为主。屋顶排烟罩处于电弧炉上方的屋架，专收集电弧炉出钢和装炉料时散发的烟气，如图 2-38 所示。

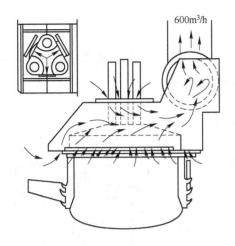

图 2-36 炉盖罩

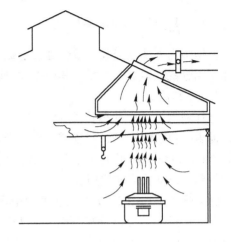

图 2-37 车间顶篷大罩（屋顶排烟罩）

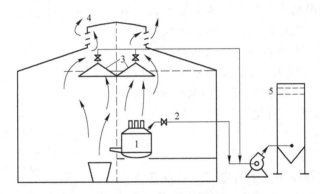

图 2-38 炉内排烟和屋顶排烟罩相结合

1—炉子；2—直接除尘；3—顶篷大罩；4—天窗；5—布袋过滤

全封闭罩和电弧炉炉内排烟相结合，这也是国际上采用较多的电弧炉排烟方式。在正常操作时，排烟设施是以电弧炉炉内排烟为主，当电弧炉出钢、加料时则以全封闭烟罩为主。在电弧炉炉内排烟时，炉体各孔隙外漏的烟尘也由全封闭烟罩捕集。

2.4.9.3 烟尘调节

烟尘调节的目的首先是保证除尘操作的安全，因为电弧烟尘中含有浓度很高的一氧化碳和氢等可燃性气体，有发生爆炸的危险，所以必须调节烟尘，使烟气成分中可燃气体的浓度不处于爆炸的极限范围，及时地把烟气中的可燃气体燃烧掉。其次是保证除尘操作顺利进行，因为从电炉中直接抽出废气温度很高，需要经冷却后才能进行净化处理。此外，为了保证除尘操作的高效率，有时需要调节废气的湿度，适当地增加湿度以提高净化系统的除尘效率。

从炉内抽出的高温烟气经水冷夹层管道进入烟气燃烧室，使烟气所含的 CO 几乎燃尽，然后进入水冷夹层烟道，此时气温降至 650℃ 进入机力空气冷却器，使烟气温度再降至 350℃ 左右进入单层钢板管道。

2.4.9.4 烟气净化设备

根据国内外实践经验，适合处理电弧炉烟尘的净化设备一般分为滤袋除尘器、电除尘器和文氏管洗涤器等 3 大类，其中以滤袋除尘器应用最广。

A 滤袋除尘器

这种除尘器的净化效率高而且稳定，维护费用低，滤袋使用期较长，排放气体含尘量不高于 $50mg/m^3$，设备价格远低于电除尘器，因而在国内外均得到广泛的推广和应用。

滤袋除尘器如图 2-39 所示。烟尘由进气管进入除尘器内，经分布管道分配到各组滤袋，过滤后的气流通过阀门由管道排出。过滤下来的粉尘落入灰斗中，滤袋悬挂在支架上，通过机械振动使滤袋得到清灰。通常是分组清灰，为了使清灰取得较好效果，当该组滤袋在用机械振动清灰时打开反吹风气阀，使反吹风气流进入滤袋内，使用的滤袋料常常是涤纶和腈纶，耐温仅 135℃，如用玻璃纤维作袋料，其耐温为 250℃，所以废气必须用水冷和兑入冷风等方法，将废气冷却到允许温度，才能进入滤袋室。

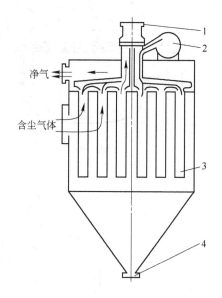

净气
含尘气体

图 2-39 滤袋除尘器
1—反吹管传动；2—反吹风机；3—滤袋；
4—尘粒出口

B 文氏管洗涤器

这种净化设备易使高温烟气冷却，只设置一级降温文氏管即可获得常温的气温，再紧跟设置二级或三级文氏管系列，就能获得排气含尘浓度小于 $10mg/m^3$ 的净化效果。但由于其系统阻力太大，洗涤水和污泥处理的二次污染问题耗资很大，自进入 20 世纪 70 年代已很少再使用。

C 电除尘器

这种除尘器净化效率高，排气含尘浓度约 $5mg/m^3$，维护费用较低，使用寿命长，但设备投资费用大。电除尘器适宜烟尘电阻率为 $10^8 \sim 10^{11} \Omega \cdot cm$，而电弧炉烟尘的电阻率通常高于 $10^{11} \Omega \cdot cm$，因此选用电除尘器时必须首先考虑设置增湿塔，先降低烟尘的电阻率值，而后进入电除尘器，才能发挥其特性。因此这种除尘器在电弧炉烟气净化设施中应用较少。

2.4.9.5 电炉排烟除尘系统

采用炉内外结合排烟，滤袋除尘器除尘的电炉排烟除尘系统如图 2-40 所示。

2.4.10 底吹系统

电弧炉底吹气设备主要包括供气元件的安装设备和气包、控制阀台、底吹气的管路系统等。底吹气系统的示意图如图 2-41 所示。

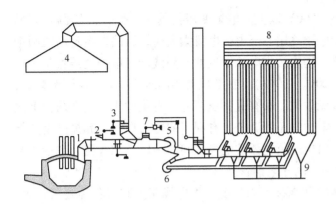

图 2-40　电炉排烟除尘系统
1—炉顶排烟弯管；2—冷风进入翻版；3—换向翻板；4—顶篷大罩；
5—主风机；6—滤袋反吹风机；7—温度控制器；
8—滤袋室；9—积尘卸出

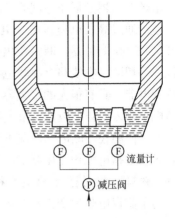

图 2-41　电弧炉炉底吹气
系统的示意简图

2.5　电弧炉主要电气设备

2.5.1　电气设备的组成

　　电弧炉炼钢是靠电能转变为热能使炉料熔化并进行冶炼的，而完成这个能量转变的主要设备就是电弧炉的电气设备。

　　电弧炉的电气设备主要分为两大部分，即主电路和电极升降自动调节系统。主电路的任务是将高压电转变为低压大电流，作为电源输给电弧炉，并以电弧的形式将电能转变为热能。电极升降自动调节系统的任务是根据冶炼要求，通过调整电极和炉料之间的电弧长度，调节电弧电流和电压的大小。

　　电弧炉使用的是三相交流电。通常电流沿架空高压线输入变电所的配电装置，再沿高压电缆经配电装置输入电炉变压器。电炉变压器将高压电转化成低压电流通向电极，在电极与炉料之间产生电弧。由高压电缆至电极的电路称为电弧炉的主电路。电弧炉冶炼所需的电能就是通过主电路输入炉内的。

　　电弧炉的主电路如图 2-42 所示。主电路主要由隔离开关、高压断路器、电抗

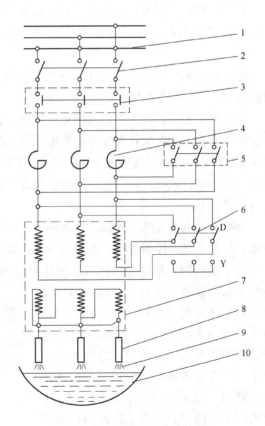

图 2-42　电弧炉主电路简图
1—高压电缆；2—隔离开关；3—高压断路器；4—电抗器；
5—电抗器短路开关；6—电压转换开关；7—电炉变压器；
8—电极；9—电弧；10—金属软电缆和炉顶上的导电铜管

器、电炉变压器及低压短网等几部分组成。

电炉通过高压电缆供电，电压为 3000V 以上。电炉变压器的一次侧（高压侧）有隔离开关和高压断路器。断路器供保护电源之用。当电弧电流太大时，断路器会自动跳闸把电源线路切断。在线路上串联电抗器，用来缓和电弧电流的剧烈波动。电炉变压器是一种降压变电器，具有很大的过载容量（20% ~30%）。在变压器的高压侧配有电压调节装置，调节电炉输入电压。电压调节装置有无载调压和有载调压两种。有载调压装置在结构上比较复杂，但能在不断电的情况下进行电炉电压的调节，有利于缩短熔炼时间和提高生产能力。短网是指电弧炉变压器二次侧的引出线至电弧炉电极之间的一段三相线路，包括 3 个部分：铜排（或铜管）、软电缆和炉顶上的导电铜管。

为了监视电弧炉变压器的运行情况和掌握电力情况，供电线路上装有各种测量仪表，但由于电弧炉一次侧电压高，二次侧电流大，线路上必须配置电流互感器和电压互感器，以保证各种测量仪表的正常工作及操作人员的安全。

电弧炉在运行中，要考虑各种故障及非正常工作现象发生的可能性。例如，在运行中最普遍的同时也是最危险的故障就是各种原因引起的短路。为此设有信号装置和保护装置。

信号装置的作用为：电气设备有时正常的电气情况被破坏，但并不会损坏设备元件，所以不必切断电路，而只需发出信号以引起操作人员的注意，或通过自动调节装置来改正。

保护装置的作用为：当电气设备发生故障时，可通过高压断路器使电弧炉变压器供电线路自动分开，切除故障，防止设备损坏。

在炼钢过程中，由于炉料的熔化、塌料、钢水沸腾等原因，电极与炉料之间的电弧长度就不断变化，引起电弧电流和电弧电压很大的波动，因此要求快速调节电极的位置，使电压和电流值保持在一定的范围内。电极调节装置一般都是自动的，国内多数电炉用可控硅—直流电动机系统。新建电炉采用灵敏度更高，更快速的可控硅—转差离合器系统和电气液压调节系统。

电弧炉除电极升降自动调节装置外，还有一些电气控制装置用来控制电炉的其他机械设备，如电动机、控制按钮、电阻器及限位开关等。

为了提高钢的质量和减轻扒渣操作的劳动强度，现代中型和大型电弧炉还常在炉壳底的下面装设电磁搅拌器。电磁搅拌器的原理与异步电动机相同，搅拌器本体相当于电动机的定子，钢液相当于转子。当搅拌器线圈通电后，沿炉体就会产生一个流动磁场。这磁场驱使熔池内的钢液向一定方向流动，如图 2-43 中箭头所示。图中，钢液是向出钢口方向

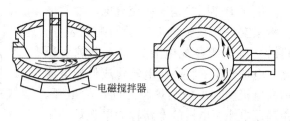

图 2-43 炼钢电弧炉钢液的电磁搅拌

流动的。当需要扒渣时，只要改变电磁搅拌器两相输入电压的接法，钢液就会反向流动，而将炉渣集中到炉门口一边。搅拌器的线圈是两相的，通入的是两相 0.5 ~1.5Hz 的低频交流电。

2.5.2　配电操作

电弧炉炼钢在各个冶炼阶段根据工艺要求输入的功率是不相同的，因此在各个冶炼阶段要不断地调节输入的功率，这种电功率的调节工作称为配电。

电弧炉的配电操作，主要有送电、停电、调换电压、调节电流及电气设备的监视与维护。配电操作对电炉的正常工作，对缩短冶炼时间及降低电耗都有着重要作用。

2.5.2.1　电炉操纵台（配电盘）

电炉操纵台是电弧炉的电气控制设备，主要由下列电器组成：

（1）测量仪表，包括每相电弧的电流表和电压表、每相电极升降电动机的电流表和电压表和三相电度表等。

（2）指示灯，包括每相电压指示灯、断路器合闸与分闸指示灯、可控硅系统电源指示灯、冷却油泵指示灯、电压转换指示灯及各种故障指示灯等。

（3）控制开关或按钮，包括断路器合闸与分闸按钮、可控硅系统电源开关、冷却油泵开关、电抗器接入与切除按钮、每相电极上升及下降按钮或开关、三相电极同升按钮、每相电弧电流调节器、电极升降系统灵敏度调节器、电压转换开关、"手动"与"自动"转换开关等。

2.5.2.2　通电前的准备

通电前的准备工作包括：

（1）值班电工对主要电气设备检查就绪，并确认系统完好。

（2）高压开关装置（隔离开关和高压断路器）均在断开位置。

（3）电炉变压器调压开关和电抗器开关应在所需位置。

（4）可控硅系统转换开关应处于"手动"位置。

（5）通电前电弧炉上和变压器下不许有人工作。

（6）通电前电极必须离开炉料。

2.5.2.3　送电操作

送电操作包括：

（1）首先启动电炉变压器冷却系统（即开启冷却油泵和通风机）。

（2）接通低压控制电流及可控硅系统电流（或启动电机放大机）。

（3）打铃通知炉前操作人员。

（4）高压装置送电，先合上隔离开关，后合上高压断路器，注意断路器指示灯需由绿灯变为红灯。

（5）将转换开关指在"自动"位置，观察仪表是否正常。

2.5.2.4　停电操作

冶炼完毕的停电操作正好与送电操作的操作顺序相反，但必须注意停电时应先提升电极，使电流表指针为"0"，再断开高压断路器。

在电炉连续正常生产时，停电、送电往往不需要断开和再合上隔离开关，而是在控制系统装有一个保险开关（钥匙按钮或合闸闸刀）。停电时，断开高压断路器后再断开保险开关，通电时，合上保险开关后再合断路器，以保证操作的安全。

2.5.2.5　电气设备的监视与维护

电气设备的监视与维护包括：

（1）监视电极自动调节系统，观察电弧电流和电流是否正常。

（2）监视电炉变压器、电抗器运行情况，经常检查变压器的声音、温度、油位和油色是否正常，并注意冷却系统的工作情况。

（3）检查变压器、断路器、隔离开关、电流互感器、电压互感器的瓷瓶（绝缘子）有无破损、裂纹和放电痕迹。

（4）检查电缆、母线及短网接触部分有无过热现象。

（5）检查测量仪表、继电保护和信号装置工作是否正常。

（6）根据检查结果，做好电气运行记录。

2.5.2.6　配电操作注意事项

配电操作注意事项有：

（1）严格执行各项安全操作规程。

（2）必须按照规定的供电制度供电，电流不得波动太大，要使三相电流基本平衡。

（3）根据需要接放电极，发现不导电、漏水、电极折断、电极头脱落等情况，应和炉前其他操作人员一起及时进行处理。

（4）无载调压的变压器，应先停电后调压。

（5）熔化后期，电弧稳定时应及早切除电抗器。

（6）不得长时间两相供电。

（7）出钢时，应提升电极离开渣面并停电，氧化期大沸腾时，也应提升电极停电。

（8）断路器跳闸时，应查明原因再进行通电。

（9）在发生异常事故时，应停电并报车间有关部门处理。

2.6　基本电参数和电热特性的计算

电弧炉炼钢过程中的电参数会常见于冶炼的监控过程和记录之中，所以在此做简要的介绍：

（1）短路电流：

$$I_a = U/Z_a \tag{2-11}$$

式中　　I_a——短路电流，A；

　　　　U——相电压，V；

　　　　Z_a——电阻阻抗，Ω。

（2）视在功率（kV·A）：

$$P_0 = 3UI \times 10^{-3} \tag{2-12}$$

（3）无功功率（kvar）：

$$P_r = 3I^2X \times 10^{-3} \tag{2-13}$$

式中 X——线路感抗，Ω。

（4）电路损失（kW）：

$$P_R = 3I^2R \times 10^{-3} \tag{2-14}$$

式中 R——电路电阻，Ω。

（5）电弧炉功率（kW）：

$$P_A = 3I^2R \times 10^{-3} = 3(\sqrt{U^2 - I^2X^2} - IR)I \times 10^{-3} \tag{2-15}$$

需要说明的是，电弧功率不是全部用来加热钢水，因为电弧要通过辐射和对流对外散热，显露于钢液面上的电弧长度是造成弧功率损失的主要原因。为减少电弧功率损失，应该采用：短弧操作，即增大弧流，降低弧压，增加炉渣的渣层厚度，但也不能无限制地增加渣量，增加渣量要和弧长配合。采用泡沫渣技术，可达到大幅度提高炉渣高度的效果；同时使大电流短电弧供电改为高电压长电弧操作，提高了功率因数，而电压电流波动显著减少，使平均能量输入增加。电压的调节是通过变压器调压装置进行粗调，通过晶闸管触发角进行细调来实现的。

（6）有功功率（kW）：

$$P_0 = P_A + P_R = I\sqrt{P_0^2 - P_R^2} \times 10^3 \tag{2-16}$$

（7）功率因数：

$$\cos\varphi = P_A/P_0 = \sqrt{1 - \left(\frac{IX}{U}\right)^2} \tag{2-17}$$

（8）电效率：

$$\eta_e = P_A/P_0 = 1 - \frac{IR}{\sqrt{U^2 - XI^2}} \tag{2-18}$$

（9）电弧电压：

$$U_A = \frac{P_A \times 10^3}{3I} = \sqrt{U^2 - XI^2} - IR \tag{2-19}$$

（10）耐火材料的烧损指数：

$$R_e = \frac{P_A \times U_A}{3I^2} = \frac{I\sqrt{U^2 - XI^2} - IR}{I^2} \tag{2-20}$$

式中 l——电极侧面到炉壁的距离，m。

耐火材料的烧损指数表征着电弧对于炉壁的烧损作用的指数，是美国的施维博（W. E. Schwabed）于1962年提出的，这个指数对于确定冶炼的工艺路线有着重要的作用，比如钢包精炼炉二次侧电压的确定就是根据耐火材料的烧损指数来确定的。

（11）最小电耗的工作电流：

$$I_{min} = \sqrt{\frac{1}{3R/P_g + 2X^2/U}} \times 10^3 \tag{2-21}$$

式中 P_g——电弧炉的固定热损失，包括炉体散热、水冷件带走的热能、烟道烟气带走的热能等。

2.7　电气设备的维护和相关常识

2.7.1　供电曲线的制定

供电曲线是在某一炉次冶炼期间和结束时功率对操作时间（熔化和精炼）和所延误时间的图形，100t 电弧炉的供电曲线如图 2-44 所示。一炉次冶炼总的时间称为冶炼周期。

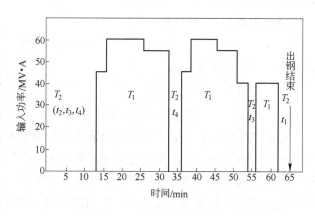

图 2-44　100t 电弧炉的供电曲线

电弧炉炼钢供电曲线制定的主要原则是快节奏低成本地冶炼出每炉钢水。

（1）电气运行工作点的选择主要根据冶炼工艺特点和工艺的需要。例如，开新炉子和正常冶炼的不同，全废钢冶炼和热装铁水冶炼也不同。

（2）为了获得良好的技术经济效果，同时在兼顾生产节奏许可的范围内用好、用足次级电压。尽量使炉子在允许使用的最大电弧功率工作点运行。例如，熔化期穿井到中部以后，使用最大功率送电。

（3）每篮料加入的起始阶段（起弧阶段），要短时间使用低电压低功率工作点运行，弧光对于炉底耐火材料的侵蚀以及和炉盖起弧击漏炉盖冷却水管。

（4）每篮料接近熔清或全炉接近熔清阶段，可适当降低电压级别和电弧功率。

（5）在某个工作点运行的时间的长短，按输入电能的总量确定。

（6）保证设备安全、稳定运行。即保证电弧炉变压器承受的视在功率不过载，电弧稳定高效燃烧。

（7）调压换挡的次数尽可能少。一套大型变压器的有载调压装置的使用寿命一般在一百万次左右，造价在加 200 万~350 万元之间，每切换一次电压，调压开关的发生费用在 1.5~3 元之间，所以电压有载切换次数尽可能少。

（8）供电曲线对生产节奏冲击不大。

2.7.2　变压器的正常使用

电弧炉炼钢用的变压器安装比较繁琐，价格昂贵，所以要做好变压器的维护和正常使用。为了保护好变压器的主要原则有：

（1）加强对于变压器的定期检修和维护，变压器的一些小的隐患就有可能造成大事故。比如检修时遗落在变压器室内的钢铁类的工器具或者废料，在磁场力的作用下，有可能吸附在变压器的某个位置，造成事故。某个电弧炉厂发生过废钢遗落在变压器室附近的电抗器附近，通电时，电磁力将该块废钢吸附在电抗器上，造成了起弧击穿电抗器水冷装置导致停产的事故。

（2）尽量减少变压器的跳闸次数。因为变压器跳闸时，瞬变电流有时会达到额定电流的 2.7 倍，它在变压器线圈内产生极大的电动力，次数多了会造成线圈变形，绝缘损坏。跳闸时，磁通很快消失，匝数较多的高压线圈会感生极高的电压，使绝缘薄弱处有被击穿的危险，因此要尽量减少变压器跳闸次数。

（3）避免变压器的油温过高。温度过高，会使线圈老化，绝缘的可靠性下降、温度过高产生的轴气瓦斯还会引起爆炸或者火灾，烧毁变压器。

（4）避免长时间的两相送电。因为交流电弧炉冶炼时，三相通电时，在变压器副边三相线圈中，电流是平衡的，为了提高变压器的输出功率，这个电流一般已超过额定值不少。当两相通电并维持原电流大小时在变压器副边线圈中，各相电流不平衡，会使其一相线圈中通过的电流进一步增大，此线圈过载也更大了。如果经常这样使用，会使线圈过分发热，绝缘过早老化，变压器寿命缩短。同时，由于电流加大，电动力也加大，对线圈的机械强度也有不利影响。此外，大负荷电弧炉变压器的两相通电使用，对电网也是非常不利的。

复习思考题

2-1　简述电弧炉炼钢过程中能量给的方式。

2-2　简述电弧炉的主要机械设备由哪几部分组成。

2-3　简述电弧炉炉体金属构件的主要组成。

2-4　简述电极的防护措施。

2-5　简述电弧炉偏心炉底出钢的优点。

3 电弧炉炼钢原料

废钢是电弧炉炼钢的主要原料，废钢质量的好坏直接影响钢的质量、成本和电炉生产率。随着电弧炉钢产量和连铸比的增加，及对钢质量要求的不断提高，一方面返回废钢量逐渐减少，外购劣质废钢量增加，另一方面又需要大量的优质废钢。因此，采用100%废钢做原料，很难保证钢中某些痕量杂质元素（Pb、Sn、As、Sb、Bi）和能导致某些钢种性能降低的杂质元素（Cu、Zn、Cr、Ni、Mo、V）含量符合技术条件要求（特别是循环使用外购废钢的情况下），从而促进了直接还原铁在电弧炉炼钢中的应用。为了充分利用各种废钢资源，提高电弧炉的技术经济指标，必须做好废钢的管理工作。目前电弧炉炼钢的原料随着冶金工业技术的发展呈现出了多样化的局面，炼钢的主要原料由过去的单一的废钢发展成为现在的各种各样的新铁料，主要有热装铁水、直接还原铁、Corex铁水、冷生铁、碳化铁以及脱碳粒铁。

3.1 直接还原铁

直接还原铁（DRI），是以铁矿石或精矿粉球团为原料，在回转窑或竖炉内，在低于炉料熔点的温度下以CO或H_2或焦炭作还原剂来还原铁氧化物得到的金属铁产品。由铁矿石在回转窑或竖炉内直接还原而得的海绵状金属铁称为海绵铁。由精矿粉先造球，再直接还原而得的球状产品称为金属化球团。而由海绵铁或金属化球团趁热加压成形的产品称为热压块铁（HBI）。HBI比DRI密度高，不易氧化和破碎。直接还原铁具有含铁高（金属化率为85%~90%），杂质（Pb、Sn、As、Sb、Bi、Cu、Zn、Cr、Ni、Mo、V等）通常为痕量，含磷、硫低（硫含量一般小于0.01%，磷含量一般为0.01%~0.04%。热压块铁略高些，硫约0.01%~0.04%，磷约0.07%~0.10%），孔隙度高（其堆密度在1.66~3.51t/m^3）的特点。

电弧炉对直接还原铁的要求为：金属铁含量（Fe+Fe_3C）约80%，全铁含量要求大于87%，硫含量低于0.03%，磷含量低于0.08%，脉石含量应尽可能低。粒度为8~22mm，堆密度大于2.7t/m^3。根据电弧炉装备的配备情况，电弧炉使用直接还原铁的用量在20%~70%，以配入50%左右较为经济。一般为25%~30%，目前也有使用100%DRI冶炼的。装料方式有分批装料和连续装料，多采用从炉盖第5孔连续装料方式。虽然使用直接还原铁利于降低杂质，但因脉石含量高的原因，造成渣量增多，此外渣中FeO高，易引起沸腾，使金属收得率下降，冶炼时间和电耗增加。

电弧炉还使用一种高炉生铁粒化后，在回转窑中被CO_2脱碳后的产品——脱碳粒铁（粒度5~15mm，碳含量0.2%~2.0%）做原料。与直接还原铁比较，其金属铁含量高5%~10%，酸性脉石含量低1%~3%，因而渣量减少约80kg/t，但其价格高。

直接还原是指在矿石不熔化、不造渣的条件下将铁的氮化物还原为金属铁的工艺方法。这种方法用烟煤或天然气作还原剂，不用焦炭，不用庞大的高炉。直接还原是在固态温度下进行，所得的产品称为直接还原铁 DRI（direct reducation iron）。目前直接还原法主要有气基直接还原法和煤基直接还原法两大类。直接还原铁的金属化率均在90%左右。直接还原铁由过去的海绵铁（sponge iron）发展为现在的粒状直接还原铁（DRI）以及块状的热压块铁 HBI，由于直接还原铁中金属铁的含量较高，而且硫和磷的含量比较低，所以是电弧炉生产洁净钢的重要钢铁原料的替代品。目前全世界的直接还原铁的总产量占生铁产量的6%~9.4%，在3000万~6000万吨，气基生产直接还原铁的技术和产量都占主导地位。

3.1.1 直接还原铁的理化指标

直接还原铁的主要理化指标见表3-1。

表3-1 直接还原铁的主要理化指标

组成元素	含量（质量分数）/%	组成的化学成分	含量（质量分数）/%
全铁	90~93	SiO_2	1~3
金属铁	80~86	Al_2O_3	0.5~2
金属化率	90~94	脉石（Al_2O_3、SiO_2、CaO、MgO）	2.7~5
C	0.2~1.4		
S	0.01~0.04	残余元素的总量	0.015~0.04
P	0.04~0.07	堆密度	2.7~2.9g/cm^3

直接还原铁有三种外观形状：

（1）块状。块矿在竖炉或回转窑内直接还原得到的海绵状金属铁。

（2）金属化球团。使用精矿粉先造球，干燥后在竖炉或回转窑中直接还原得到的保持球团外形的直接还原铁。

（3）热压块铁 HBI。把刚刚还原出来的海绵铁或金属球团趁热加压成形，使其成为具有一定尺寸的铁块，一般尺寸多为1mm×50mm×30mm，其密度一般高于海绵铁与金属化球团。HBI 的表面积小于海绵铁与金属化球团，使其在保管或运输过程中不易发生氧化，在电弧炉中使用时装料的效率高。

3.1.2 电弧炉炼钢对直接还原铁的性能要求

由于电弧炉炼钢的特殊性，所以对于直接还原铁有一定的要求，一般要求如下：

（1）密度要在4.0~6.5g/cm^3之间。

（2）块状。块矿在竖炉或回转窑内直接还原得到的海绵状金属铁。

（3）一般要求冷态条件下抗拉强度大于70MPa，以保证运输和加料过程中不易破碎。

（4）要求粒度合适。既不能含过量的粉尘，也不能尺寸过大，使其能避免氧化或被电弧炉除尘装置吸收，又能适于炉顶连续加料的要求。一般粒度要求在10~100mm之间。直接还原铁的实体照片如图3-1和图3-2所示。

3.1.3 直接还原铁的加入方式

直接还原铁的密度介于炉渣（2.5~3.5g/cm^3）与钢液（7.0g/cm^3）之间。加入炉内

图 3-1　煤基直接还原铁

图 3-2　Finmet 工艺生产的热压块铁

后容易停留在渣钢界面上，有利于钢渣界面的脱碳反应，促进炉内传热的进行。直接还原铁用于电弧炉炼钢，其中金属化率和含碳量不同，所以加入量也不相同。对于碳含量和金属化率较高的直接还原铁，可以 100% 地作为电弧炉炼钢的废钢炉料。如果所用的直接还原铁的加入比例为 30% 以下，则可用料罐加入。料罐的底部装轻废钢，随后装入重废钢和 DRI，这样可避免 DRI 结块太多。DRI 主要装在料罐的下半部，使 DRI 尽可能装入炉内中心部位，防止直接还原铁接近炉壁以及冷区结块而不能熔化。有一种情况需要注意的是：当电弧从上部加热相当厚的 DRI 料层时，熔化的金属便充填各个 DRI 球团之间的空隙并凝结，不能渗入到球团深部，球团易烧结在一起而且密度小，难以落入钢水中，延长了熔化时间。实践表明，成批加入大于总炉料的 30% 的 DRI 时，由于 DRI 传热慢，会出现难以熔化的问题，恶化其经济技术指标，使用连续加料技术，会改善这种情况。连续加料一般从炉顶的加料孔加入。一是在炉顶的几何中心开一个加料孔，使 DRI 垂直落入；另一种方式是在炉顶半径的中间开孔，经轨道抛射落入炉内的中心区域。炉顶上部的连续加料系统必须有足够的高度，以保证 DRI 具有足够的动能以快速穿过渣层。由于一般的直接还原铁的含碳量比较低，不利于熔池的尽快形成。气基还原铁能较好控制 DRI 中的碳含量，一般可做到其中的碳与未还原的 FeO 相平衡，即所谓"平衡的 DRI"。冶炼时无需额外配碳，DRI 也不会向熔池增碳；对于煤基还原的 DRI，一般碳含量在 0.25% 左右，冶炼时需配入一定的碳（根据 DBI 金属化率和所炼钢种而定），以保证熔池合适的碳含量并使 DRI 中的 FeO 还原。

在采用废钢预热的竖炉和连续加料的 Conteel Fumace 电弧炉，直接还原铁的加入主要关键步骤有：

（1）采用较大的留钢量，使得直接还原铁加入后一直在有熔池存在的条件下，能够使吹氧和辅助能源输入的操作发挥最高的效率。

（2）DRI 由高位料仓通过炉顶连续加入的原则是：在避免形成"冰山"的前提下较低的温度，以最大速度加入，以减少炉衬侵蚀和热能损失，缩短冶炼时间。具体工艺如下：

1）加入最后一篮料后废钢熔化形成熔池后，单位重量能耗达到 100kW·h/t 时，开始加入 DRI，速度为 500kg/min。

2）电耗耗值达到 100kW·h/t 时，DRI 加入速度增至 1000kg/min。

3）炉内废钢基本熔清时，DRI 加入速度则增至 2500kg/min。

4）熔池温度达到1560℃时，DRI加入速度增至3000kg/min。每5min测温一次，保持熔池温度在1560～1580℃，若熔池温度超出此范围时，适当降低或增大加入速度。

5）DRI最后10t的加入速度应降至1500 kg/min。

6）DRI最后5t，加入速度应降至500kg/min，使熔池升温，直至达到出钢温度为止。

3.1.4 直接还原铁配加铁水冶炼的操作要点分析

以煤基直接还原铁为主，直接还原铁使用的基本操作要点如下：

（1）不同产地的直接还原铁中脉石含量不同，大量使用时要注意渣料石灰的加入量，避免炉渣碱度低造成冶炼过程的脱磷化学反应不能达到成分控制的要求。

（2）热装铁水冶炼时，直接还原铁在第一批料随废钢铁料一起加入，并且采用较大的留钢量，对于优化脱碳脱磷操作十分有利。

（3）使用直接还原铁要注意提高入炉料的配碳量，如果配碳量不足，会造成直接还原铁形成冷区，不容易熔化。由于碳可以降低铁素体的熔点，合适的配碳量，会帮助熔池尽快形成，有利于消除直接还原铁的大块凝固现象。一般情况下，直接还原铁加入量在20%～30%，配碳量保持在1.2%～1.8%；低于20%的直接还原铁，配碳量控制在0.8%～1.5%之间是合适的。这种方式有利于炉渣的早期形成和促进脱碳反应的速度，脱磷效果好，缩短了冶炼时间。原因是直接还原铁中的氧化铁促进了石灰的早期溶解并增加了渣中氧化铁的含量。实践中铁水加入量与直接还原铁加入量的最佳比例为3.5：2。

（4）热装铁水配加直接还原铁冶炼时，尽可能地使用最大的功率送电，有熔池形成时就进行喷炭操作，促使泡沫渣埋弧冶炼，尽快提高熔池的温度。

（5）吹氧冶炼期间，要注意吹氧的操作和送电的操作，从炉门放渣的时间要尽量晚一些，脱碳反应开始以后，要来回间歇性地倾动炉体，利用脱碳反应的动力促使熔池内部的冷区消融。

（6）冶炼过程中，铁水的比例小于20%，直接还原铁的加入量在10%～30%之间，冶炼的电耗将会增加15～50kW·h/t，所以铁水加入比例较小时，直接还原铁的装入量要偏下限，以便于快速提温和缩短冶炼周期。热装铁水的比例大于30%以后，装入量控制在中上限，有利于增加台时产量。

3.1.5 直接还原铁配加生铁冶炼的操作要点分析

直接还原铁配加生铁冶炼的操作要点分析如下：

（1）全废钢冶炼时，直接还原铁的加入量要控制在30%以内，最佳的加入量要根据熔池的配碳量来决定。配碳量加大时，直接还原铁的加入比例可以大一点，反之亦然。

（2）电弧炉的留钢量要偏大一些，直接还原铁的加入不能加在炉门区和EBT冷区。料篮布料时，废钢首先加在炉底，再加直接还原铁，当直接还原铁加入量较大时，应该分两批加入。

（3）加入废钢铁料的配碳要控制在1.2%～2.0%。炉渣的二元碱度要保持在2.0～2.5之间。

（4）装入量要控制在公称装入量的中限以下，以利于熔池快速提温。

（5）冶炼过程中，在有熔池形成时，就要考虑进行喷炭操作，以降解渣中的氧化铁含量，营造良好的泡沫渣埋弧冶炼。在有脱碳反应征兆出现时，可以根据冶炼的进程调节喷炭的速度。

（6）直接还原铁容易在炉壁冷区和熔池靠近 EBT 出钢口的附近沉积，在脱碳量不大，熔池温度较低时，形成难熔的"冰山"，所以出钢温度要保持在 1620～1650℃ 之间，出钢前还要仔细观察炉内的情况，防止冷区的存在引发事故。

（7）在没有辅助能源输入的时候，或者熔池升温速度较慢的阶段，最好少加或者不加直接还原铁。主要是因为冶炼过程中熔池温度较低时，碳氧反应开始较晚，低温阶段铁会大量氧化加入渣中，在渣中富集以后流失，增加了铁耗，在熔池温度升高以后还有可能导致大沸腾事故的发生。

3.1.6　使用直接还原铁后金属收得率的基本分析方法

对于加入直接还原铁后金属的收得率，以下采用陈煜和李京社等人的方法。先后采用了 6 种指标，为此引入下列符号：G 为电弧炉出钢（液）量，t；G_0 为入炉废钢量，t；G_{DRI} 为入炉直接还原铁量，t；T_{Fe} 为直接还原铁中全铁含量，%；M_{Fe} 为直接还原铁中金属铁含量，%；η_0 为废钢收得率，%。

（1）钢铁料综合收得率=电弧炉的出钢量/入炉的钢铁料量，即 $\eta_1 = G/(G_0 + G_{DRI})$。

（2）钢铁料全铁收得率=电弧炉的出钢量/入炉全铁料，即 $\eta_2 = G/(G_0 + G_{DRI}T_{Fe})$。

（3）钢铁料金属铁收得率=电弧炉的出钢量/入炉金属铁量，即 $\eta_3 = G/(G_0 + G_{DRI}T_{Fe})$。

（4）直接还原铁综合收得率 = DRI 形成的出钢量/入炉的 DRI 量，即 $\eta_4 = (G - G_0\eta_0)/G_{DRI}$。

（5）直接还原铁全铁收得率 = DRI 形成的出钢量/DRI 带入的全铁量，即 $\eta_5 = (G - G_0\eta_0)/G_{DRI}T_{Fe}$。

（6）直接还原铁金属收得率 = DRI 形成的出钢量/DRI 带入的金属铁量，即 $\eta_6 = (G - G_0\eta_0)/G_{DRI}T_{Fe}$。

根据研究，配加直接还原铁对直接还原铁的全铁收得率没有明显影响。实践经验是，加入直接还原铁以后，计算收得率是利用加入量乘以全铁量后按照 87%～93% 的回收率进入钢液，得到的结果与实际生产结果是一致的。

3.2　冷生铁

在一些大型钢铁联合企业，由于以转炉生产为主，转炉对于铁水有一定的要求，特别是硫元素和硅元素，在铁水成分超标后会出现一部分的废品铁水，另外一种情况是铁水的生产量大于转炉的需求量以后，一部分铁水将被铸造成冷生铁。作为电弧炉炼钢的原料，是一种优质的炼钢原料。冷生铁基本成分见表 3-2。

表 3-2　冷生铁（铁水）的化学成分

成　分	金属铁	C	P	S	Mn	Si
含量（质量分数）/%	>93	3.8～4.2	≤0.08	≤0.6	0.2～0.4	≤1.0

3.2.1　加入冷生铁的电弧炉冶炼特点

冷生铁具有金属化率较高、易于保存和运输、杂质含量低的优点，目前普通地应用于电弧炉的生产，采用废钢加生铁的料型结构是目前大多数短流程企业的基本料型结构。由于生铁中含有较高的碳，所以加入量过大以后，会引起熔清后碳高，需要花时间脱碳，会延长冶炼周期。

作为生铁配碳冶炼时具有以下特点：

(1) 冷生铁的导热性不好，所以加入时要注意尽量避免加在炉门和出钢口附近，给冶炼操作带来困难。配料时生铁的加入应该加在料篮的中下部最为合理，这样可以利用生铁含碳量较高的优点，及早形成熔池，不仅有利于提高吹氧的效率，而且会提高金属收得率。如果加在炉门区：一是加料后堆积在炉门区的冷生铁，很有可能从炉门区掉入渣坑，造成浪费；二是影响从炉门区的吹氧操作；三是影响取样操作，或者取样的成分没有代表性。加在出钢口区，会发生堵塞出钢口的事故，或者出钢时，未熔解的生铁在等待出钢的时间和出钢过程的这段时间内发生熔解以后，导致出钢增碳现象，引起成分出格的事故。

(2) 一般来讲冷生铁的配入量在装入量的20%～65%之间，自耗式氧枪吹炼方式下的配加比例为20%～45%，冶炼低碳钢取中下限，冶炼中高碳钢取中上限。超声速氧枪吹炼模式下的冷生铁的加入量在40%～65%之间，具体的比例可以根据与之搭配废钢的条件来定。超声速集束氧枪吹炼条件下的配加比例最多可以增加到70%。统计表明，生铁加入量在超过40%以后，生铁的比例每增加5%，金属回收率将会提高1%～1.6%，在超声速炉壁氧枪和炉门一支自耗式氧枪复合吹炼条件下，生铁配加废钢，生铁的比例在60%时，金属总体收得率达到平均95%以上，冶炼时间没有延长。

(3) 使用冷生铁配碳冶炼优质钢的炉次，在冷区会出现软熔现象，即第一次取样与第二次取样的结果偏差较大，包括[P]、[C]，尤其是[P]。这种现象在自耗式氧枪吹炼的条件下尤其明显。在供氧强度较大的超声速氧枪或者超声速集束氧枪吹炼模式下，这种情况会有所好转。所以用生铁配碳冶炼时，终点取样温度应该在1580～1630℃之间。出钢前从炉门仔细观察炉内是否有未熔的冷废钢，是必需的。

(4) 加入高比例的冷生铁冶炼时，保持炉内合适的留渣、留钢量是促进冶炼优化的关键操作。

(5) 有些生铁含有较高的硅和磷，在加入生铁比例较高的冶炼炉次，要根据生铁的成分合理地配加渣料石灰，防止冶炼过程出现磷高和频繁的沸腾现象，在实际操作中遇到这种现象：在石灰称量秤误差较大时，因为石灰加入量不够，出现磷过高的事故，而且冶炼中随着脱碳反应和冷生铁的不断熔化，炉内不断发生剧烈沸腾，从炉门溢出钢水的事故，经过后来的化验分析证实，这是由于加入的冷生铁硅含量和磷含量严重超标，石灰加入量的偏差较大造成的。

(6) 冷生铁表面具有许多不平的微小孔洞和半贯穿性的气孔，有利于脱碳反应的一氧化碳气泡的形成，有利于脱碳反应的进行。在废钢资源紧张的地区，利用铁水和冷生铁一起配碳，不会延长脱碳的时间和冶炼周期。按铁水占30%，生铁占35%的比例搭配，在实际操作中的效果最佳。

冷生铁和铁水带入的配碳量可以由下式确定：

$$w(C) = Qa/G \times 100\% \tag{3-1}$$

式中　$w(C)$——生铁或者铁水带来的配碳量；

　　　　Q——生铁或铁水加入量；

G——加入的废钢铁料的总量。

3.2.2　高比例配加冷生铁冶炼操作的关键技术

利用高比例配加生铁冶炼的优点主要有：

（1）有利于调整配料的结构，减少电弧炉加料以后料高压料的几率。

（2）有利于提高化学能的利用比例，降低电耗。

（3）有利于提高钢铁料的收得率。

（4）有益于钢液质量的提高。

（5）较高的配碳量，引起冶炼过程的剧烈沸腾，可以消除电弧炉炼钢过程存在的冷区。

（6）可以稀释入炉废钢内有害元素的含量。

3.2.2.1　炉门自耗式氧枪吹炼条件下高比例配加生铁的操作要点

由于自耗式氧枪吹炼过程中，每分钟脱碳速度在 $0.03\% \sim 0.06\%$ 之间，脱碳速度较慢，所以生铁的加入比例在20% ~45%，操作要点如下：

（1）料型结构采用第一篮料的加入量占总加入量的50%以上，生铁加入量占总加入生铁量的60%以上。这样做的优点在于可以减少压料时间和调整料型结构。

（2）根据电弧炉熔池的深度，保持合理的留钢量和留渣量，熔池较浅时，留钢量控制在5~10t之间，熔池较深的情况下，留钢量控制在7~25t之间，变压器容量较大的电弧炉还可以继续增大留钢量。这样做的目的除了保护炉底耐火材料以外，主要是为了提高吹氧的效率和实现早期脱碳。

（3）石灰加入量要保证在氧化后期，炉渣的二元碱度在 $2.0 \sim 2.5$ 之间，石灰和白云石的量根据冶炼过程中渣况做动态的调整。需要说明的是，实践中的统计分析证明，炉渣的碱度不够，不仅影响泡沫渣的质量，而且会容易引起炉渣乳化，影响脱碳反应速度，操作不当还会导致大沸腾事故的发生。

（4）一批料入炉后，供电尽可能采用最大功率输入电能，以保证最快的速度在炉底形成熔池。

（5）第一批料入炉以后，炉体向出渣方向倾动到一个合适的角度，倾动角度以炉门区不溢出钢渣为原则。炉门枪的操作采用两支吹氧管伸入到有熔池形成的区域吹氧，或者一支伸入到熔池吹氧，一支切割废钢的操作模式，这样做的优点是可以实现早期脱碳，减轻氧化期的脱碳压力，并且可以利用脱碳反应的放热加速废钢的熔化，有利于降低电耗和铁耗。

（6）一炉钢的废钢铁料全部入炉以后，供电也尽可能采用最大功率送电。炉门枪的初期操作与一批料的操作相同，全部废钢有60%以上熔清后，一支枪向钢渣界面吹氧，一支枪吹渣操作，以促进炉渣的早期熔化，这种做法的必要性在于除了保证脱磷以外，还可以减少吹损，防止炉门翻钢水现象的发生。在此阶段，供氧强度的模式选择保持在中间的模式上（一般的吹氧操作，吹氧模式有3种以上的选择）。

（7）泡沫渣的操作可以选择早期脱磷，兼顾脱碳，中后期强化脱碳的顺序，炭粉的喷吹控制应该以保持炉渣充分泡沫化为目的，炉渣泡沫化良好时，可以采用点动喷吹炭粉或者停止喷吹炭料的操作。在良好的泡沫渣保持 5min 左右，有脱碳反应的特征出现以后，供氧模式采用最大模式，以强化脱碳反应的操作。熔池内部脱碳反应的基本特征是：停止喷吹炭粉以后除尘弯管有黑色或者强烈的黑黄色火焰，有时候有黄白色火焰出现，或者炉门与炉盖处有明显或者强烈的火焰出现。

（8）高比例配加生铁的泡沫渣脱碳操作中，由于熔池中前期碳含量高，炉渣容易出现返干现象，所以强化脱碳期间，控制喷吹炭粉很必要，通电功率要根据脱碳反应速度做调整，脱碳速度较快时，可以提高输入送电功率，避免后期过吹，脱碳速度较慢时，可以降低送电功率水平，避免碳高以后出高温钢。

（9）由于脱碳反应是一个串联的反应，所以脱碳期间，不断合理地倾动炉体是促进脱碳反应的必要操作手段，也可以达到促进冷区生铁熔化的目的。

（10）取样的温度要控制在 1580 ~ 1630℃ 之间，出钢温度也要控制在 1590 ~ 1650℃ 之间，取样和出钢前要观察炉内是否完全熔清，是很必要的。

（11）脱碳反应结束后，出钢前成分中碳含量的控制，低碳钢出钢终点碳含量应该控制在低于钢种成分下限 0.02% 左右，中高碳钢控制在低于钢种成分下限 0.05% 左右，防止生铁没有完全熔解在出钢过程中的增碳。

（12）熔池内碳含量的控制除了取样分析以外，烟道和炉体角度的控制也可以提供必要的辅助参考，具体的方法如下。

不喷吹炭粉时根据烟道内出现的火焰判断：

碳含量高于 0.8% 以后，烟道火焰一般呈现浓烈的黑色，黑黄色。

碳含量在 0.5% ~ 0.8% 之间，烟道内火焰强烈，并且出现黄色或者黄白色。

碳含量在 0.1% ~ 0.3% 之间，出现乳白色或者乳黄色，火焰有力。

碳含量低于 0.10% 以后，烟道内的火焰飘忽不定，软弱无力。

炉体倾动角度的判断参考如下，但是这只是必要的参考，而不能替代化学分析。在相同的吹氧的条件下，如果熔池内碳含量不同，供氧强度相同，脱碳的速度却不相同，不同的脱碳速度造成熔池内钢液沸腾后，钢液面的高度也不相同，熔池内沸腾剧烈，炉体向出钢方向倾动，说明碳含量较高。如果炉体能够向出渣方向倾动得足够低，说明熔池内碳含量较低。

3.2.2.2 超声速氧枪吹炼条件下高比例配加冷生铁的冶炼操作技术

由于超声速氧枪的脱碳速度在 (0.05 ~ 0.10)% /min 之间，所以生铁的加入量的比例保持在 45% ~ 65% 是比较合适的。超声速氧枪吹炼条件下的要点如下：

（1）出钢采用较大的留钢量和留渣量，以利于在第一批废钢入炉后，炉底废钢料迅速发红，以提高吹氧的效率。

（2）废钢和生铁，特别是生铁的加入量，主要是加在第一批料内，加入配入生铁总量的 70% 以上，如果在料型允许的情况下，生铁在第一批料中全部入炉，效果会更好。第一批料的总配料量占总量的 65% 以上。这样做的优点在于可以尽快在炉底形成熔池，有利于吹氧的操作。第一批料的送电操作要尽可能快地输入大功率的电能。

（3）超声速氧枪在有局部熔池形成后就要进行脱碳的前期操作，吹渣 2min 左右，开始脱碳操作，脱碳开始的特征是烟道内有明显的炭火出现，这种模式的操作，既保证了炉渣的熔化，覆盖已经形成的熔池，有益于减少吹炼过程的飞溅损失，而且可以提高脱碳速度，利用脱碳反应产生的一氧化碳气体实现炉膛内的二次燃烧功能，有利于节电。

（4）第一批料尽可能地熔化充分一点，以减少第二批料加料后，料高炉盖旋不进来的现象。也有利于第二批料加料后氧枪的尽快使用。

（5）渣料的加入要保证炉渣二元碱度在 2.0 以上。加入第二批料后，前期送电要最大功率，吹氧操作以尽快能够脱碳为努力方向，脱碳反应开始后，可以根据泡沫渣的情况调整喷炭量和送电挡位，并且适当地来回倾动炉体。由于脱碳反应是一个串联的二级反应，在这个过程中，脱碳反应有时候很剧烈，有时候减弱，在减弱一段时间后，又会剧烈，这是由于生铁传热差，在冷区不容易熔化造成的。在取样前，将炉体倾动在出钢方向保持一定的吹炼时间，是很必要的。此外，加在炉底的生铁表面是脱碳反应的产物，一氧化碳生成气泡前气泡形核的最佳区域，有利于超声速氧枪吹炼下的脱碳反应的进行，这一点需要炉渣的碱度作保证。炉渣的二元碱度保持在 2.0～3.0 钢渣间的界面反应对于脱磷脱碳有积极的促进作用。

事实上在全废钢冶炼的时候，生铁的最大比例保持在 65% 左右，冶炼周期没有明显的延长，金属收得率和钢水的质量大幅度提高。在有铁水热装的条件下，采用 10%～25% 的铁水比例，另外配加 30%～45% 的生铁，冶炼效果也非常理想，脱碳速度和最大挡位送电之间的配合也衔接得比较好。表 3-3 是一些冶炼的基本效果对比。

表 3-3　超声速氧枪吹炼条件下高比例配加生铁的冶炼效果

生铁的比例/%	40	45	50	55	65（生铁+铁水）
冶炼周期/min	52	53	55	57	53
金属收得率/%	91.5	92	93	94.5	95
电耗/kW·h·t^{-1}	351	332	330	318	260～305

需要说明的是，在实际生产中，有些废钢含有较高的抑制脱碳反应的元素（硅、锰、磷），这类废钢大量使用时，要注意减少生铁的比例，以减少脱碳操作的难度。此外，废钢配料车间的料坑，在经过一段时间后要进行清理，料池底部的废钢条间比较复杂，经过化验和分析，料池底部的碎料一般杂质元素含量较高，而且附带的非金属料较多，所以在清理料池底部的时候，要注意减少生铁的加入量，并且适当地增加石灰的加入量，因为在这种情况下，会出现炉渣碱度不够，出现磷高和脱碳困难的问题，需要特别注意。

超声速集束氧枪的多点吹氧，多点喷炭，供氧强度较大，在采用高比例生铁冶炼时，为了提高吹氧的效率，关键之一就是要保持电弧炉内有较大的留钢量，保证钢渣的碱度在 2.0 以上，提高氧枪的吹氧效率，防止射流的反射。其他操作比自耗式氧枪和超声速氧枪要容易许多。

3.3　碳化铁

碳化铁（Fe_3C）也是气基直接还原铁的一种半工业化的实验产品，其工艺是通过气—固反应，将铁矿粉转变为碳化铁的闭环吸热的一步式工艺。经过处理的气流（CO、CO_2、H_2、CH_4、水蒸气）在 550～600℃下与 0.1～1.0mm 的铁矿粉反应生成碳化铁。由于碳化铁具有较高的化学潜热，有害杂质含量很低，被认为是一种最有潜力的电弧炉炼钢原料的替代品，由于规模化生产的技术问题与资源矿产的制约，所以目前没有形成规模化的生产，但是对于它的实验性使用和工业性应用，已经有了大量的文献报道。典型的碳化铁成分见表3-4。

表3-4 典型的碳化铁成分

成 分	总铁	金属铁	Fe_3C	Fe_3O_4	SiO_2	P	S
含量（质量分数）/%	89~94	0.5~1	88~94	2~7	2~3	<0.035	<0.01

电弧炉炼钢对于碳化铁的要求如下：

（1）金属化率要高。由于碳化铁中的 Fe_3O_4 与碳反应为还原吸热反应，当碳化铁中 Fe_3O_4 的含量超过19%，将会是一个负的热效应。所以电弧炉使用的碳化铁的金属化率要尽可能高。实验表明，还原1t的氧化铁，需要 $1.4MW \cdot h$ 的电能。

（2）碳化铁中的酸性物质脉石的含量要低，避免带入炉内酸性物质过多，增加石灰的用量。

（3）由于碳化铁的硬度较大，所以电弧炉使用时，粒度和块度要适当，用于料篮加入的，要和生铁的块度差不多，用于喷吹的，粒度要满足喷吹的需要。

3.3.1 碳化铁的加入方式

碳化铁可以将其在热态下压块，或者粒化，通过料篮向电弧炉中加入，也可采用在炉顶第四孔或者第五孔加入。采用料篮加入时，加入方式和加生铁的方式差不多，加在料篮底部或者中下部，在理论上讲是可行的。由于碳化铁坚硬、无黏性、流动性好，如果采用竖井预热后加入或者喷吹加入，效果会更好。在采用竖井加入时，发生碳化铁过热以后黏结的现象会较少。采用在炉顶第四孔或者第五孔加入方式，加入的灵活性更大，不会在加料过程中发生由于黏结造成的管道堵塞。加入可在冶炼过程中进行而不必中断冶炼，能够缩短冶炼时间，还可以减少热损失，提高热效率。采用喷吹加入，则喷吹速度要控制合适。加入方式和操作主要如下：

（1）采用料篮加入方式。采用料篮加入碳化铁，主要是利用碳化铁碳含量较高的特点，加在一批料的中下部，有利于冶炼的操作，性质和操作与加冷生铁一样，较大的留钢量对于优化供电曲线和脱碳操作比较有利。

（2）采用竖井和连续加料的方式加入。采用竖井和连续加料的方式加入，尽早加入碳化铁，在理论上分析也是可行的，碳化铁应该加在竖井的中下部位，以提高预热温度，促使碳化铁及早加入熔池熔化。加入过晚，对于碳化铁的溶解和脱碳操作会带来一定的影响。

（3）采用喷吹加入。采用喷吹加入方式国外的经验是：碳化铁在废钢大部分熔化后开始加入，避免在冶炼后期由于使用大功率加热而使钢中氮含量升高，以及碳化铁熔化后带入熔池的碳给冶炼带来的影响。

3.3.2 碳化铁的加入量或喷吹量的控制

碳化铁加入量主要考虑以下3个方面对于冶炼的影响：

（1）从能量上的考虑，要有利于减少电耗，缩短通电时间，提高电弧炉的台时产量。

碳化铁的熔化以及升温到出钢温度，需要的能量来自两个方面：电能和碳化铁中的碳与氧反应放出的热量。根据计算得到，典型的含碳量为 6%，含 Fe_3O_4 为 46% 的碳化铁在炼钢过程中所需能量的一半来自电能。碳化铁的加入量过大或者喷吹速度太快，单位时间电弧炉需要供给的能量也越大，否则会使熔池温度大幅度降低而影响后期操作。如果熔池的温度过低，不利于脱碳反应和泡沫渣的操作。采用料篮加入或者竖井加入方式的，可以根据不同比例的加入量，对于冶炼电耗和冶炼周期的影响，加以对比分析，确定最佳的加入量。采用喷吹方式的，对于给定的碳化铁喷吹速度，能够计算出喷吹结束时整个熔池提高到出钢温度所需的输入功率。如果该功率大于实际输入功率，则表明碳化铁的喷吹速度过快，反之，还可增大喷吹量。由于碳化铁的熔点较高，难以熔化在钢水中，而是按以下反应式进行溶解：

$$Fe_3C = [C] + 3Fe \qquad (3-2)$$

据估计，碳化铁的喷吹从喷入熔池到溶解约为 1s。

（2）从供氧强度和吹氧方式上的考虑，要有利于提高脱碳速度。碳化铁能够带入熔池较高的碳，而与碳化铁中碳反应的氧主要来自氧气。碳化铁的加入量越大或者喷吹速度越大，要求脱碳用的供氧强度也越大，但供氧强度的增加是受供氧能力限制的。不同的供氧强度和吹炼方式决定了碳化铁的加入量和喷吹速度。在一定的供氧模式下，要根据脱碳速度来计算碳化铁加入量带来的配碳量，然后确定碳化铁的加入量。碳化铁的带入配碳量，可以根据碳化铁中的实际碳含量来确定，方法可以参考式（3-1）的方法。

（3）废气处理能力。电弧炉中用碳化铁炼钢时，碳化铁中的碳主要是以 CO、CO_2 气体形式排出。随着电弧炉中碳化铁喷吹速度的增加，生成的炉气量便迅速增加。因此，确定碳化铁的喷吹速度必须考虑废气的处理能力。

综合以上的因素分析，采用料篮加入方式和竖井加入方式的，在自耗式炉门氧枪吹炼条件下，碳化铁的理论加入量在 15% ~ 28%，超声速氧枪吹炼条件下加入量在 30% ~ 40%，采用喷吹方式的，喷吹量控制在 20% ~ 30%。对于变压器容量较大以及采用集束氧枪的，加入量还可以再增加一些。

3.4　脱碳粒铁和 Corex 铁

3.4.1　脱碳粒铁

脱碳粒铁的生产流程是：先将炼钢生铁用高压水冲制成 3 ~ 15mm 的粒铁，粒铁的粒度可以通过控制高压水的压力和流量来控制，然后把粒铁装入回转窑中进行固态脱碳。如图 3-3 所示，粒铁由窑尾的给料装置连续均匀地加入窑内，依靠窑头的高炉煤气和粒铁脱碳后的产物燃烧所放出的热量来加热粒铁，脱碳使用的氧化剂为高炉的尾气和隧道窑的尾气 CO_2。粒铁里的碳含量可以随机控制，可以控制在 0.2% ~ 2.0% 之间，有害元素含量低。与直接还原铁相比，粒铁没有脉石，可以减少炼钢的渣，降低电耗；堆密度比较大，可以减少加料次数，电弧炉可以实现热装，是一种冶炼高级质量的优质炼钢原料。脱碳粒铁的主要成分见表 3-5。

3.4.2　Corex 铁

Corex 铁是炼铁工业的一种生产新方法，目前的报道证实这是一种可以工业化生产的

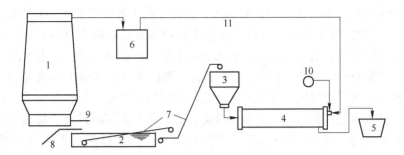

图 3-3 粒铁脱碳工艺流程示意图

1—高炉；2—水池；3—料仓；4—回转窑；5—粒铁罐；6—除尘设施；7—皮带输送机；

8—高压水；9—铁水；10—风机；11—高炉煤气

表 3-5 脱碳粒铁的成分与物理性能

化学成分/%							物理性能	
C	Si	P	S	FeO	Cu	Ni+Cr+Pb+Sn	粒度/mm	密度/t·m^{-3}
<1.5	0.6	<0.05	<0.04	<5	<0.01	<0.007	5~15	3.5~4.0

炼钢原料，使用与铁水（或者冷生铁）的原理大致相同。

3.5 热装铁水技术

热装铁水是一项影响电弧炉冶炼历史的新技术，热装铁水技术除了具有冷生铁的相同的优缺点外，还带入了大量的物理热，为缩短冶炼周期、强化冶炼创造了良好的条件。

3.5.1 热装铁水的方式

目前世界上热装铁水的方式主要有三种方案：

（1）从炉顶兑加铁水的方式。这种方式主要应用于炉盖旋开式加料的电炉，在电弧炉加入废钢后，用行车吊起铁水罐，直接从炉顶兑入铁水。这种方法简单易行，其特点是不需要增加多余的附属设备，可操作性强，兑加铁水的时机与兑加速度灵活多变，可实现铁水的快速热兑。唯一受影响的因素是受废钢料况的影响产生飞溅，但在一定程度上可以控制，如选择在兑加铁水的这一批料的料型搭配上做调整，或者在废钢加入后送电，电极穿井后，旋开炉盖，将铁水兑加在"井"内。这种热兑方式可以将铁水兑在炉门区后，使炉门区形成热区，炭氧枪可以迅速工作，可以提高吹氧效率，尽早利用铁水的物理热与化学热，对于缩短化料时间，早期脱碳，降低电耗、铁耗，保护炉门区炉衬有积极意义。这种方式的缺点是造成了加废钢的行车与兑加铁水的行车之间的相互影响（当车间配置了两台行车时，这种矛盾可以消除或者缓解）。

（2）用专用铁水流槽车从电炉炉门（也称渣门）兑入铁水的方式。图3-4为这种热兑铁水的示意图。这种方式热兑铁水时受影响的因素较多，其中受渣门积渣或废钢的堆积影响最多，流槽难以插入炉内进行铁水热兑，严重影响了铁水的热兑，限制了生产能力。而且流槽车的维护是否正常也影响着热兑铁水的进行。此外，在铁水流槽车上兑加铁水时产生的烟尘也难以被炉顶除尘系统捕集，污染较大，所以此方案在生产中的实用意义不大。

（3）从炉壁的特定位置用专用装置兑入。这种方式主要应用于竖式电炉和连续加料的 Consteel 电炉，这种兑加铁水的方式特别适合于超声速氧枪和超声速集束氧枪的吹炼。国内采用这种方式的主要代表是竖式电炉和 Consteel 电炉。加料方法：在电炉的出钢侧与电炉中心线呈 30°角的炉壁上开一个兑加铁水的孔，把铁水从铁水罐中倒入专门为热兑铁水设计的铁水包中，将铁水包吊到兑铁水小车上，锁定后，通过液压缸的倾动，将铁水经过铁水流槽和兑铁水口兑入炉内，后来做了改造，直接将铁水罐通过液压缸的倾动将铁水经过铁水流槽和兑铁水口兑入炉内。图 3-5 为利用专门的炉壁热兑铁水装置热兑铁水示意图。

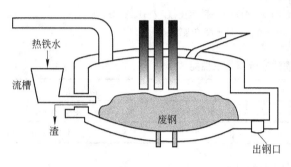

图 3-4　利用渣门热兑铁水的示意图

图 3-5　利用专门的炉壁热兑铁水装置热兑铁水示意图

电炉兑加铁水的方式主要是受行车能力的影响。采用从炉顶兑加铁水的电炉，一般配备 1~2 台行车。配备两台行车的电炉，一台加废钢，加完废钢移开后，由另外一台行车直接从炉顶加入，这种两台行车的操作模式时间紧凑，生产效率高。配备一台行车的电炉，只有行车在加完废钢以后，电炉通电穿井，行车放下料篮，然后再吊起铁水罐进行兑加铁水的操作：在这种一台行车的操作条件下，电炉的辅助冶炼时间增加，会影响冶炼周期。采用炉壁热兑铁水的电炉，使用一台行车，加料以后，电炉送电冶炼，行车放下料篮。再挂起铁水罐从炉壁兑加铁水，电炉不必停电和停止吹氧。只需要调整兑加铁水的速度就可以了，所以不会增加冶炼的辅助时间。采用一台行车作业，对于行车设备的稳定性要求较高，故障率不能太高，行车运行时的变频调速范围要宽，以满足生产的需要。从简单实用的角度看，方案（1）和（3）是很成功的一种兑加方式。

3.5.2　热装铁水的时间

热装铁水的时间一般采用第一篮料入炉后加入，这种时机主要基于以下几点考虑：

（1）一般来讲，目前电弧炉均采用出钢后电弧炉内留钢和留渣的技术，第一批加料后兑入铁水，上一炉次冶炼的留渣留钢中，含有较高的氧化铁，可以使铁水中的部分元素氧化放热，有利于提高吹氧效率，增加化料速度。

（2）在以水冷棒式为底电极的直流电弧炉中，电弧炉热兑铁水还可以在特殊情况下取代直流电弧炉必须要求的留钢量，帮助底电极起弧导电。所以在出钢控制失误的条件下，电弧炉炉内留钢过少，为防止底电极与废钢接触不良产生不导电现象，在出钢后首先兑入 3~7t 铁水，可以代替留钢帮助起弧。

（3）电弧炉的能量主要消耗在废钢的熔化期，统计结果表明，电弧炉50%以上的电能损耗在熔化期，从节约热能的角度讲，在第一批料加入电弧炉后兑加铁水是最合理的。

（4）第一批料加入电弧炉以后兑加铁水，再采用强化吹氧的操作，可以提前进行脱除部分［Si］、［Mn］、［P］、［C］的操作，达到提高热兑铁水比例的目的。

（5）出钢后，首先兑入铁水，此时电弧炉内所留钢渣中的氧与铁水中的碳发生剧烈的反应，从而使炉内留钢留渣与兑入铁水反应后大量溢出炉门，流入渣坑，引起铁耗的急剧上升与热能损失。在110t电弧炉就发生过数次兑加铁水时，铁水与钢渣剧烈反应，导致钢渣从炉壁氧枪孔溢出烧毁炭氧枪线路的事故。实践中的结果证明，电弧炉兑加铁水时，炉内的废钢处于穿井阶段或者穿井结束为最佳时机，60%的炉料熔清后兑加铁水，具有一定的危险性。

（6）采用第二批料兑加铁水，将会增加脱除铁水里的［Si］、［Mn］、［P］、［C］的操作时间，从而增加了冶炼时间。为了减小脱除［Si］、［Mn］、［P］、［C］的矛盾，在相同的供氧条件下，只有减少热兑铁水的比例。

综合以上的分析可以认为，电弧炉热兑铁水的最佳时机，是在第一批料加入以后，电极穿井0~3min时加入。

3.5.3 热装铁水对渣料的要求

在电弧炉冶炼过程中，炉渣的主要作用在于以下几点：

（1）反应介质，参与去除［P］、［S］、［Zn］、［Pb］、［Si］、［C］等不需要的杂质。

（2）覆盖钢液，防止钢液吸气降温，减少吹炼过程中铁及其氧化物的飞溅损失。

（3）埋弧传热，防止电弧裸露对炉衬的高温辐射。

3.5.4 热装铁水对冶炼电耗的影响

电弧炉兑加的铁水降低电耗的具体数值取决于冶炼的操作方式，例如兑加铁水的方式，兑加铁水的比例、时间，泡沫渣的质量，炉内留钢留渣的量等，以下做详细的分析：

（1）兑加铁水的方式和时间对于节省电耗的影响。兑加铁水的方式不同，铁水的物理热的损失也不同，铁水加入后化学热的利用也不同；加料时的废钢料况，以及吹氧的方式也影响兑加铁水以后的冶炼电耗。电弧炉冶炼电耗50%以上的热能是用来熔化废钢的，在废钢熔化阶段，化学热的利用是影响电耗的主要因素之一，所以铁水加入时间越早，吹氧的效率越高，铁水的热效应越好。冶炼时间的缩短，也会减少水冷盘、除尘烟道带走的热支出。

从炉顶兑加铁水的方式可以控制兑入点，例如采用炉门氧枪的，可以加在炉门区，对于炭氧枪的使用非常有利，提高了熔化废钢铁料的速度，节电效果好。缺点是飞溅比较大，炉壁黏结铁水的几率较大。另外是穿井后加入，飞溅减少，但是旋开炉盖次数增加一次，相应增加了热辐射，不利于节电，第二批料加料后加铁水，会增加脱碳的时间，相应水冷盘和烟气等热支出，也不利于节电。

从炉壁兑加铁水，根据电弧炉内的冶炼气氛，合理地控制兑加铁水的速度，可以减少铁水的散热，铁水缓慢地不断加入，可以提高吹氧的效率，提高脱碳反应的速度，有利于冶炼电耗的降低。

（2）炉内留渣对于节电的影响。增加炉内的留渣，铁水兑加后，氧化渣对于铁水内的硅、锰、磷、硫的氧化十分有利，可以减少冶炼操作时间，对于节电是十分有利的，不过留渣量过大会增加出钢过程下渣的几率，合适的留渣量需要和炉况结合，考虑到熔池的深度、出钢口的寿命和出钢时间。在出钢口前期，可以考虑增加留渣量。在出钢口后期容易下渣时，要注意减少留渣量。

（3）炉内留钢量对于节电的影响。增加炉内留钢的目的主要是增加兑入铁水后局部熔池液面的高度，提高吹氧的利用率，提高废钢熔化的速度和脱碳脱磷的效率。留钢量要考虑整个装入量和铁水的加入量。由于电弧炉快速熔化废钢的速度是由变压器的输出功率和装入的废钢量二者的关系决定的，所以把装入总量控制（废钢+留钢+铁水）在吨钢所占变压器的容量，满足超高功率的水平，确保吨钢功率水平不低于 $0.7kV \cdot A/t$，在铁水比例大于30%以后，由于铁水带入的综合热效应可以平衡因为装入量过大引起的电弧炉升温较慢的矛盾，可以适当增加装入量，使电弧炉的吨钢功率水平处在高功率电弧炉的吨钢水平，可以提高电弧炉的产能水平，冶炼电耗不会明显增加。

在铁水兑加比例较大（大于25%）时，留钢量的大小根据电弧炉熔池的深浅决定。在铁水兑加比例大于40%以后，交流电弧炉可以考虑减少留钢量，保持留渣量，直流电弧炉的留钢量只要满足导电的需要就可以，这样对于节电的效果十分有利。

（4）泡沫渣的操作质量对于兑加铁水节电的影响。优良的泡沫渣不仅可以埋弧，还可以提高界面的反应能力，对于提高脱碳脱磷也非常有利，在超声速氧枪的操作模式下，可以防止氧枪枪头粘钢渣，提高氧气利用率。所以，不论是自耗式氧枪，还是超声速氧枪，泡沫渣的好坏决定了热兑铁水以后的节电效果。有些情况下，为了强化脱碳，缩短脱碳时间达到缩短冶炼周期的目的，忽略了泡沫渣的操作，对于节电的负面影响也是很明显的，这在铁水热兑比例低于20%以后尤其明显。

3.5.5　提高热装铁水比例的主要方法

3.5.5.1　自耗式氧枪吹炼条件下提高铁水热兑比例的方法

采用自耗式氧枪吹炼的电弧炉，由于自耗式氧枪的脱碳速度比较低，所以提高自耗式氧枪吹炼过程的脱碳速度是提高兑加铁水比例的关键，主要的方法有：

（1）适当增大电弧炉的留钢量和留渣量。兑入铁水后氧枪伸入留钢留渣中与兑入铁水组成的局部熔池吹氧脱碳，尽可能改变传统的"氧枪割料"操作。在送电吹氧3min左右，局部熔池即可达到脱碳的温度要求开始脱碳，由此达到"塌料，熔清"70%～80%的废钢料，然后加料的目的。此操作方法可以使熔化期的脱碳量占总配碳量的40%以上，减轻了氧化期的脱碳任务。

（2）定期修补炉底。脱碳反应的产物一氧化碳气泡，形成于炉壁和炉底的耐火材料表面，合理的熔池深度，有利于氧枪吹炼，能够很容易地把氧气喷吹在钢渣界面，或者吹入钢液内部，有利于诱发脱碳反应的开始，提高熔池脱碳反应的活跃程度。此外，电弧炉熔池过深，不利于电弧炉熔池内钢液的"湍流"运动，不利于钢液内部一氧化碳气泡的排出，也就不利于在临界碳含量范围内，钢液内部的碳向钢渣界面或者脱碳反应区的扩散和迁移。

（3）提高炉渣的碱度。提高脱碳速度，首先要稳定操作。将炉渣的碱度适当提高（$R \geqslant 2.0$），电弧炉的废钢铁料熔清大部分以后先化渣，成渣充分后，喷入适量炭粉用以扩大钢渣反应界面，以促使脱碳反应尽早进行。脱碳反应开始后，控制喷入发泡剂炭粉的量，以保证渣中 FeO 含量为 20% 左右并获得较高的脱碳速度，促进熔化初期熔池搅动传热充分熔清。泡沫渣发泡气源通过熔池脱碳反应取得。这对于临界碳浓度范围内的脱碳很关键，也很有利。

（4）提高供氧强度。一般来讲，供氧强度越大，氧气的利用率越高，脱碳速度也越快，增加供氧强度以后，相应地可以增加铁水的热兑比例。表 3-6 为 70t 直流电弧炉增加供氧强度前后冶炼指标的对比（氧气流量（标态）增加值为 $1000m^3/h$）。

表 3-6 增加供氧强度前后冶炼指标的变化

项 目	铁水比/%	电耗/kW·h·t^{-1}	冶炼周期/min	氧耗（标态）/m^3·t^{-1}
增加前	15~35	290~324	42~55	31.8
增加后	20~50	240~300	40~50	35.4

3.5.5.2 提高超声速氧枪吹炼条件下铁水热兑比例的方法

超声速氧枪具有较强的穿透钢渣界面的能力，但是石灰溶解的速度较慢，炉渣参与传质的作用减小了，此外超声速氧枪极其容易造成炉渣、钢水、炉气三相间的乳化，乳化现象一旦发生，就会导致钢渣混合物从炉门溢出进入渣坑，是造成脱碳困难和铁耗高的主要原因。在某种程度上，脱碳速度比自耗式氧枪要快，但是超声速氧枪吹炼条件下的脱碳操作，受影响的因素比较多，而且会产生脱磷与脱碳不能兼顾优化的矛盾，在热兑铁水生产时，这种矛盾时常会更加突出。主要体现在以下方面：

（1）超声速水冷氧枪脱碳具有一定的局限性。特别是在炉役中后期，炉底较深时，由于超声速氧枪的枪位最低位置是固定的，所以以射流穿透钢渣的作用受到限制，钢渣之间的界面反应能力受到抑制，在临界碳含量范围内容易造成"碳高"，部分炉次的氧化期吹炼过程中，会出现吹炼时没有碳氧反应的征兆——炭火的出现，有的甚至出现了大沸腾事故，影响铁水热兑比例的提高。

（2）超声速氧枪在热兑铁水吹炼时，时常出现炉壁黏结钢渣现象严重，炉沿升高，影响炉盖旋转，泡沫渣生成速度较慢，部分炉次碱度正常而脱磷效果不好的现象。这在一定程度上也影响了热兑铁水比例的提高。

（3）脱碳困难时，为了防止大沸腾现象，送电搅拌熔池，造成高温钢的次数较多。

为了增加超声速氧枪吹炼条件下的热兑铁水比例，主要手段有：

（1）配加低碳的直接还原铁、氧化铁皮，作为成渣的辅助熔剂，提高成渣速度，为脱磷反应创造条件，同时为钢渣界面脱碳反应的进行提供了可靠的保证。加入量的多少根据加入铁水的具体量来确定，铁水量较大时，可以提高加入量，反之亦然。最经济的加入量是铁水量的 10%~40%。

（2）采用自耗式氧枪和超声速氧枪复合吹炼方式。使用自耗式氧枪作为辅助供氧手段。利用自耗式氧枪的优点弥补超声速氧枪的缺点，超声速氧枪主要进行脱碳反应的控制，炉门氧枪进行化渣操作，沿着钢渣界面吹氧，取得的效果要比超声速氧枪单独冶炼的效果好。主要体现在：

1）炉门区冷区得到了消除，造成熔池反应更加均匀地进行。测温和取样操作的困难得到了解决。

2）炉门枪的化渣作用比较明显，炉渣的成渣速度一般会提高30%，炉渣的乳化现象也会有较大程度的改善。铁耗的降低会比较明显。

3）炉渣的泡沫化能够充分满足冶炼的需要，钢渣间的传质反应能力得到了进一步的提高，反过来又促进了炉壁氧枪的操作，在临界碳含量范围内的脱碳操作也简化了。低碳钢的脱碳命中率有了大幅度的提高。

（3）采用炉门超声速氧枪和炉壁超声速集束氧枪复合吹炼。由于超声速氧枪受熔池深度的影响，在炉底较深的情况下，射流长度达不到钢渣界面或者钢液内部，利用超声速集束氧枪射流长的优点，达到二者互补的目的，增加铁水的热兑比例。

（4）在一批料的时候，加强熔化期的吹氧脱碳的操作，减轻氧化期的脱碳任务。

（5）及时地修补或者挖补炉底，保持炉底合理的尺寸，使得超声速氧枪吹炼条件下的射流能够比较容易地穿透钢渣界面，降低操作难度。

（6）超声速氧枪吹炼条件下，对于炉渣的碱度要求较高，碱度既不能过大，也不能过小，理想的范围是二元碱度维持在2.0～3.5之间。

需要特别说明的是，采用炉壁兑加铁水的方式，由于加入铁水的速度可以控制，超声速氧枪吹炼时，熔池内氧枪吹炼反应区内的脱碳反应比较容易进行，铁水不断进入脱碳反应区，熔池比较活跃，有利于脱碳反应的持续进行，与采用炉顶兑加铁水的方式相比，热兑铁水的比例可以适当地增加。图3-6为炉壁超声速氧枪与炉门自耗式氧枪复合吹炼照片。

图3-6　炉壁超声速氧枪与
炉门自耗式氧枪复合吹炼照片

3.5.5.3　提高超声速集束氧枪吹炼条件下铁水（配加生铁）比例的方法

超声速集束氧枪由于具有较长的射流长度，能够轻易地将氧气射流吹入钢液内部，在钢液内部进行强脱碳，在临界碳含量范围，也具有较大的脱碳速度，所以铁水的热兑比例较大，一般最高可以达到70%，但是在铁水热兑生产时，由于选择氧化的作用，超声速集束氧枪吹炼过程的主要问题在于：

（1）乳化现象比较多。这在铁水兑加比例较大，废钢炉料中的杂质含量较高，炉渣碱度不够，或者加入的石灰过多，但是没有完全溶解的情况下出现。这种现象的出现导致炉门翻钢水进入渣坑，造成铁耗增加，出钢量下降的现象。

（2）装入量不当时，会造成炉门翻钢水，在炉底较深，留钢量不大、装入量偏小时，会造成氧化期结束时熔池成分的碳高，吹炼效果将会下降。

（3）铁水比例大于50%以后，缩短了送电时间，石灰的利用率下降，由于脱磷的效果取决于冶炼中炉渣的泡沫化程度，所以脱磷的速度减慢。冶炼过程中脱碳的任务结束以后，还要进行吹渣脱磷，增加了冶炼操作的难度。

（4）铁水比例过大，吹氧过程造成烟道和炉沿结渣现象严重，对于炉盖旋开加料形式的电炉，会影响炉盖的旋转，从而影响台时产量。

（5）铁水比例过大，对于炉衬的危害较大，特别是上炉壳和下炉壳接缝处，氧枪的配置点，容易产生漏渣和穿钢的现象。

（6）铁水的热兑比例过大，脱碳速度过快，对于炉衬的冲击比较明显，不利于炉衬寿命的提高。

（7）在废钢条件较差时，脱碳反应速度也会降低，甚至出现大沸腾事故。

所以，超声速集束氧枪吹炼时合理地提高铁水的热兑比例，对于优化冶炼十分重要，主要有以下措施：

（1）合理地控制装入量，使熔池在脱碳反应最剧烈的时候，钢水不至于从炉门溢出，影响冶炼时间。

（2）定期控制、修补好炉底，使氧枪射流能够合理地进行脱碳操作，消除炉底过深、影响射流脱碳的效果。

（3）铁水的加入比例控制在40%～60%之间，合理地进行送电操作，对于炉渣的溶解比较有利，相应减小了操作难度。

（4）采用炉门氧枪作为辅助的吹炼手段，弥补超声速集束氧枪吹炼时的缺陷。

（5）炉渣的碱度控制在2.0～2.5之间，可以防止大沸腾事故，提高脱碳速度，对于冶炼比较有利。

（6）在铁水供应充足的时候，高比例的铁水配加返回的渣铁、粒铁、氧化铁皮，可以降低冶炼过程中温度控制的难度，降低铁耗。

合理的铁水热兑比例，可以使脱碳速度有较合理地选择和控制，防止钢水的剧烈沸腾，给钢水质量和炉衬带来不利的影响。

3.6　废钢

废钢作为电弧炉炼钢的主体原料，是影响冶炼的最主要因素，冶炼过程的操作好坏与否，有45%以上取决于配料操作。炼钢始于废钢，这是电弧炉炼钢的一基本的原则，所以掌握好废钢的搭配和渣料的配比，是炼好钢的基础。

3.6.1　对于废钢质量的要求

3.6.1.1　对于干燥度的要求

由于潮湿的废钢在加料时可能引起爆炸，不仅会对炉衬的寿命产生影响，而且会损坏水冷盘或者设备，引起生产中断。在质量上，还会引起钢中氢含量的增加。所以，电弧炉冶炼用废钢应保持干燥。废钢加工后在储运过程中要防止受潮。

3.6.1.2　对于密闭容器和爆炸物的要求

由于密闭容器、爆炸物在受热后也会引起爆炸，所以要杜绝密闭容器、爆炸物的入炉。在使用前要予以清除或者处理。

3.6.1.3　对于含有油脂类废钢的要求

由于油脂类在高温下会裂解成氢和碳，所以含油的废钢会导致钢液的氢含量增加，还会产生大火，烧坏设备。在冶炼高质量钢或者对于氢有敏感性的钢种时，要杜绝含油脂类较多的废钢的加入。此类废钢主要指车床加工后的切屑、汽车的油箱、带润滑剂的轴类废钢、轮胎等。

3.6.1.4　对于有色金属的要求

一些有色金属元素如 Cu、Ni、As、Cr、Pb、Bi、Sn、Sb 在钢中大多数都是有害的元素（除非是特殊钢种有要求），而且不容易去除。这些有害元素的存在，主要是恶化钢材和钢坯的表面质量，增加热脆倾向，使低合金钢发生回火脆性，降低连铸坯的热塑性，在含氢的气氛里发生应力腐蚀，降低耐蚀钢和耐热钢的寿命和热塑性，降低 IF 钢的深冲性能。其中，有害元素（Sn、Sb、As、Pb 和 Bi，统称五害元素）对钢的影响机理主要表现为：

（1）在钢坯的表面形成低熔点相，形成网状裂纹（红脆）。

（2）在晶界（或亚晶界）偏聚削弱了铁的原子间力，脆化了晶界（回火脆）。

（3）砷在一些核工业用钢部件上使用后会产生强烈的同位素转变引起的辐射。

（4）有些有色金属，如 Pb 等，在炉底会发生沉陷积累现象，除了影响钢材的质量外，对于炉底的寿命，特别是直流电弧炉的炉底寿命影响特别突出。据有关文献报道，由于有色金属的沉积导致的穿炉事故已经成为生产中的主要矛盾之一。

含有有色金属的废钢，必须做处理后才可以加入电弧炉冶炼，主要的手段之一就是每次加入量控制在一个特定的值，使入炉有色金属的含量控制在钢中成分要求的安全范围以内。国内一些厂家对于钢材有色金属的含量要求见表3-7。

表3-7　国内一些厂家对于有色金属的含量要求

元　素	允许含量（质量分数）/%		元　素	允许含量（质量分数）/%	
	一般用途	深冲钢和特殊用途钢		一般用途	深冲钢和特殊用途钢
Cu	0.25	0.10	Pb	0.014 ~ 0.021	
Sn	0.05	0.015	Bi	0.0001 ~ 0.00015	
Sb		0.005	Ni		0.100
As		0.010			

目前去除钢中有色金属元素的有效方法有：

（1）添加抑制元素。添加抑制元素硼、钛，增加铜在奥氏体中的溶解度或者是与铜在晶界处形成合金，来减少或者消除铜含量超标所造成的热脆性；添加稀土元素（如添加镧和铝）可以有效抑制锌等带来的偏聚现象。

（2）固态废钢的预处理技术。固态废钢预处理是降低或者消除残余有害元素不利影响的有效手段，常用的处理技术主要有：

1）机械挑选法。目前主要是依靠废钢回收部门的人工挑选，依据有色金属的密度、使用的类型加以挑选分类。利用废钢自动化颜色识别系统，把破碎后的废钢由皮带运输机运送到识别系统，由计算机进行感光性和色泽识别后，在特定的区域，由机械手或者气缸把废钢推到指定的区域堆放，达到去除的目的。

2）含铜废钢的冷冻处理。这种手段主要是利用液氮把含铜的废钢冷冻破碎后达到分离的目的。其优点是去除有色金属的工作效率高，缺点是投资较大。

3）硫化渣法脱铜。这是世界上研究最多的脱铜方法。主要原理是利用在600℃以上的铁液里 Cu_2S 比 FeS 稳定，采用硫化钠做渣料，促使钢中的硫化铜向渣液转移达到去除的目的。这是一种成熟的技术。

3.6.1.5　对于放射性废钢的要求

对于放射性废钢的检测，一般是在废钢卸车以后，堆放高度不超过 1m，等待 10min 左右，用专用便携式仪器检测废钢释放的辐射剂量的浓度。

3.6.1.6　对于明显夹杂耐火材料废钢的要求

由于大多数耐火材料是不导电的，所以在电弧炉炼钢过程中，不导电物质会导致电极折断，冶炼开始不起弧，需要人工处理。既增加了工人的劳动强度，也影响了冶炼周期。此外，一些含耐火材料的废钢比较难熔化，出钢时会堵塞偏心底出钢口，所以含有明显不导电耐火材料或炉渣的废钢处理后入炉是很必要的。这类废钢主要指：渣铁、连铸的中间包铸余、模铸的中铸管、汤道、地沟铁、事故钢包的冷钢、钢包浇完的包底等。

3.6.1.7　对于高锰废钢的要求

目前高锰废钢的循环量处在一个上升的时期，包括各种履带车辆的履带、耐磨铸球、碳素工具废钢等。由于高锰废钢中带入的锰含量较高，所以会增加冶炼中脱磷脱碳的难度，影响冶炼的进程，所以高锰废钢应该分类堆放后，均匀地小批量加入，以消除高锰带来的影响。

3.6.1.8　对于高硫废钢的要求

电弧炉流程冶炼的一个显著特点是电弧炉出钢时和精炼工序具有较强的脱硫能力。但是，配入一些硫含量特别高的废钢，会导致钢中的硫含量特别高，导致精炼炉冶炼时间延长，冶炼成本超过了企业承受的底线。所以，高硫废钢的配入应该考虑到综合平衡，使粗炼钢水的硫含量控制在一个合理的水平很重要。硫含量特别高的废钢主要有以下几种：制药厂的一些锅炉蒸馏器的管道、易切削钢（例如一些机械厂的切削碎屑）、汽车零部件、使用过的铸铁暖气片、部分报废的生铁、一些汽车的拆解部分、属于高硫的耐火钢。在使用这类废钢时要慎重，要考虑使用大量优质低硫的废钢，少量配入此类废钢，达到"稀释原料中硫含量"的目的。

需要特别说明的是，随着废钢资源的萎缩，一些报废的自行车、汽车车轮在使用以前要求将橡胶轮胎清除，这些轮胎也是造成入炉废钢硫含量较高的主要原因之一。

3.6.1.9　对于高磷废钢的要求

与高硫废钢相比，高磷废钢的配加也要考虑到对于冶炼成分控制的影响，以及对于冶炼成本的影响，做到全面平衡。一些高磷废钢的使用，也要依靠大量优质低磷废钢与之搭配使用，达到"稀释"的目的。在生产中由于对于废钢搭配不重视，发生过这样的事故：冶炼普通钢时，对于脱磷的要求不高，加上由于一直使用优质的低磷废钢，所以没有发生过脱磷的问题。高磷废钢的使用，特别是以下几种废钢尤其要注意：一些焊管、易切削钢的碎屑、废的炮弹皮、油罐车的罐体和支架、低碳镀锡钢板、一些民营小高炉冶炼的铸造铁等。

3.6.2　对于废钢尺寸的要求

大块废钢难熔，会影响吹氧操作，造成吹氧过程的飞溅和氧气射流的反射，增加冶炼过程中的操作难度。为了熔化这些大块废钢，需要提高熔池的温度，而且大块废钢在加料过程中会对炉衬产生冲击。此外，大块废钢在穿井过程中砸断电极也是冶炼中常见的事故之一。所以，电弧炉冶炼用废钢的尺寸要求如下：废钢堆密度应大于 $0.7t/m^3$；最大长度不超过 1.2m，最大断面小于 500mm×500mm，最大单重不超过 500kg。为了便于配料，各种类型的废钢应分类堆放。重型废钢包括：各种机器废钢件、零部件、各种铆焊件、火车轮轴、铁轨、圆钢切头等；中型废钢包括：各种机器废钢件、零部件、各种铆焊件、船板、铁轨、管切头、螺纹钢切头、圆钢切头等；小型废钢包括：各种机器废钢件、零部件、各种铆焊件、船板、管切头等。废钢的分类标准见表3-8。

表 3-8　电弧炉炼钢对于废钢的尺寸的要求

类　　型	单重/kg	长/mm	宽/mm	高/mm	厚度/mm
重型废钢	>300	>1000	≤500	≤500	≥10
中型废钢	100～300	600～1000	≤500	≤300	≥6
小型废钢	<100	<600	≤400	≤300	≥4

3.6.3　一些特殊废钢的消化和处理方法

3.6.3.1　渣铁的消化和处理

在炼钢生产过程中，钢包铸余钢水有时候会倒入渣坑，电弧炉炼钢过程中有时候经常会遇到钢水从炉门溢出到渣坑，这些金属料在生产过程中通常称为渣铁或者渣钢。渣铁上面常常含有炉渣，而且一般块度较大，它们一般适合在电弧炉消化回收。

电弧炉在消化回收过程中，需要注意：

（1）粘在上面的炉渣导电性不好，存在折断电极的危险，加入的时候需要加在料篮的中下部，避开电极穿井区。

（2）渣铁一般较难熔化，即使在1650℃的出钢温度下，加在 EBT 冷区的渣铁也容易堵塞出钢口，配料时必须避免加在 EBT 冷区位置。

（3）在高比例热装铁水冶炼的条件下，消化渣铁是一种较好的选择。

渣铁块度较大的时候，一般采用人工烧氧切割成为小块。含渣量较多的时候，通常采用行车吊起落锤（直径0.5～1m 的铁球）反复击打渣铁，达到除渣的目的。电弧炉使用渣铁的主要要求如下：

（1）渣铁表面不得混有大块或大面积的炉渣，但允许渣铁表面黏结少量浮渣粒。

（2）允许渣钢存在从表面向内部延伸的炉渣层，表面不得混有大块或大面积的炉渣，但允许渣钢表面黏结少量浮渣粒。

（3）供电弧炉的渣钢重量不大于1000kg/块，渣钢含钢量超过90%。

（4）最大长度在1200~1500mm时，最大宽度不大于800mm、平板形渣钢厚度不大于250mm、锥形渣钢高度不大于350mm；最大长度在不大于1200mm时，最大宽度不大于1100mm、平板形渣钢厚度不大于250mm、锥形渣钢高度不大于300mm。

3.6.3.2　中间包大块的消化和处理

连铸机浇铸结束以后，会产生一部分中间包铸余，在翻包以后，这部分中间包的废钢大多数也会返回到电弧炉炉前进行消化，通常称作中间包大块。这类废钢的特点主要有：

（1）翻包过程中，中间包的耐火材料会部分附在上面，形成不导电物质，容易折断电极。

（2）有的中间包塞棒、座砖、水口也会混杂其间，不仅形成不导电物质，而且还是难熔物质，出钢过程中堵塞在EBT中间，会产生很大的麻烦，并且没有好的方法处理。

（3）中间包铸余且较大的中间包大块，在电弧炉中不易熔化。

处理的方法主要有：

（1）从源头抓起，要求连铸不能够将各类耐火材料在浇铸结束以后扔进中间包。

（2）中间包铸余大块高度不能够大于400mm，超过尺寸要求的必须切割加工。

（3）含有座砖的必须去除以后才能够消化，否则加入以后的损失和风险会急剧增加。

（4）黏有中间包涂抹料耐火材料的必须经过落锤处理，或者切割成为小块，在高比例铁水冶炼的时候消化。

消化的方法基本和渣铁一样，它们不能够加在超声速集束氧枪的枪口位置或者烧嘴的正前方。

3.6.3.3　粒钢的消化方法

电弧炉和转炉炼钢过程中，炉渣中间弥散有部分的小铁珠，随炉渣进入渣场，此外炉渣中间含有15%~45%的氧化铁，它们在渣场通过磁选的方法可以回收。回收以后呈现为颗粒状，通常称为粒钢，也可以小批量加入电弧炉消化，以达到降低钢铁料消耗的目的。

消化粒钢时，需要注意到以下几点：

（1）由于粒钢含有氧化铁，会增加冶炼电耗，所以在有铁水的情况下消化较为理想，在没有铁水热装的条件下，增加留钢量和炉料的配碳量很关键。

（2）粒钢一般在第一批料随渣料一起加入，效果会比较好。

（3）配加粒钢的炉次冶炼的时候，吹氧量必须注意控制，氧耗要求在正常冶炼氧耗的基础上有所减少。

3.6.3.4　含土量较大废钢的处理和消化

部分废钢由于料型的原因，如细小、破碎、块度小，以及存放、转运等原因，如装载机装运，会混入大量的垃圾和土，有的严重锈蚀（含氢氧化铁等），这些废钢如果直接入炉，一般会产生以下负面影响：

（1）含土量较大，会降低炉渣的碱度（土的主要成分为二氧化硅），造成炉渣的脱磷能力大幅度下降，给炼钢工造成错觉，认为炉料的磷含量很高。

（2）电耗上升，通电时间延长，冶炼周期增加。

（3）由于炉渣碱度降低，脱碳反应会受到抑制，吹氧不得当，会造成炉门翻钢水现象的频繁发生。

（4）钢铁料的回收率较低。

消化这类废钢的方法主要有：

（1）废钢加入以前，利用液压抓斗进行抖料去土，即用抓斗抓起废钢然后抖动 1~3 次，这样，废钢中间含有的渣土大部分就落在废钢下面，然后将废钢抓起加入料篮，渣土积累到一定的程度，利用装载机挖出，转运到渣场进行磁选或者用其他方法进行分类，然后用于炼铁或者烧结，也有将这些含铁量较高的渣土，进行处理以后，加入沥青焦油，作为电弧炉的原料重新使用。

（2）在没有好的去土方法的条件下，可以小批量配加含土较多的废钢冶炼普钢。加料以后，补加足量的石灰，吹氧的时候，必须注意化渣充分以后才能够使用最大的供氧强度吹氧，避免炉门翻钢水的事故。

（3）兑加合适比例的铁水，保证足够的石灰加入，也是消化此类废钢的较好的途径之一。

3.7　合金材料

炼钢用合金材料主要是铁合金，还有一些纯金属。铁合金是一种或一种以上的金属或非金属与铁组成的合金。合金材料的主要作用是调整钢液的化学成分（合金化），某些合金材料又可作为钢液的脱氧剂。合金材料的种类很多，其用途和使用要求各不相同，因此必须做好管理工作，管理的好坏直接影响钢的质量及成本。

3.7.1　常用的合金材料

常用的合金材料有：

（1）硅铁（Fe-Si）。硅铁用于合金化，也作脱氧剂使用。电弧炉用硅铁多为含硅 45%（中硅）和 75%（高硅）两种；含硅 90% 的只用于某些重要用途的合金上。中硅铁比高硅铁价格低，在满足钢种质量要求的情况下，尽量使用含硅 45% 的硅铁。含硅在 50%~60% 左右的硅铁极易粉化，并放出有害气体，一般都禁止使用这种中间成分的硅铁。硅铁含氢量高，必须烤红后使用。

（2）锰铁（Fe-Mn）。锰铁用于合金化，也用作脱氧剂。电炉用锰铁根据碳含量分为低碳、中碳、高碳锰铁 3 种，含锰量均在 50%~80% 之间。锰铁含碳量越低，磷就越低，价格也就越贵，因此冶炼时尽量使用高碳锰铁。锰铁以块状并经烘烤后使用，10mm 以下的粉粒状锰铁应回收，用于炼制硅锰铝合金。除一般锰铁外，电炉在冶炼某些特殊合金和某些不锈钢时还使用金属锰和电解锰。

（3）铬铁（Fe-Cr）。铬铁根据碳含量，可分为碳素铬铁、中碳铬铁、低碳铬铁、微碳铬铁以及金属铬多种。除金属铬外，所有铬铁的铬含量都在 50%~65% 之间。

在炼制铬铁时，因为铬与碳形成稳定碳化物，去碳是相当困难的，所以铬铁的价格随着碳含量的降低而急剧升高。生产中，应当尽量使用廉价的碳素铬铁或中碳铬铁，微碳铬铁和低碳铬铁主要用于低碳不锈钢。金属铬用于超低碳不锈钢、高温合金、精密合金的合金化。

（4）钨铁（Fe-W）。钨铁含钨量在65%以上。钨铁熔点高，密度大，在还原期补加时应尽早加入，钨铁的块度不能大于80mm，并需经烘烤后使用。

（5）钼铁（Fe-Mo）。钼铁含钼量波动在55%~60%之间。钼铁熔点较高，使用块度不宜过大。钼铁表面容易生锈，需经烘烤后使用，通常在炉料熔清后加入。

（6）钒铁（Fe-V）。钒铁钒量在40%左右，磷含量较高，炼高钒钢时应注意钢中磷的含量。钒铁使用前须经烘烤，以块状加入，小于20mm的粉粒状钒铁应桶装供应。

（7）钛铁（Fe-Ti）。钛铁钛含量在25%以上。钛铁除了用于合金化以外，有时也用来固定钢中的氮和获得细晶粒钢。它的密度小，须以块状加入，并经干燥后使用。

（8）硼铁（Fe-B）。硼铁用于冶炼含硼的合金钢，钢中加入微量的硼可以显著提高钢的淬透性，改善钢的力学性能，并有细化晶粒的作用。硼铁硼量有不低于5%和不低于10%两种。

（9）镍（Ni）。镍用于不锈钢、高温合金、精密合金以及高级优质结构钢的合金化。镍中含镍和钴总量不小于99.5%，其中钴小于0.5%，并随镍含量的提高而降低。镍含氢量很高，还原期补加的镍需经高温长期烘烤。

（10）铝（Al）。铝是合金化材料，又是脱氧剂。作为沉淀脱氧剂的铝，在使用前应根据炉子容量的不同，熔化并浇成不同直径和质量的铝饼和铝锭，其铝含量在99%以上。

（11）铌铁（Fe-Nb）。铌铁一般成分为：铌+钛不低于50%，碳不高于0.2%，硅10%~11%，铝小于7%，钛小于7%，磷不高于0.15%，硫不高于0.10%。铌铁价格贵，应尽量节约使用。在还原期使用时，预先干燥一定时间，并以块状加入。

3.7.2　合金材料的管理工作

对合金材料的管理工作包括：

（1）合金材料应根据质量保证书，核对其种类和化学成分分类标牌存放，颜色断面相似的合金不宜邻近堆放，以免混淆。

（2）合金材料不允许置于露天下，以防生锈和带入非金属杂物，堆放场地必须干燥清洁。

（3）合金块度应符合使用要求，块度大小根据合金种类熔点、密度、加入方法、用量和电炉容积而定。一般说来，熔点高、密度大、用量多和炉子容积小时，宜用块度较小的合金。常用合金熔点、密度及块度要求见表3-9。

表3-9　合金材料的密度、熔点和块度要求

合金名称	密度（较重值）/g·cm⁻³	熔点/℃	块度要求	
			尺寸/mm	单重/kg
硅铁	3.5（w(Si)=75%） 5.15（w(Si)=75%）	1300~1330（w(Si)=75%） 1290（w(Si)=45%）	50~100	≤4

合金名称	密度(较重值)/g·cm⁻³	熔点/℃	块度要求	
			尺寸/mm	单重/kg
高碳锰铁	7.10(w(Mn)=76%)	1250~1300(w(Mn)=75%) (w(C)=7%)	30~80	≤20
中碳锰铁	7.10(w(Mn)=81%)	1310(w(Mn)=80%)	30~80	≤20
硅锰合金	6.3(w(Si)=20%) (w(Mn)=65%)	1240(w(Si)=18%) 1300(w(Si)=20%)		
高碳铬铁	6.94(w(Cr)=60%)	1520~1550(w(Cr)=65%~70%)	50~150	≤15
中碳铬铁	7.28(w(Cr)=60%)	1600~1640	50~150	≤15
低碳铬铁	7.29(w(Cr)=60%)		50~150	≤15
硅钙	2.55(w(Ca)=31%) (w(Si)=59%)	1000~1245		≤15
金属镍	8.7(w(Ni)=99%)	1425~1455	<400	
钼铁	9.0(w(Mo)=60%)	1750(w(Mo)=60%) 1440(w(Mo)=36%)	<100	≤10
钒铁	7.0(w(V)=40%)	1540(w(V)=50%) 1480(w(V)=40%) 1080(w(V)=80%)	30~150	≤10
钨铁	16.4(w(W)=70%~80%)	2000(w(W)=70%) 1600(w(W)=50%)	<80	≤15
钛铁	6.0(w(Ti)=20%)	1580(w(Ti)=40%) 1450(w(Ti)=20%)	20~100	≤15
硼铁	7.2(w(B)=15%)	1380(w(B)=10%)	饼状	
铝	2.7	约660		
金属铬	7.19	约1680		
金属锰	7.43	1244		

（4）合金在还原期入炉前必须进行烘烤，以去除合金中的气体和水分，同时使合金易于熔化，减少吸收钢液的热量，从而缩短冶炼时间，减少电能的消耗。

合金烘烤的温度和时间根据其熔点、化学性质、用量以及气体含量等具体因素而定，一般分为3种情况。

1）高温退火。适用于含氢量高的电解锰、电解镍等。

2）高温烘烤。适用于硅铁、锰铁、硅锰合金、铬铁、钨铁、铝铁等熔点较高又不易氧化的合金。

3）低温干燥。适用于稀土合金、硼铁、铝铁、钒铁、钛铁等熔点较低或易氧化的合金。

对烘烤好的合金材料应随取随用，以免降温过多和吸收气体及水分。用后余料要及时回收、分类归库、防止混乱及散失。

3.8 电弧炉的造渣材料

3.8.1 造渣材料

常用造渣材料有石灰、萤石、硅石和黏土砖块等几种。

3.8.1.1 石灰

石灰是碱性炼钢的主要造渣材料，由石灰石在 $800 \sim 1000℃$ 的高温下焙烧而成。电炉用石灰一般化学成分为：

CaO	SiO_2	MgO	$Fe_2O_3 + Al_2O_3$	S	H_2O
85%	2%	<2%	3%	0.15%	0.3%

石灰极易受潮变成粉末，因此在运输和保管过程中要注意防潮，用前应经烘烤，氧化期和还原期用的石灰要在 $700℃$ 高温下烘烤 $2h$ 以上，石灰块度一般为 $30 \sim 60mm$。无特殊手段时，不允许使用石灰粉末，石灰粉极易吸水，影响钢的质量，并会降低炉盖寿命。

电弧炉一般不用石灰石和没烧透的石灰，因为石灰石分解是吸热反应，会降低钢液温度，增加电力消耗，且不能及时造渣，对冶炼不利。但是石灰石在加入炉内分解时，产生 CO_2 气体，能活跃熔池，有助于去除钢中气体和夹杂物，因此在不氧化法（装入法）冶炼中，也可使用部分石灰石或没有烧透的石灰。

3.8.1.2 萤石

萤石是由萤石矿直接开采出来的。萤石的主要作用是稀释炉渣。它能降低炉渣的熔点，提高炉渣的流动性而不降低炉渣的碱度。此外，萤石能与硫生成挥发性的化合物，因此它具有脱硫作用。但是萤石稀释炉渣的作用持续时间不长，随着氟的挥发而逐渐消失。萤石的用量要适当，如用量过多，渣子过稀，会严重侵蚀炉衬。

电炉用萤石的一般成分为：

CaF_2	SiO_2	CaO	S	H_2O
>85%	<4%	<5%	<0.2%	<0.5%

萤石中 CaF_2 含量要高，SiO_2 含量要低，因为 SiO_2 含量太高会降低炉渣碱度。萤石有各种颜色，其中翠绿色透明的萤石质量最好，如图 3-7（a）所示，白色的质量中等，如图 3-7（b）所示，带褐色条纹或黑斑的萤石含有硫化物杂质，质量较差，如图 3-7（c）所示。

萤石的块度为 $10 \sim 80mm$，使用前应在 $100 \sim 200℃$ 的低温下干燥 $4h$ 以上，温度不宜过高，否则易使萤石崩裂。萤石须保持清洁干燥，不得混有泥沙等杂物。

3.8.1.3 硅石

硅石是酸性电弧炉的主要造渣材料，在碱性电弧炉中也可用来降低炉渣的熔点，调整炉渣的流动性。但由于它会降低炉渣的碱度，对碱性炉衬有侵蚀作用，应控制其用量。其形貌如图 3-8 所示。

(a)　　　　　　　　　　(b)　　　　　　　　　　(c)

图 3-7　各类萤石的形貌

(a) 翠绿色透明；(b) 白色；(c) 褐色条纹或黑斑

硅石的主要成分是 SiO_2，其含量不低于 90%。硅石的块度为 15~20mm，使用前须在 100~200℃温度下干燥 4h 以上，并要求表面清洁。

3.8.1.4　黏土砖块（火砖块）

黏土砖块是指浇铸系统的废汤道砖和废中注管砖，其主要成分为 SiO_2（58%~70%）、Al_2O_3（27%~35%）和 Fe_2O_3（1.3%~2.2%）。它的作用也是改善炉渣的流动性，特别是对镁砂渣的稀释作用

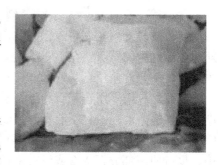

图 3-8　硅石

比萤石好，同时就地可取，价格便宜。黏土砖块中的 Al_2O_3 可改善炉渣的透气性，这点对于形成氧化泡沫渣是有意义的。但因 SiO_2 和 Al_2O_3 含量较高，会降低炉渣碱度，影响去除磷、硫的效果，因此，只有在炉渣的碱度足够的条件下方可使用，且不可多用。

3.8.2　氧化剂

常用的氧化剂包括铁矿石、氧化铁皮和氧气等几种。

3.8.2.1　铁矿石

铁矿石在电炉炼钢过程中主要用于脱碳、去磷、去气、去夹杂物。铁矿石的主要成分为 Fe_3O_4（磁铁矿）或 Fe_2O_3（赤铁矿），如图 3-9（a）、(b) 所示。对铁矿石的要求是：

(a)　　　　　　　　　　(b)

图 3-9　铁矿石的主要成分

(a) Fe_3O_4（磁铁矿）；(b) Fe_2O_3（赤铁矿）

含铁高，含硫、磷、铜低，杂质少。一般成分为：

Fe	SiO$_2$	S	P	H$_2$O
>85%	<8%	0.10%	0.10%	0.5%

磁铁矿含铁高，杂质少，氧化作用强，是电弧炉较理想的氧化剂。铁矿石块度应为30~100mm，使用前须在500℃以上的高温下烘烤2h以上。

3.8.2.2 氧化铁皮

氧化铁皮也称铁鳞，是锻钢和轧钢过程中剥落下来的碎片和粉末，如图3-10所示。氧化铁皮主要用来调整炉渣的化学成分，提高炉渣的FeO含量，改善炉渣的流动性，提高炉渣的脱磷能力。

氧化铁皮的成分为：

Fe	SiO$_2$	S	P	H$_2$O
≥70%	≤3%	≤0.04%	≤0.05%	≤0.5%

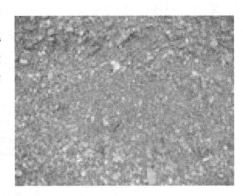

图3-10 氧化铁皮

氧化铁皮的铁含量高，杂质少，但黏附的油污和水分较多，因此使用前须在500℃以上的高温下烘烤4h以上。

3.8.2.3 氧气

氧气是电弧炉炼钢的重要氧化剂，它可强化熔炼，降低电耗，缩短冶炼时间。吹氧能使熔池激烈沸腾，也有助于排除钢液中的气体和非金属夹杂物。

对氧气的主要要求为：

（1）纯度高，含氧量不低于98%；

（2）水分少，水分不高于3g/m^3；

（3）有一定的氧气压力，一般熔化期吹氧助熔时，应为0.3~0.7MPa，氧化期吹氧脱碳时应有0.6~1.2MPa。

3.8.3 脱氧剂和增碳剂

3.8.3.1 脱氧剂

电炉炼钢常用的脱氧剂种类很多，可大致分为两类：一类是块状脱氧剂；另一类是粉状脱氧剂。块状脱氧剂一般用于沉淀脱氧，粉状脱氧剂一般用于扩散脱氧。

块状脱氧剂主要有：锰铁、硅铁、铝、硅锰合金、硅锰铝合金，硅钙合金等。粉状脱氧剂主要有：碳粉、硅铁粉、铝粉、硅钙粉、电石等。

对脱氧剂的基本要求是：脱氧剂中脱氧元素含量要高，有害杂质含量要少；脱氧剂的块度或粒度要合适；脱氧剂使用前均需烘干，以免带入水分。

电炉常用的脱氧剂包括：

（1）硅锰合金。硅锰合金是一种复合脱氧剂，使用它脱氧时，由于脱氧产物颗粒大，熔点低，易于上浮，钢的质量较好。有时也用它调整锰的成分。硅锰合金化学成分中最关键的是锰和硅的比值，一般认为当 $w(Mn):w(Si)=4\sim6$ 时脱氧效果较好，如图 3-11（a）所示。

（2）硅钙合金。硅钙合金是一种强烈的脱氧剂，并且还可脱硫，在冶炼不锈钢、高级优质结构钢和某些特殊合金时使用。硅钙合金在潮湿空气中易吸水粉化，应注意防止受潮，如图 3-11（b）所示。

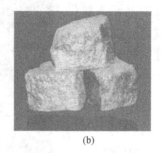

(a)　　　　　　　　　(b)　　　　　　　　　(c)

图 3-11　脱氧剂

(a) 硅锰合金；(b) 硅钙合金；(c) 硅锰铝合金

（3）硅锰铝合金。硅锰铝合金也是复合脱氧剂，一般认为，它的脱氧效果优于硅锰合金，广泛用于高级结构钢的冶炼上，其成分一般为：$w(Si)=5\%\sim10\%$，$w(Mn)=20\%\sim40\%$，$w(Al)=5\%\sim10\%$，如图 3-11（c）所示。

（4）炭粉。炭粉是主要的扩散脱氧剂，如图 3-12（a）所示。用炭粉脱氧时，由于脱氧产物（CO）是气体，不玷污钢液。炭粉也是增碳剂。炭粉有焦炭粉、电极粉、木炭粉等几种。焦炭粉是用冶金焦炭破碎，研磨加工而成的，价格便宜，用得最广泛。电极粉密度大，用作增碳剂。木炭粉密度小、灰分少、含硫低，用于扩散脱氧时钢液不会增碳，所以常用做冶炼某些优质低碳合金结构钢的脱氧剂。但木炭粉价格太贵，使用范围受到限制。

炭粉要有合适的粒度，一般为 $0.5\sim1mm$。用炭粉扩散脱氧时，粒度太大容易进入钢液起增碳作用，粒度过小不易加入炉内，损失大。炭粉使用前应进行干燥，以去除水分。

（5）电石。电石的主要成分是碳化钙（CaC_2），如图 3-12（b）所示，在电弧炉冶炼中，用作还原期的强脱氧剂，兼有脱硫的作用，可以缩短还原时间。

电石是暗灰色不规则的块状固体，极易受潮粉化，因此电石块必须放在密封的容器内保存，使用过程应注意防潮。使用块度一般为 $10\sim70mm$。

（6）硅铁粉。硅铁粉是用含硅 75% 的硅铁磨制而成，这样密度小，含硅量高，有利于进行扩散脱氧。硅铁粉使用粒度不大于 $1mm$，使用前应在 $100\sim200℃$ 温度下干燥 4h 以上，如图 3-12（c）所示。水分不高于 0.20%。

（7）铝粉。铝粉脱氧能力强，主要用于低碳不锈钢和某些低碳合金结构钢的冶炼上，以提高合金元素的收得率和缩短冶炼还原时间。铝粉使用前也应干燥，使用粒度不大于

(a) (b) (c)

图 3-12 脱氧剂

(a) 炭粉；(b) 电石；(c) 硅铁粉

0.5mm，水分不高于0.2%。如图3-13（a）所示。

（8）硅钙粉。硅钙粉是一种相当优良的脱氧剂，它的密度小，故钢液不易增硅。在冶炼中，低碳高级合金钢和含钛硼结构钢时，广泛使用，并常与硅铁粉配合加入。

硅钙粉和硅铁粉难以分辨，使用和保管时要防止混乱。硅钙粉使用前应进行干燥，使用粒度不大于1mm，水分不高于0.20%。如图3-13（b）所示。

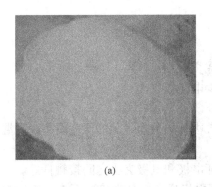

(a) (b)

图 3-13 脱氧剂

(a) 铝粉；(b) 硅钙粉

此外，金属块状脱氧剂还有锰铁、硅铁和铝等。

3.8.3.2 增碳剂

电炉炼钢用的增碳剂有：焦炭粉、电极粉、生铁和碎电极块，如图3-14所示。增碳用的焦炭粉和电极粉的主要成分如表3-10所示。

表 3-10 粉状增碳剂主要成分 （%）

名 称	C	灰分	S	H_2O	粒度/mm
电极粉	95	2	0.1	0.5	0.5～1
焦炭粉	80	15	0.1	<0.5	0.5～1

电极粉是由炼钢折断的电极加工而成的。电极粉含碳量高、灰分少、含硫量低、密度大，增碳作用强，是最理想的增碳剂。碎电极块也可直接用来增碳，块度为50～100mm。

　　　　(a)　　　　　　　　　　　(b)　　　　　　　　　　　(c)

图 3-14　增碳剂

(a) 焦炭粉；(b) 电极粉；(c) 生铁

3.8.4　电极

　　电极的作用是把电流导入炉内，并与炉料之间产生电弧，将电能转化为热能。电极要传导很大的电流，电极上的电能损失约占整个短网上的电能损失的40%。电极工作时受到高温、炉气、氧化及塌料撞击等作用，因此要求电极应具有良好的性能。电极的价格很贵，电极的消耗直接影响着电炉炼钢的成本。

3.8.4.1　电极的要求

　　电极的工作条件极为恶劣，对它的基本要求是：

　　(1) 导电性能良好，电阻系数小，以减少电能损失。

　　(2) 具有足够的机械强度，以免碰坏撞断。

　　(3) 具有良好的抗高温氧化能力，在空气中开始强烈氧化的温度要高，高温下不易氧化，不易烧损。

　　(4) 几何形状规整，且表面光滑，以保证电极和电极夹头之间接触良好。

　　目前绝大多数电炉均采用石墨电极，石墨电极通常又分为普通石墨电极和超高功率石墨电极，其主要性能如表 3-11 和表 3-12 所示。

表 3-11　普通石墨电极的理化指标

项　　目		公称直径/mm							
		75~130		150~200		250~350		400~500	
		优级	一级	优级	一级	优级	一级	优级	一级
电阻率/$\Omega \cdot mm^2 \cdot m^{-1}$	电极	8.5	10	9.0	11	9.0	11	9.0	11
(不大于)	接头	8.5		8.5		8.5		8.5	
抗折强度/MPa	电极	7.85		7.85		6.37		6.37	
(不小于)	接头	11.3		11.3		9.81		9.81	
灰分/% (不大于)		0.5		0.5		0.5		0.5	
真密度/$g \cdot cm^{-3}$ (不小于)		2.18		2.18		2.18		2.18	
假密度/$g \cdot cm^{-3}$	电极	1.58		1.52		1.52		1.52	
(不小于)	接头	1.63		1.63		1.68		1.68	
抗压强度/MPa	电极	19.6		17.7		17.7		17.7	
(不小于)	接头	29.4		29.4		29.4		29.4	

表 3-12 几种超高功率石墨电极的理化指标

项 目	公称直径/mm			
	$\phi 225 \sim 400$		$\phi 450 \sim 600$	
	电极	接头	电极	接头
碳含量(质量分数)/%	≥99.3	≥99.3	≥99.3	≥99.3
灰分/%	≤0.2	≤0.2	≤0.2	≤0.2
气孔率/%	20 ~ 24	20 ~ 24	20 ~ 24	20 ~ 24
体积密度/g·cm^{-3}	1.65 ~ 1.72	1.74 ~ 1.80	1.66 ~ 1.73	1.74 ~ 1.81
电阻率/Ω·mm^2·m^{-1}	5.0 ~ 6.5	4.5 ~ 5.5	4.5 ~ 5.57	4.0 ~ 5.0
抗弯强度/MPa	9.0 ~ 14.0		8.5 ~ 13.5	
抗拉强度/MPa	6.0 ~ 10.0	14.0 ~ 20.0	6.0 ~ 9.5	13.0 ~ 19.0
真密度/g·cm^{-3}	2.20 ~ 2.23			
弹性模量/GPa	6.5 ~ 11.0	12.5 ~ 18.0	6.0 ~ 11.0	12.0 ~ 17.0
导热系数/W·(m·℃)$^{-1}$	175 ~ 260	240 ~ 260	210 ~ 280	250 ~ 320
线膨胀系数(20 ~ 100℃)/℃$^{-1}$	$(0.5 \sim 1.0) \times 10^{-6}$	$(0.4 \sim 0.9) \times 10^{-6}$	$(0.3 \sim 0.6) \times 10^{-6}$	$(0.6 \sim 0.75) \times 10^{-6}$

3.8.4.2 合理地降低电极消耗的措施

电极消耗在电炉钢生产成本中约占 8% ~ 10%，电极的吨钢消耗约 4 ~ 9kg。电极消耗的主要原因是折断、氧化、炉渣和炉气的侵蚀，以及在电弧作用下的剥落和升华。为了降低电极消耗，主要应提高电极本身质量和加工质量，缩短冶炼时间，防止因设备和操作不当引起的直接碰撞而损伤电极。

降低电极消耗的具体措施是：

（1）减少由机械外力引起的折断和破损，避免因搬运和堆放，炉内塌料和操作不当引起的折断和破损，尤其重点保护螺纹孔和接头的螺纹。

（2）电极应存放在干燥处，谨防受潮。受潮电极在高温下易掉块和剥落。

（3）接电极时要拧紧、夹牢，以免松弛脱落。有的厂在电极连接端头打入电极销子加以固定。还有的厂在两根电极的缝间涂上黏结剂，也可防止电极松动。另外，对接电极时，用力要平稳、均匀，连接处要保持清洁。

（4）减少电极周界的氧化消耗。电极周界的氧化消耗约占总消耗的 55% ~ 75%。石墨电极从 550℃ 开始氧化，在 750℃ 以上急剧氧化。减少周界氧化的措施是：加强炉子的密封性，减少空气侵入炉内；尽量减少赤热电极在炉外暴露时间；并可采取以下几种石墨电极保护技术：

1）浸渍电极。将普通的石墨电极放在数种无机物的混合液中，经过一定的工艺处理，改善原石墨电极的性能，提高电极抗高温氧化能力。

2）涂层电极，又分为导电涂层和非导电涂层两大类。导电涂层的涂料是铝和碳化硅的混合物，经过一定的工艺处理，电极的电阻率下降，表面形成很强的隔氧层，可有效地防止炉气氧化。非导电涂层电极所用涂料，一般为陶瓷化涂覆材料，在低温或高温下，能在电极表面形成良好的陶瓷膜，从而使石墨电极的氧化损耗大大降低。

　　3）水冷复合电极。该电极由上下两部分组成，上部为钢制水冷电极柄，下部为普通石墨电极，上下部由水冷钢质接头连接，如图 3-15 所示。

　　4）水淋式电极。在电极夹头下方采用环形喷水器向电极表面喷水，使水沿电极表面下流，并在电极孔上方用环形管（风环）向表面吹压缩空气使水雾化，如图 3-16 所示。在降低电极温度的同时又能减少侧壁的氧化，从而降低了电极消耗。生产实践表明，电极喷淋冷却技术，结构简单，投资少；操作方便，易于维修，可节约电极 20%，且使炉盖中心部位耐火材料的寿命提高 3 倍。

　　近年发展起来的直流电弧炉技术，其中最大优越性之一就是降低石墨电极的消耗。国外直流电弧炉的运行结果表明，可降低石墨电极消耗 40%~50%。

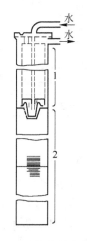

图 3-15　水冷复合电极

1—水冷电极柄；2—石墨电极

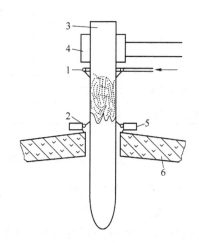

图 3-16　水淋式电极

1—水环；2—风环；3—石墨电极；4—电极卡头；

5—电极水冷密封圈；6—炉墙

复习思考题

3-1　简述直接还原铁的理化特性，电弧炉对直接还原铁的要求。

3-2　简述冷生铁的理化特性，电弧炉对冷生铁的要求。

3-3　简述电弧炉热装铁水的操作特点。

3-4　简述如何管理合金材料。

3-5　简述电弧炉的造渣材料主要有哪些？

4 电弧炉的耐火材料

4.1 耐火材料的主要性能和分类

耐火材料是一种能抵抗高温（1580℃以上）作用的固体材料。耐火材料是所有工业用炉不可缺少的内衬材料，其使用范围极其广泛，其中冶金工业用量最大，约占耐火材料生产总量的70%。但是，目前尚没有一种耐火材料能够完全满足使用性能的要求，即使同一耐火材料在不同的使用条件下所表现的性能也不相同。因此，为了合理使用耐火材料，必须了解耐火材料的性能和使用的工作条件。

4.1.1 耐火材料的主要性能指标

耐火材料的主要性能指标包括：

（1）耐火度。耐火材料抵抗高温作用而不熔化的性能称为耐火度。耐火材料没有固定的熔点，所以耐火度实际上是指耐火材料软化到一定程度时的温度。耐火度是耐火材料的重要指标，选用耐火材料的耐火度，应高于其最高使用温度。

（2）热稳定性。耐火材料承受温度急剧变化而不开裂、不损坏的能力，以及在使用中抵抗碎裂或破裂的能力，称为热稳定性。热稳定性用急冷急热的次数表示，也称耐急冷急热性。

（3）抗渣性。耐火材料在高温下抵抗炉渣侵蚀的能力称为抗渣性。

（4）体积稳定性。耐火材料在高温下长期受热时抵抗体积变化的能力称为体积稳定性，也称重烧收缩或膨胀。

（5）荷重软化温度。耐火材料在高温时，每平方厘米承受2kg静负荷作用下，引起一定数量变形的温度，称为荷重软化温度。在生产中，材料实际负荷常小于$2kg/cm^2$，同时是单面受热的多，较冷的一面承受大部分负荷，因此耐火材料的最高使用温度常较其荷重软化温度为高。

（6）体积密度。耐火材料在110℃下干燥后的质量与体积之比称为体积密度，单位为g/cm^3。

（7）真密度。耐火材料在110℃下干燥后的质量同真体积之比，称真密度，单位为g/cm^3。真体积指试样总体积与试样中孔隙所占的体积之差。

（8）气孔率。气孔率包括：

1）显气孔率。耐火材料与大气相通的孔隙（开口孔隙）的体积与总体积之比。

2）真气孔率。耐火材料全部孔隙的体积（包括开口和闭口孔隙的体积）与总体积之比。两种气孔率都用%表示。

（9）常温耐压强度。耐火材料在常温下每平方厘米承受负荷的能力称常温耐压强度，单位为kgf/cm^2（0.1 MPa）。

除上述性能指标外，耐火材料还有导热性、导电性、可塑性、透气性及吸水率等一些重要的指标。耐火材料的外形和尺寸，对于耐火材料的实际应用也具有很大的影响，它直接影响到砌筑时的砖缝。耐火材料的外观检查项目有：尺寸公差、缺角、缺棱、扭曲、裂纹、溶洞渣蚀等。一般制品的尺寸公差不得超过±3%。

4.1.2　耐火材料分类

耐火材料的种类繁多，根据不同的使用目的和要求，有许多分类方法，常用的几种分类方法如下：

（1）按耐火度分类有：

1）普通耐火材料：耐火度为1580~1770℃；

2）高级耐火材料：耐火度为1770~2000℃；

3）特级耐火材料：耐火度为2000~3000℃；

4）超特级耐火材料：耐火度为3000℃以上。

（2）按化学性质分类有：

1）酸性耐火材料：石英（硅石）、硅砖；

2）半酸性耐火材料：半硅砖；

3）中性耐火材料：铬砖、黏土砖、高铝砖、黏土质耐火泥等；

4）碱性耐火材料：镁砖、铬镁砖、镁铝砖、白云石砖、镁砂、白云石及镁质耐火泥等。

（3）按制品外形尺寸分类有：

1）标准型砖：直角形砖、纵楔形砖、横楔形砖，最常见的标准型砖的尺寸230mm × 113mm ×65mm；

2）普型砖；

3）异型砖；

4）特异型砖。

此外，耐火材料还可按用途分类，如电炉炉盖用砖、盛钢桶用砖等；按耐火材料制作工艺不同还可分成烧成砖、不烧砖、熔铸砖等。

4.2　电弧炉用耐火材料

4.2.1　电弧炉对耐火材料的一般要求

电弧炉对耐火材料的一般要求有：

（1）高耐火度。电弧温度在4000℃以上，炼钢温度常在1500~1750℃，有时甚至高达2000℃，因此要求耐火材料必须有高的耐火度。

（2）高荷重软化温度。电炉炼钢过程是在高温载荷条件下工作的，并且炉体要经受钢水的冲刷，因此耐火材料必须有高的荷重软化温度。

（3）良好的热稳定性。电炉炼钢从出钢到装料几分钟时间内温度急剧变化，温度由原来的1600℃左右骤然下降到900℃以下，因此要求耐火材料具有良好的热稳定性。

（4）抗渣性好。在炼钢过程中，炉渣、炉气、钢液对耐火材料有强烈的化学侵蚀作用，因此耐火材料应有良好的抗渣性。

（5）高耐压强度。电炉炉衬在装料时受炉料冲击，冶炼时受钢液的静压，出钢时受钢流的冲刷，操作时又受机械振动，因此耐火材料必须有高的耐压强度。

（6）低导热性。为了减少电炉的热损失，降低电能消耗，要求耐火材料的导热性要差，即导热系数要小。

4.2.2 炉盖用耐火材料

炉盖在冶炼过程中长期处于高温状态，并且经常受到温度急变的影响，受到炉气和粉末造渣材料的化学侵蚀，受到升降炉盖的机械振动作用，所以工作条件十分恶劣。近年来，随着炼钢电弧炉容量扩大与单位功率水平的提高，炉盖的使用条件变得更加苛刻，炉盖用耐火材料也随之发生变化。

炉盖用的耐火材料有以下几种：

（1）硅砖。硅砖由天然石英岩或石英砂加工制成，电炉炉盖用硅砖理化性能如表 4-1 所示。

表 4-1　电炉炉盖用硅砖理化性能

指　　标	（DG）-95
SiO_2 含量（质量分数）/%（不少于）	95
耐火度/℃（不低于）	1710
$2kg/cm^3$ 荷重软化开始温度/℃（不低于）	1650
显气孔率/%（不大于）	22
常温耐压强度/$kgf \cdot cm^{-3}$（不小于）	250

硅砖有很高的荷重软化温度，较高的耐火度，同时具有质量小、价格便宜等优点，因此曾是碱性电弧炉炉盖的主要材料。但硅砖的热稳定性差，当工作温度在 180～300℃，300～600℃ 两个温度区间时，由于 SiO_2 晶型转变，体积变化较大，所以耐急冷急热的能力很差。由于热膨胀严重，在使用中炉盖往往出现上凸下凹现象，甚至会构成塌炉盖现象，为此砌筑时相当麻烦（必须留膨胀缝）。对于碱性电炉来讲，硅砖的抗渣性差，极易与石灰粉末作用。随着电炉热负荷的提高，硅砖的耐火度低也成为主要问题。硅砖炉盖使用寿命一般不超过 50 炉。而且硅砖的熔滴滴在炉墙上影响炉墙的使用寿命；熔滴还会降低炉渣碱度，给精炼造成困难。因而除酸性电炉外，碱性电炉炉盖已很少使用硅砖。

（2）高铝砖。含三氧化二铝（Al_2O_3）大于 46% 的硅酸铝质耐火材料称为高铝砖，它的原料是高铝矾土矿。我国生产的电炉炉盖用高铝砖的牌号及性能，如表 4-2 所示。根据其 Al_2O_3 含量分为三级。各厂大多采用一级高铝砖或二级高铝砖。

高铝砖与硅砖相比，具有耐火度高、热稳定性好、抗渣性好和耐压强度高等优良性能，并且我国矾土矿蕴藏量又多，所以目前它是我国碱性电炉炉盖用的主要耐火材料。

（3）碱性砖。碱性砖是比较新型的炉盖用砖。现在各国使用的碱性炉盖砖就其材质而言有镁质、铬镁质、白云石质、镁铝质等。它们具有高的耐火度和良好的抗氧化铁渣的能力，在苛刻冶炼条件下的使用性能比高铝砖好，使用寿命长。但是因为变形厉害和成本高，所以还没有广泛采用，目前主要在炉盖的易损部位（电极孔、排烟孔、中心部），其余部位仍用高铝砖。

表 4-2　电炉顶用高铝砖石墨化指标表

指　　标	牌号及数值		
	（DG）－95	（DG）－95	（DG）－95
Al_2O_3 含量（质量分数）/%	>75	65～75	55～65
耐火度/℃（不低于）	1790	1790	1770
2kg/cm³ 荷重软化开始温度/℃（不低于）	1530	1500	1480
重烧线收缩（1560℃3h）/%（不大于）	0.5		
重烧线收缩（1500℃3h）/%（不大于）		0.5	0.5
显气孔率/%（不大于）	19	22	21
常温耐压强度/kgf·cm⁻³（不小于）	600	500	400

（4）耐火泥。在砌制炉盖时用耐火泥与卤水或净水调和成耐火泥浆，其作用是填充砖缝，使砌体具有良好紧密性，防止气体通过，避免炉渣渗透。

耐火泥有黏土质、硅质、高铝质和镁质等几类，它们的主要成分和理化指标与相应的耐火砖基本相同。使用时耐火泥应与耐火砖具有相同的物理性质和化学成分，以保证砌体的强度及防止它们在高温下互相侵蚀。

砌制高铝砖炉盖时用高铝质耐火泥，砌制硅砖炉盖时用硅质耐火泥。铬镁砖一般采用干砌，因湿砌会使它在高温下粉化。

（5）耐火混凝土。这是一种新型耐火材料，它和耐火砖相比，具有制作工艺简单、使用方便、成本低等优点，并且适于机械化制作形状复杂的制品。电炉一般使用以高铝质熟料为骨料。以磷酸或磷酸铝作为胶结剂的磷酸盐耐火混凝土。其耐火度可达 1800℃以上。

4.2.3　炉墙、炉底用耐火材料

炉墙和炉底的工作条件和炉盖大致相同，受到电弧的高温辐射，在极高的温度下工作，并且经常受到急冷作用。比炉盖更严重的是，炉墙和炉底直接与钢水和炉渣接触，受到钢水的冲刷和炉渣的侵蚀，同时装料时还受到炉料的撞击。因此，必须选用优质的耐火材料，尤其是与炉渣接触部位和接近电弧热点的部位要求更高。常用的耐火材料如下：

（1）镁砂。镁砂是砌筑碱性电弧炉炉衬的主要材料之一，用来打结炉底、炉坡和炉墙，也可制成镁砂砖。同时又是补炉的主要材料。

镁砂是由天然菱镁矿在 1650℃温度下煅烧而成的。镁砂的耐火度可达 2000℃以上，有较好的抵抗碱性炉渣侵蚀的能力。但其热稳定性差，导热系数大。镁砂的主要成分是氧化镁（$w(MgO)\geqslant 85\%$），也含有少量杂质（如 SiO_2 和 CaO 等）。氧化镁含量越高越好，杂质含量越低越好。含 SiO_2 太高将会降低其耐火度，含 CaO 太高则易水解粉化。电炉使用的镁砂是一级冶金镁砂。其成分如下：

$w(MgO)\geqslant 87\%$；$w(SiO_2)\leqslant 4\%$；$w(CaO)\leqslant 5\%$；灼烧减量 $\leqslant 0.5\%$。

（2）白云石。白云石也是砌筑碱性电弧炉炉衬的主要材料之一，用做炉墙和补炉材料，也可制成白云石砖。白云石是白云石矿 $MgCa(CO_3)_2$ 高温焙烧后的产品，它的主要成分是氧化钙和氧化镁，一般成分为：

$w(CaO) = 52\% \sim 58\%$；$w(MgO) = 35\%$；$w(FeO+Al_2O_3) = 2\% \sim 3\%$；$w(SiO_2) = 0.8\%$。

白云石的耐火度也在 2000℃ 以上，它能抵抗碱性炉渣的侵蚀，热稳定性比镁砂好，但白云石易吸水粉化，因此应尽量缩短白云石从烧成到使用的时间。

（3）石英砂。石英砂是砌筑酸性电弧炉炉衬的主要材料之一，用来砌炉底和炉坡，也用作酸性电弧炉的补炉材料。纯的石英砂为水晶透明体，含有少量杂质时为白色，杂质愈多就愈呈暗灰色，电炉用的石英砂大多是白色的。其化学成分为：

$w(SiO_2) = 96\% \sim 97\%$；$w(FeO) = 1\%$；$w(Al_2O_3) = 1.3\%$。

（4）各种耐火砖。电炉炉墙和炉底用的耐火砖及性能如表 4-3 所示。黏土砖因耐火度和荷重软化温度低，故用作隔热砖，砌在靠近炉壳的部位。在黏土砖的里面再砌镁砖或其他碱性砖。铬镁砖和镁铝砖由于原料缺乏，价格较贵，用得较少。硅砖用于酸性电弧炉。

表 4-3　电炉炉墙和炉底用耐火材料的主要性能

名称	牌号	主要化学成分（不小于）	耐火度/℃	荷重软化温度/℃	显气孔率/%	常温耐压强度/kgf·cm⁻³	体积密度/kgf·cm⁻³	导热系数/kJ·(m·h·℃)⁻¹
黏土砖	NI-30	$w(Al_2O_3) = 30\%$	1610	1250	28	125	2.07	$2.508 + 2.299 \times 10^{-3} t$
	NI-35	$w(Al_2O_3) = 35\%$	1670	1250	26	150		
	NI-40	$w(Al_2O_3) = 40\%$	1730	1300	26	150		
硅砖	GI-94	$w(SiO_2) = 94.5\%$	1710	1640	23	200	1.9	$3.762 + 3.344 \times 10^{-3} t$
	GI-93	$w(SiO_2) = 93.0\%$	1690	1620	25	175		
镁砖	M-87	$w(MgO) = 87\%$	2000	1500	20	400	2.6	$15.466 - 1.714 \times 10^{-3} t$
白云石砖		$w(CaO) = 40\%$ $w(MgO) = 30\%$	1700 ~ 1800	1550 ~ 1610	20	1000	2.9	7.524
铬镁砖	MG-12	$w(Cr_2O_3) = 12\%$ $w(MgO) = 48\%$	1950	1520	23	200	2.8	7.106
镁铝砖	ML-80	$w(MgO) = 80\%$ $w(Al_2O_3) = 5\% \sim 30\%$	2100	1550 ~ 1580	19	350	3.0	

4.3　电弧炉用绝热材料和黏结剂

4.3.1　绝热材料

绝热材料的作用是为了减少炉衬的热损失。常用的绝热材料及主要性能，如表 4-4 所示。绝热材料的体积密度都是比较小的，体积密度愈小导热系数愈低，绝热作用愈好。因为绝热材料的允许工作温度较低，只能用于温度在 1000℃ 以下的部位，所以在电炉上只用在炉墙的最外层和炉底的最下层，避免与高温钢渣和炉气接触。

表 4-4   常用绝热材料主要性能

材料名称	体积密度/g·cm^{-3}	允许工作温度/℃	导热系数/kJ·(m·h·℃)$^{-1}$
石棉板	0.9~1.0	500	$(0.585~0.627)×10^3 t_P$
硅藻土	0.55	900	$0.334+0.878×10^3 t_P$
硅藻土砖	0.55~0.7	900	$(0.334~0.711)+0.836×10^3 t_P$
轻质黏土砖	0.4	900	$0.293+0.394×10^3 t_P$

注：t_P为平均温度。

我国目前碱性电炉主要使用石棉板、硅藻土砖和黏土砖作绝热材料，石棉板是用石棉和黏结剂制成的板状材料。石棉是一种纤维状的矿物，主要组分是镁、硅、钙化合物。硅藻土砖是硅藻土加工成的，主要成分是 SiO_2。

4.3.2   黏结剂

黏结剂的作用是将各种散状的耐火材料（如镁砂、白云石、石英砂等）黏结成一个整体，使其在高温下有一定的坚固性。黏结剂是电炉炉底和炉墙打结不可缺少的材料，常用的黏结剂有下列几种：

（1）沥青。沥青是焦油分馏后的残留物，为黑色固体。电炉一般采用中温沥青，它在高温下（200℃）易碳化。沥青挥发物去掉后留下的固定碳在炉衬中起骨架作用，可提高镁砂和白云石的耐火度、抗渣性和热稳定性。沥青使用前，需做脱水处理，使水分不高于 0.50%。

（2）焦油。焦油是炼焦的副产品，是黑色黏稠状液体，其黏性极大。焦油主要用做打结炉衬和制作镁砂砖（或白云石砖）的黏结剂。焦油使用前也需要做脱水处理，使水分不高于 0.5%。

（3）卤水。卤水主要成分是氯化镁（$MgCl_2$），通常以固态供应。使用前可根据要求比重加入净水，经加热溶化成符合要求的水溶液后使用。卤水主要用于搅拌耐火泥，以及在打结无碳炉衬时作为镁砂的黏结剂。

（4）水玻璃。水玻璃（$Na_2O·nSiO_2$）又称硅酸钠或泡化碱，一般以液态供应，也有块状固体水玻璃。它含有：$w(SiO_2)=71\%~76\%$，$w(Na_2O)=8\%~14\%$。水玻璃主要用来搅拌耐火泥，以及在打结酸性炉衬时做石英砂的黏结剂。

复习思考题

4-1 电弧炉对使用的耐火材料有哪些要求？

4-2 砌筑碱性电弧炉炉盖应该选用哪些耐火材料？

4-3 砌筑碱性电弧炉炉衬应该选用哪些耐火材料？

4-4 碱性电弧炉使用的绝热材料有哪些？

4-5 名词解释：耐火度，热稳定性，抗渣性，体积稳定性，荷重软化温度。

5 电弧炉炼钢冶炼工艺及操作

5.1 传统电弧炉炼钢工艺流程配置

传统电弧炉的配置：传统电弧炉的配置主要分为高架式配置和一般配置。高架式配置也就是电弧炉建设在一个 5m 左右的平台上面，出钢采用钢包车或者行车吊钢包出钢，电弧炉的炉渣从炉门区排出，易于清理，电弧炉的产能受排渣操作和出钢操作的限制因素较少，也比较安全，是目前电炉建设者青睐的一种方式。一般配置是指电弧炉安装在厂房基础的水平面上，排渣设有渣坑，利用渣坑接渣，渣灌满了以后更换渣坑，出钢采用出钢坑，行车吊钢包放在出钢坑出钢。这种配置减少了投资，但是受到排渣能力的影响，不仅安全事故较多，而且产能受限制的因素较多，是一种落后的配置。

传统电弧炉冶炼的主要方法：电弧炉冶炼的主要方法有氧化法、不氧化法和返回吹氧法三种。一般以有无氧化期来区分氧化法和不氧化法。而返回吹氧法是介于两者之间的一种冶炼方法。该方法既有氧化期，但又不具有氧化期的全部任务，同时要进行预还原才进入还原期，也有将其归入氧化法的。

氧化法是指整炉钢包括熔化期、氧化期、还原期、出钢全过程的一种冶炼方法。其主要特点是具有氧化期及氧化期的全部任务。

不氧化法是一种没有氧化期，而只有熔化期、还原期至出钢的一种冶炼方法。其主要特点是没有氧化期，一般不供氧，因此不能脱磷。装料时各元素成分配入为规格的中下限或略低于下限，炉料全部熔化后，只要达到温度要求，就可以还原，调整成分出钢。

返回吹氧法是一种利用返回料回收合金元素并通过吹氧脱碳来去气、去夹杂，从而保证钢的性能要求的冶炼方法。配料时，合金元素可配至接近规格或稍低些，炉料熔化80%左右时，适量吹氧助熔。炉料全部熔化，钢水达一定温度（一般为1570℃）左右时，吹氧脱碳消除冷区废钢以及少量脱碳，脱碳量一般为不小于 0.1%，然后用硅铁粉或碳化硅进行预脱氧，再扒渣、还原，最后调整成分，出钢。

普通功率的电弧炉炼钢的工艺流程配置主要有：

（1）普通电弧炉的品种钢—模铸生产线。这种生产线，一般以品种钢为主要生产品种，电弧炉的容量在 5~30t 之间，5t 以下的电弧炉配置一般在 2~4 座电弧炉配备一台连铸机和 1~6 块模铸区；20t 以下的电弧炉，2~4 座电弧炉配一台连铸机和 1~2 块模铸区；30t 以上的电弧炉一般配有连铸机和附后的 1~4 块模铸区。从经济角度上讲，30t 以上的电弧炉配备连铸机和少量的模铸区进行作业比较有利，可以减少浇铸环节对于电弧炉的限制。

（2）电弧炉—精炼炉—连铸的合金钢生产线。这种类型的生产线，电弧炉的容量在 20t 以上的电弧炉，2~6 座电弧炉配备 1~2 座精炼炉。配备合金连铸机和模铸区。

（3）电弧炉—精炼炉—无缝管生产线。这种生产线的电弧炉配置可以根据连铸机和模铸区的能力确定电弧炉匹配的座数和容量。

（4）电弧炉—AOD/VOD 不锈钢生产线。这类生产线主要采用电弧炉炼制不锈钢母液，供 AOD/VOD 不锈钢吹炼。一般是 2 台 30t 的电弧炉，配 2 台 AOD，1 台 VOD 和 LF 实现不锈钢的模铸或者连铸机的多炉连浇。

以上（1）~（3）的普通电弧炉生产线，电弧炉的生产形式比较灵活，电弧炉可以在电弧炉炉内实现三期冶炼，也可以实现熔化期和氧化期结束以后，将电弧炉的粗炼钢水提供给精炼炉精炼，对于生产的调度和生产的匹配十分有利。在电弧炉炼钢工艺中，从通电开始到炉料全部熔清为止称为熔化期。熔化期约占整个冶炼时间的一半，耗电量要占电耗总数的三分之二左右。因此，加速炉料的熔化是提高产量和降低电耗的重要途径。

5.2　冶炼前的准备工作

冶炼前的准备工作包括配料、装料、烘炉、补炉。

5.2.1　配料操作及注意事项

配料是电炉炼钢工艺中不可缺少的组成部分，配料是否合理关系到炼钢工能否按照工艺要求，正常地进行冶炼操作；关系到原料消耗及返回钢的合理使用（即能否节约合金元素）；合理的配料能缩短冶炼时间。因此，配料对各项技术经济指标都有影响。

电弧炉炼钢的基本炉料是废钢、生铁、返回料，有时也加入部分合金料。在配料前首先要了解各种原材料的化学成分和计划消耗定额，并掌握本厂现有原材料的实际情况，然后根据所炼钢种的技术标准及工艺要求进行配料。配料计算过程见第 7 章，在此不再赘述。

5.2.1.1　配料注意事项

配料时应注意：

（1）必须正确地进行配料计算和准确地称量炉料装入量；

（2）炉料的大小要按比例搭配，以达到好装、快化的目的；

（3）各类炉料应根据钢的质量要求和冶炼方法搭配使用；

（4）配料成分必须符合工艺要求；

（5）炉料装入量必须保证钢锭能注满，每炉钢要有规定的注余钢水，防止短锭或余钢过多。

5.2.1.2　配料要求

配料根据冶炼方法不同，可以分为氧化法配料、返回吹氧法配料和不氧化法配料。电弧炉炼钢的配料是炼钢的一项很重要的准备工作，它直接影响到冶炼的速度和钢的质量以及炉体寿命、金属收得率等。合理的配料，对炉前控制化学成分比较有利。配料操作时必须注意以下几点：

（1）严格按冶炼钢种的要求或配料单配料。炉料中的含碳量必须根据钢种的要求配加，含磷、硫量不得过高，废钢的磷、硫含量各不得大于 0.08%，以保证熔清钢水的化学成分与计算的偏差不大。料的大小要按比例搭配，以达到好装、快化的目的。

（2）炉料要经过称量，做到重量准确，以保证出钢量准确。特别是冶炼高合金钢时，合金成分较高，标量不准，会造成大量补加合金，造成钢水量不稳定，对于模铸的生产造成冲击。炉料的好坏要按钢种质量要求和冶炼方法来搭配。如果使用不好的炉料，必须充分估计其收得率；清除炉料中的泥沙等酸性物质，以免熔炼过程中降低炉渣碱度，影响氧化期去磷效果以及侵蚀炉衬。

（3）炉料中的爆炸物、密闭状的管子或容器必须拣出或进行开孔处理以后，方可加入炉内。否则，密闭容器内部的空气受热膨胀，无处排出，内部压力逐渐增高，将会引起爆炸事故。

（4）普通电弧炉的搅拌能力较弱，加上升温速度较慢，吹氧的压力小，机械化程度低，所以为了减少操作的压力和炉前工的劳动强度，应该避免单块大于500kg的大块废钢入炉。

（5）由于在较低冶炼温度下，硅、锰、钛、铬等元素与氧的亲和力均比碳与氧的亲和力大，熔化期这些元素比碳早氧化，这就推迟和减缓了碳的氧化作用。因此，当炉料中这些元素含量高时，相应地碳的氧化损失就小，就要适当减少配碳量。

（6）由于油脂是碳氢化合物，在高温下会分解成碳和氢。炉料上沾有的油污，在冶炼过程中分解出许多氢，被钢水吸收，增加了钢中的有害气体，会影响钢的质量。因此，沾有大量油污的炉料也不能入炉。

（7）对采用不氧化法冶炼的炉料要求纯洁干燥。冶炼高合金钢时，应该避免使用锈蚀严重的废钢；对于入炉的废钢中间不允许有成套的机器、设备及结构件。

实践证明，好的炼钢工配好料，炉前工的劳动量减少一半，而且钢的质量也会明显提高。

5.2.2 装料操作及装料方法

5.2.2.1 装料操作

装料看起来似乎是一项简单的操作，实际上它对炉料熔化、合金元素的烧损以及炉衬使用寿命等都有影响，因此要给予足够的重视。

我国目前电炉加装固体料的方法大多采用顶装料，事先将炉料按一定位置装在料罐里，然后用吊车吊起由炉顶部位一次加入，这是一种最快的装料方法，一般只用3~5min，并且料装炉后仍能保持它在料罐中的布料位置，因而被普遍采用。装料过程及操作模拟图如图5-1（a）所示，现场操作如图5-1（b）所示。

目前世界上热装铁水的方式主要有三种方案：

（1）从炉顶兑加铁水的方式。这种方式主要应用于炉盖旋开式加料的电炉。这种方式在电弧炉加入废钢后，用行车吊起铁水罐，直接从炉顶兑入铁水。这种方法简单易行，其特点是不需要增加多余的附属设备，可操作性强，兑加铁水的时机与兑加速度灵活多变，可实现铁水的快速热兑。

（2）用专用铁水流槽车从电炉炉门（也称渣门）兑入铁水的方式。这种方式热兑铁水时受影响的因素较多，其中受渣门积渣或废钢的堆积影响最多，流槽难以插入炉内进行铁水热兑，严重影响了铁水的热兑，限制了生产能力。而且流槽车的维护是否正常也影响

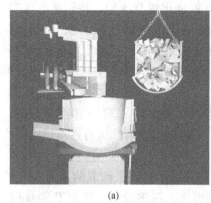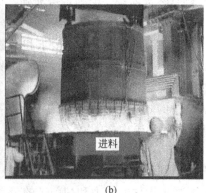

图 5-1　装料过程及操作模拟图
(a) 料斗装料过程模拟操作；(b) 现场操作

着热兑铁水的进行。此外，在铁水流槽车上兑加铁水时产生的烟尘也难以被炉顶除尘系统捕集，污染较大，所以此方案在生产中的实用意义不大。

（3）从炉壁的特定位置用专用装置兑入。这种方式主要应用于竖式电炉和连续加料的 Consteel 电炉，这种兑加铁水的方式特别适合于超声速氧枪和超声速集束氧枪的吹炼。

5.2.2.2　布料顺序操作

炉料在炉内必须装得足够紧密，保证一次把料装完；炉料在炉内必须合理分布，以得到良好的熔化条件。

为了使炉内炉料密实，装料时必须把大、中、小料合理搭配。一般小料占 15% ~ 20%，中料占 40% ~ 50%，大料占 40%。

根据实际操作经验，炉料在料罐内（即炉内）的合理顺序为：

（1）底部装小料，用量为小料总量的一半，然后在料罐的下部中心区装入全部大料、低碳废钢或难熔炉料，在大料之间填充小料，中型料装在大料的上面及四周。

（2）在料的最上面（电极下面）放入剩余的小料（轻废钢），以便通电后电极能很快穿井埋入料中，减轻电弧光对炉盖的辐射。

汤道及装车屑的草袋子等不易导电的炉料，不准放在电极下面，防止开始通电时不起弧。

（3）凡在配料中使用的电极块，应砸成 50 ~ 100mm 左右块度，装在炉料的下层，防止在料熔清时没有化完而造成钢液碳量波动，给氧化期操作带来困难。如果配入生铁，应装在大料上面或电极下面，以便利用它的渗碳作用，降低大料的熔点，加速熔化。

（4）熔点高的铁合金（如钨铁、钼铁）应放在高温区，但不能装在电极下面，铬铁、锰铁、镍等应避免放在电弧作用区，装在靠近炉坡及四周，以防止大量的挥发损失。

（5）炉料在罐中应放置平整、致密、无大空隙，装炉后在炉内的分布最好呈半球形。

总之布料应做到：下致密、上疏松；中间高，四周低、炉门口无大料；使得穿井快，不搭桥。料罐布料情况如图 5-2 所示。

5.2.2.3 进料注意事项

为了缓和炉底的强烈冲击，防止料罐拉坏炉坡、炉底，以及避免料罐黏附钢水，进料前炉底应先铺占料重1.5%左右的石灰。铺加石灰还可以提前造好熔化渣。有利于早期去磷，减少钢液的吸气和加速升温。进料罐不能碰撞炉墙并保证进料后炉子能顺利地开进去。料罐下部与石灰面相距约 200～300mm，一般炉料应进去靠2 号高温区偏向炉门一些，以便于吹氧和拉料。

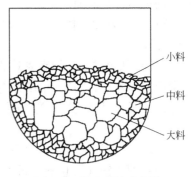

图 5-2 料斗布料示意图

此外，不允许使用有裂缝或销子已坏的料罐，以免它们掉下来；料罐中所装的炉料不能高出边缘；人不应站在装有炉料的料罐移动区域内。

5.2.2.4 料篮配料操作

在废钢料场向料篮配加废钢时，进行配料操作前从主控室计算机画面上调出由调度站传来的当班生产调度信息或直接与值班调度联系，确定本班的配料要求（即每炉铁水、生铁块及废钢的加入比例）。料篮中渣料的配加需要注意：

（1）料篮中物料的加入顺序是：石灰→白云石→焦炭→废钢（含生铁块）。

（2）石灰加入量的确定：对于普通建筑钢，全废钢两料篮操作时，按大约2.5%～3.5%的金属加入量来配加石灰；对于质量要求比较高的钢种，电弧炉冶炼石灰加入量按普通钢种的1.1～1.2 倍计算。采用加生铁块、兑铁水需要一料篮料操作时，基本石灰加入量仍然按上述比例计算，但是每增加1t 铁水或生铁块需额外增加 20～25kg 的石灰加入量。

（3）白云石的加入量按石灰加入量的20%～25%计算。

（4）考虑到直流电弧炉对炉料导电性的特殊要求，如果冶炼采用全废钢两次或三次加料操作时，渣料（石灰、焦炭及白云石）均不应在第一料篮加入，应视具体情况在第二料篮或第三料篮内一次加入炉内。交流电弧炉可以将渣料分为两批加入，第二批的渣料应该比第一批要多200～500kg。

（5）电弧炉焦炭的配加量应根据钢种而定，一般情况下，炉料中配碳量高于钢种上限碳含量0.3%～1.2%。对于不同钢种所需的熔清后的脱碳量，原则上非合金钢为大于0.1%，合金钢为大于0.3%。采用全废钢两次加料操作时，所有焦炭在第二料篮全部加入炉内。

（6）电弧炉有一定的脱磷能力，但磷过高会造成电耗增加和冶炼时间延长。因此，配料时应注意使炉料中磷含量小于0.10%。如果冶炼钢种对磷含量有特殊要求，则要按要求进行配料，配加低磷或者高磷废钢。

（7）装入量要求：装入量的控制应以出钢量及留钢量稳定、适当为前提。原则上应确保出钢量稳定在电弧炉的公称容量±2t 左右，同时应确保炉内留钢量在 10t 左右。应根据前一炉留钢量确定适当的装入量。

（8）新炉衬前 2 炉使用全废钢配料操作。

（9）在使用全废钢两次加料操作时，原则上第一料篮应加入总加入量的65%～75%，其余的在第二料篮加入。

（10）正常冶炼按电弧炉公称容量的出钢量进行配料操作，钢铁料收得率按 90% ~ 95% 计算。

（11）如果需要补炉底或其他情况需将钢水出尽时，应从出倒空炉子前两炉开始逐步减少废钢加入量。倒空炉的配料按公称出钢量进行配加，以满足正常出钢的要求，同时不配加白云石，以降低炉渣的量便于将炉渣倒干净。具体的废钢配加量视炉内的实际留钢量而定。

（12）废钢配料顺序：料篮中各类废钢的加入顺序是：轻薄废钢（钢板、轻统型废钢）→中型废钢（打包料、统料型废钢或生铁块）→重型废钢→轻薄料（或轻统型废钢）。但应注意不要将大（重）型废钢装在料篮中部靠近炉门的一侧，以免影响炉门炭氧枪的使用。对于采用炉壁炭氧枪以及超声速集束氧枪吹炼的电弧炉配料，大块和难熔废钢应该避免加在氧枪的吹炼正前方。

（13）各种类型废钢加入量的控制：轻薄废钢按料篮总加入量的 30% ~ 50% 进行配加，料篮底部和料篮顶部各加一半；中型废钢按料篮总加入量的 30% ~ 40% 进行配加，但打包料的加入量不得超过 10%；重型废钢应控制在加入量的 20% 以内。由于重型废钢对炉底冲击大，不利于提高底电极寿命，因而单重大于 500kg、小于 1000kg 的重型废钢每炉配加不得超过 1 块，且只能在第一料篮内加入。此外，如果炉子是冷炉子或新炉子时，严禁使用任何类型的重型废钢。

（14）考虑到电弧炉供氧方式，供氧能力和电弧炉的脱碳能力，因而电弧炉生铁的配加量应控制在一定的范围以内，不同钢种对生铁配加量的要求，按照分钢种工艺指导卡进行配加。

（15）考虑到不同钢种对残余元素的不同要求，配料必须满足冶炼钢种对各种元素（尤其是残余元素）的要求。如果冶炼钢种对某种不易氧化元素有特殊的要求，可在配料时加入含有该元素的合金废钢。

（16）料篮中料位不得过高，以保证加料及冶炼过程的顺利进行。

（17）入炉废钢、生铁必须符合技术要求，配料过程应认真负责，杜绝不合格炉料入炉。

（18）配料时应注意，不得将非导电的物料加在料篮中上部，以免影响炉子送电起弧。

（19）废钢配料必须根据由主控室传来的配料单进行，每一料篮的配料单必须经当班炼钢工或炼钢助手确认后方可通过配料计算机下传至废钢配料操作室，或者通知废钢配料间。

（20）料篮装料结束后，应将对应料篮的全部信息通过配料计算机或者电话传送至炉前主控室。

5.2.2.5　现代电弧炉冶炼加料操作的主要注意事项

现代电弧炉冶炼加料操作的主要注意事项有：

（1）装料前首先要核对料篮号，确认料篮号与所炼钢种及炉号一致。

（2）加料前必须将炉门完全关闭，防止加料时钢渣从炉门喷出。

（3）加料前应将炉子摇至±0°位置并锁定，除尘滑动烟道降至最低位，炉盖及电极升起并完全旋出，使炉膛完全打开。

（4）加料前提前用行车将料篮吊至电弧炉炉前上方，待炉盖旋出后迅速将料篮对准炉子，将料篮降至其底部距炉子上沿约 50mm 处，用行车副钩将料篮打开向炉内加入废钢。加料时间控制在 2min 以内。

（5）当入炉炉料高于炉壳上沿而影响炉盖旋转和炉盖下降时，应用料篮进行压料处理，然后将炉盖旋回。压料时必须有人指挥，防止碰坏设备，严禁用炉盖挤压炉料。

（6）装料以后，炉沿上散落的废钢要清除干净，避免炉盖下落不平损坏提升机构、折断电极和损坏炉盖及水冷盘进出水管，并防止废钢与炉盖之间起弧，造成炉盖损坏。

（7）当料篮退出到炉子外面且炉沿上清理干净后，应立即将炉盖旋回并盖上，以减少热量损失。

（8）电弧炉加料时，除了行车工（行车遥控操作时）和电弧炉行车指挥人员以外，严禁任何人员在炉的区域逗留，同时打开警铃和警灯以示警告。

（9）电弧炉加料时，必须将电弧炉主控室窗户前的卷帘门放下，以免发生意外事故。加料完全结束后方可将卷帘门升起来。

（10）电弧炉加料时，若行车处于遥控操作，严禁行车工站在正对炉门的平台位置上，以免发生意外。行车工应站在炉前出渣操作台一侧。

5.2.2.6 原料原因引起电弧炉炉门下钢水的应对措施

电弧炉炉门下钢水的事故是普遍现象，这不仅影响了冶炼的进程，也增加了铁耗，更为严重的是给铲渣作业的安全生产增加了隐患。

主要原因如下：

（1）脱碳反应进行的时候，钢液运动是自下而上的湍流运动，即像涌泉状的运动，在脱碳反应正常进行的时候，如果炉渣的碱度合适（在 2.0 以上），即使脱碳速度很快，也很少出现炉门翻钢水的事故；实践证明，个别炉次超装条件下，炉门翻钢水的现象存在，但是不严重。炉渣碱度不足，炉门翻钢水的情况就会恶化。

（2）炉渣碱度不足，炉渣覆盖钢液的能力下降，脱碳反应就会容易受到抑制。在脱碳反应没有进行，但是熔池已经熔清，吹氧压力过大，熔池内部的钢液运动呈现为"无序运动"状态，容易出现炉门翻钢水现象。

（3）炉渣没有熔化条件下的大功率送电、吹氧，也是炉门翻钢水的原因之一。

（4）在炉门自耗式氧枪吹炼条件下，炉渣在脱碳反应剧烈期间，炉渣的返干，造成无炉渣覆盖钢液，也是炉门翻钢水的原因之一。超声速集束氧枪脱碳反应的剧烈期，不合理的喷吹炭粉也会造成这种现象发生。

（5）在电弧炉原料中间配加的废钢铁原料，硅、锰、磷等抑制脱碳反应的元素含量较高，供电曲线控制得不好，和供氧曲线的脱节较大，熔池熔清了，吹氧量却没有达到应有的量，熔池内部钢液的硅锰磷还没有氧化掉，就急于脱碳，增加供氧强度，熔池内部的钢液出现"无序运动"状态，极易发生炉门翻钢水现象。

这些在冶炼的实践中间已经被证明，是电弧炉炉门翻钢水的主要原因。电弧炉的优点之一就是对于原料的适应性较强，能够将"垃圾"冶炼成为钢，所以合理地调整各类入炉的原料，是炼钢的关键技术之一。

克服原料原因带来的炉门翻钢水的方法主要有:

（1）合理搭配入炉原料的硅、锰、磷、硫、碳的含量,特别是硅和磷、锰的含量平衡搭配,入炉渣料的碱度要求保证在2.0以上。

（2）含土量较大的废钢入炉以后,一定要求保证炉渣的二元碱度在2.2以上。

（3）供电曲线和供氧曲线要求搭配好。供氧系统出现问题以后,就不要只送电不吹氧,这样只会是适得其反。氧枪出现故障以后,供氧强度达不到工艺要求,就停止送电冶炼,这是最经济的,也是最明智的方法。

（4）脱碳反应剧烈期间,合理地控制喷吹炭粉的数量很关键,可以有效防止炉渣返干造成炉门翻钢水的事故。

（5）合理地根据炉役情况、炉膛尺寸确定装入量,减少超装引起的脱碳反应期间炉门翻钢水的事故。

（6）吹氧的操作要求和熔池的炉渣熔化情况紧密结合,炉渣没有熔化完全,供氧应该以小流量化渣为主,炉渣不好,吹氧效果就不好。这时送电功率也要调整,或者暂时停止送电。

（7）保证渣料加入量的基础上留渣冶炼,会有效缓解炉门翻钢水的现象。

5.2.3　烘炉的操作

新炉体通常要烘炉,使炉体烧结和去除水分。碱性电弧炉衬由镁砂、白云石、沥青、焦油等材料组成,在高温下沥青、焦油中的挥发物去除后,剩下固体碳成为炉衬耐火材料的骨架,它有很高的抗高温性能,与镁砂、白云石结成一体使炉衬具有足够的强度和耐火度;同时由于水分的去除,使冶炼时的质量得到保证。

烘炉前先在炉底铺一层碎电极块或焦炭,数量由炉容量的大小来决定,公称容量10～20t的电炉一般放200～400kg。烘炉用的废电极在焦炭上面成"丁字形"或"三角形"准确平稳地放在三相电极机下面,如图5-3所示。废电极的长度要恰当,两端不能直接搁在炉坡上,以免烘炉期间烧坏炉坡。废电极的直径不能过细,以免烘炉中途被熔断。如没有足够的废电极块,也可用大块焦炭代替。

为了使出钢槽也能良好烘烤,在烘烤期间不要堵塞出钢口,并在槽内用木柴等物烘

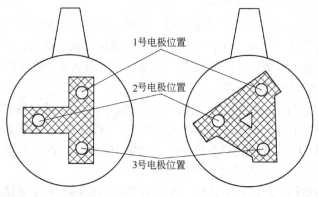

图5-3　烘炉电极的安放形式

烤。烘烤的供电制度随炉衬材料不同而不一样，沥青炉烘炉时必须用高压电、大电流快速升温，迅速渡过200℃以下沥青、焦油软化温度区。如缓慢升温，会使沥青—焦油—镁砂炉衬长时间处于软化状态，易发生塌炉墙事故。

卤水炉（无碳炉衬）烘炉必须用低电压、小电流缓慢升温。如快速升温，会使卤水剧烈汽化而引起炉底开裂和炉墙崩裂。

在烘炉过程中需安排间隔时间停电，检查烘炉电极位置、炉衬烧结情况、设备情况、水冷系统情况，同时也有利于炉底和炉墙温度的均透和出气。

烘炉电力曲线举例如图5-4和图5-5所示。

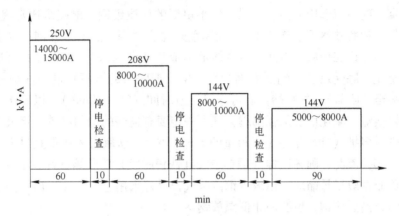

图5-4　沥青炉烘炉曲线

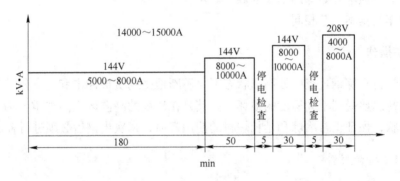

图5-5　卤水炉烘炉曲线

目前，许多电弧炉钢厂还采用了不烘炉而进行直接炼钢的方法。根据电弧炉所冶炼品种的要求及采用水冷炉壁情况，对新修砌的电弧炉可采用传统的烘炉炼钢方法和不烘炉直接炼钢方法。但采用不烘炉直接炼钢方法，仍要根据新炉的特点采取相应的措施来完成烘炉的任务。由于直流电弧炉有炉底电极，且大多采用水冷炉壁，一般不专门进行烘炉，而采用不烘炉直接炼钢烘烤技术。其要求与交流电弧炉类似，而其启弧操作与常规直流电弧炉相同。不烘炉直接炼钢法就是在使用新沥青镁砂炉衬前不经预先烘烤新炉而直接装料炼钢，利用冶炼时的高温达到烧结炉衬的目的的方法。由于不进行预先的烘炉，可节电，节约焦炭，节省时间，提高钢产量，现已被广泛采用。

不烘炉而进行直接炼钢，因砌炉时带入水分，它在高温下分解成氢和氧并溶解在钢水中，易造成钢锭冒涨或皮下气泡。而且炉衬材料在高温烧结时会发生体积膨胀。因此，为了同时达到烘炉的目的又要使钢水符合质量要求，不烘炉直接炼钢法对砌炉、配料、装料、供电熔化、氧化期和还原期操作的要求与常规的冶炼操作相比均有所不同。以"慢、匀、快"为原则，即熔化期要慢，以利于炉底烧结，氧化期适当增加脱碳量，分批加矿与吹氧结合进行氧化，以使钢水中溶解的大量的气体充分逸出；还原期不宜过长，以减少钢水进一步从大气吸气。

第一炉宜冶炼 35～60 号钢，最好为 35 号钢。砌炉时，要采用干镁砂和固体沥青粉作填料进行干砌。配料应选用清洁、干燥、中小块度的优质废钢，配碳量比常规高 0.2% 以上，以保证氧化期脱碳量不小于 0.4%。装料前炉底宜适当多加石灰并铺平（直流电弧炉有炉底电极，不允许在炉底加石灰，可在熔池形成后逐渐加入）。电极穿井到底后，适当减小电流以避免炉底受热过于剧烈而翻炉底。熔化期吹氧助熔不宜过早（炉料熔化 80%～90% 后，甚至不吹氧）。炉料熔清后可停留一段时间（20～30min），以利于炉衬气体逸出，并且最好换渣。氧化期要加强沸腾去气，一定要有良好的均匀沸腾，但又要避免大沸腾。加矿宜少量多批（加矿量不少于料重的 3%～5%），吹氧时氧压不宜过大，插入深度不宜过深。全部拉渣前，圆杯试样（插铝或加硅铁粉脱氧）应收缩良好、不冒涨，否则应重新去气。还原期应尽量缩短，以减少钢液吸气，最好采用返回渣法。出钢温度应控制在中下限，要防止高温放钢，也要防止低温放钢。

第一炉不堵出钢口，且在氧化后期应经常通一通，以让火焰窜出而烧结这部分的炉衬。出钢槽应在通电开始即用木柴或煤气烘烤。

其余操作与基本工艺相同。

5.2.4　补炉操作

电弧炉炉衬在炼钢过程中处高温状态下，不断地受到机械冲击和化学侵蚀作用，每炉钢冶炼后炉衬总要受到不同程度的损坏，尤其是在渣线的高温区更为严重。为了使炉衬保持一定的形状，保证正常冶炼和延长炉衬的使用寿命，每次出钢后必须进行补炉。

5.2.4.1　补炉材料

补炉材料采用和炉衬本身相同的材料，碱性电弧炉的补炉材料一般用镁砂、白云石并掺加部分沥青。有的厂全部使用白云石效果也不错。补炉材料的颗粒大小和用量多少，各厂根据材料来源各有规定。表 5-1 是某厂补炉材料的配比情况。

表 5-1　某厂补炉材料的配比情况

钢　种	配　比	用　量
一般钢种	3～8mm 镁砂 70%，3～8mm 白云石 30%，掺加 8%～10% 沥青	每吨钢不超过 20～40kg
高级合金钢	1～3mm 镁砂 100%，掺加 8%～10% 沥青	每吨钢不超过 15kg
不锈钢、工具钢、纯铁	1～3mm 镁砂 100%	每吨钢不超过 15kg
备　注	损坏特别严重时可用卤水拌 1～3mm 镁砂	

5.2.4.2　补炉原则

补炉应遵循以下原则：

（1）快补：出钢完毕应立即进行补炉，并在事先做好准备工作。补炉时，要相互密切配合，以缩短补炉时间，使渣线呈黏性软化状态，有利于补炉材料的黏结。

（2）热补：利用出钢后炉体余热，迅速使补炉材料烧结好。但须指出，有了快补才会有热补。

（3）薄补：薄补利于烧结，所以每次投入的补炉材料不能太多，一般厚度在 20 ~ 30mm 较好。一次投补太多，易使补炉材料滑到炉底和炉坡上去。

三个原则，一个目的，都是为了使补炉材料烧结好。如果炉子损坏严重，需分批补炉，每补一批后要放下电极进行焖炉烧结。

5.2.4.3　补炉方法

在正常情况下，出钢后应迅速升高电极摇平炉子，撬掉假门槛，对炉衬损坏部位进行补炉。一般先用铁锹补出钢口两侧渣线、2 号电极附近渣线以及其他渣线部位，同时用大铲补好炉门口两侧及渣线部位。也有的厂根据炉门口易冷却而先用大铲补炉门口两侧及高温区渣线，随后把炉子向出钢口方向倾斜10° ~ 20°，用铁锹铲补出钢口两侧渣线和高温区渣线。

实践观察，炉体最易损坏的部位是 2 号电极附近的渣线、出钢口两侧、炉门口两侧，补炉时应重点修补。如图 5-6 所示为补炉操作。

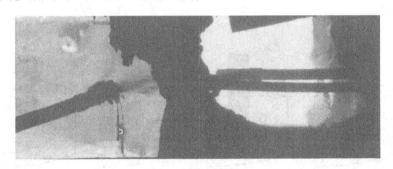

图 5-6　补炉操作

5.2.4.4　特殊情况处理

特殊情况处理包括：

（1）炉底有坑。炉底有坑时钢液难于倒净，如不处理及修补，会造成穿炉事故。其中如含有下炉钢种不需要的元素时，可能使下炉成分脱格，所以必须认真对待。修补前必须倒净炉底残钢残渣，否则炉底坑补不牢。如果钢渣未倒净，应迅速补好出钢口下方炉坡，倾动炉子到出钢位置，使坑中残钢倒出并冻结在炉坡上，然后摇平炉体。如坑内还有少量钢水倒不出，可在钢水上加些冷料（如白云石），使钢水冻结在冷料上，再用铁把将坑内冷料和残钢一同扒净。如果炉底坑小，用沥青镁砂或卤水镁砂把坑补平。如果炉底坑大，要先补几块沥青镁砂砖，再用卤水镁砂补平，如有条件能在卤水镁砂中拌和一些二氧化钛（TiO₂）效果更好。补好炉底后，关闭炉门放下电极适当焖一些时间，使修补处烧结牢并去除气体。装料时应注意不要冲击损坏修补之处，所以装料前在修补处要用废旧钢板盖住，炉底适当多铺些石灰，装料时料罐应尽量靠近炉底。下炉冶炼时，须防止剧烈沸腾。

（2）炉墙有洞或塌落。在炉体使用后期，炉墙往往塌落或出现孔洞，如不及时修补，会使炉壳烧坏或受高温而变形。炉墙修补一般是在装料后进行，用吊一块小钢板插入炉料和要补的炉墙之间，在炉墙和钢板之间，先灌入石灰到塌洞的下沿，然后再灌入沥青镁砂填补孔洞。也有将补炉材料用卤水、白泥或水玻璃等作黏结剂（掺加少量二氧化钛粉），在出钢后向炉体损坏部分投补，然后降下电极焖一段时间，使其烧结牢，并把卤水、水玻璃中的水分蒸发掉，这称为湿补。炉墙经过湿补后的下一炉操作，应特别加强氧化期的沸腾去气操作。

5.3 熔化期的操作及特征判断

熔化期的任务是在保证炉体寿命前提下用最少的电耗快速地将炉料熔化及升温，并造好熔化期的炉渣，以便稳定电弧，防止吸气和提前去磷。

5.3.1 炉料的熔化过程

装料后应仔细检查各项设备，设备正常即可通电熔化。通电后电极同固体炉料启弧，使炉料熔化，而电极渐渐下降，直到电极同炉底液体钢渣直接启弧为止。然后电极开始随液面的升高而缓慢上升，直到炉料全部熔清。炉料的熔化过程大体上可以分作 4 个阶段，如图 5-7 所示。

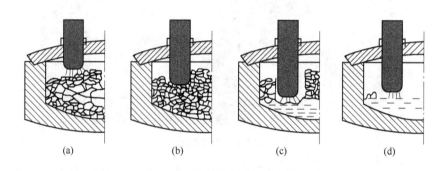

图 5-7 炉料熔化过程示意图

（a）启弧阶段；（b）穿井阶段；（c）电极上升阶段；（d）熔化末了阶段

5.3.1.1 启弧阶段

通电启弧时炉膛内充满炉料，电弧与炉顶距离很近。如果输出功率过大，电压过高（电弧较长），炉顶容易被破坏，所以一般选用中级电压，输出变压器额定功率的 2/3 左右。启弧阶段时间较短，约 5～10min，如果在炉料上部装有相当数量的轻废钢，也可以一开始就使用最大功率送电，以加速炉料熔化。

刚通电时，电极下面金属料突然受到高温时，发生爆裂，金属炉料在电弧的作用下发生振动。再加上开始通电时电弧不稳定而经常断弧，这样会产生巨大的声响，造成很大的噪声。当通电 10~15min 之后，电弧就稳定了，同时因电弧已埋入料中，噪声就会逐渐减轻。

操作中有时会发生不导电，引不起电弧来，这是由于电极端部沾有冷渣，或者电极接触的炉料是含泥沙较多、导电不良的废铸件和汤道。解决的方法是升起电极，开出炉体，打掉电极上的冷渣，移开不导电的型砂和砖块，也可以在电极下加入少量碎电极块或焦炭块，以便启弧。

5.3.1.2 穿井阶段

启弧以后，电极下电弧四周的炉料迅速熔化，在自动功率调节器的作用下，电极始终要与炉料保持一定距离，所以电极随着炉料的熔化而不断下降，在炉料中打出三个洞称为"穿井"。这阶段电弧完全被包围起来，热量几乎全部被炉料所吸收，不会烧坏炉衬，所以使用最大功率（也可以超载运行）。一般"穿井"时间为 20min 左右，约占总熔化时间的 1/4。

"穿井阶段"经常发生炉料倒塌，电流、电压都极不稳定。操纵台上电流表指针激烈摆动。此时，由于电弧下钢液的蒸发（铁的沸点 2857℃），并与氧氧化生成 Fe_2O_3 的微粒，成为红褐色的烟尘从电极孔冒出。

5.3.1.3 电极上升阶段

电极"穿井"到底后，炉底已形成炉池，炉底石灰及部分元素氧化，使得在钢液面上形成一层炉渣。此时，电弧在熔池面上平稳地燃烧，电弧声以嘈杂的"嘎嘎"声变成沉闷的"嗡嗡"声，炉子上面的金属蒸气显著的减少，颜色由深红褐色变成为淡褐色。四周的炉料继续受辐射热而熔化，钢液增加使液面升高，电极逐渐上升，这阶段仍采用最大功率输送电能，所占时间为总熔化时间的 1/2 左右。

5.3.1.4 熔化末了阶段

炉料被熔化 3/4 以上后，电弧已不能被炉料遮蔽，3 个电极下的高温区已连成一片，只有在远离电弧的低温区炉料尚未熔化。此时，如长时间地采用最大功率供电，电弧会强烈损坏炉盖和炉墙。所以有氧气时进行吹氧助熔，无氧气时用钩子将炉料拉入熔池，以加速熔化。

5.3.2 炉料熔化时物化反应

5.3.2.1 元素的挥发与氧化

炉料熔化时会产生金属元素的挥发和氧化，对不氧化或基本不氧化元素主要是挥发损失，对易氧化元素主要是氧化损失。

元素的挥发是由于温度超过其沸点而造成的，电弧炉冶炼时，电弧柱温度高达 4000~6000℃，远远超过金属元素的沸点，就是最难熔元素钨的沸点也低于 6000℃，见表 5-2。因此，在电极下端任何金属元素都会进行挥发，并且随所氧化而逸出。

表 5-2　元素的沸点　　　　　　　　　　　(0.1MPa)

元素名称	Al	Mn	Cr	Si	Ni	Fe	Mo	W
沸点/℃	2447	2051	2665	2787	2839	2857	4847	5527

　　元素除了这种直接挥发外，还可能先形成氧化物，然后氧化物在高温下挥发出去。如钼、钨等元素主要是通过这种间接挥发而损失。

　　因为铁在炉料中所占比重最大，沸点又较低，所以挥发量最多。从炉门口或电极孔出来的红褐色烟雾就是这些挥发的氧化物，其中主要是小颗粒的 Fe_2O_3。熔化时金属挥发总损失约 2% ~ 3%。

　　为了减少金属元素的挥发损失，必须提前造好熔化渣，减少钢液直接与电弧直接接触的机会。其次是装炉料装入的合金应该避免放在电极下面。

　　熔化期元素的氧化是不可避免的，因为炉内存在着氧（炉料表面的铁锈、炉气及吹氧助熔而引入的氧气都是炉内氧的来源）。元素的氧化损失量与元素和氧的亲和力有关，通常铝、钛、硅等易氧化元素几乎全部被氧化。

　　铁的氧化损失通常为 2% ~ 6%，废钢表面质量越差，熔化时间越长，吹氧时间越长，氧压越大，铁的氧化损失也就越大。碳的氧化损失与炉料的配碳量小于 0.30% 时碳的氧化损失不大，为电极的增碳量所补偿。配碳量大于 0.30% 时，碳的氧化损失多一些。碳的氧化损失随着炉料中硅的增加而减少。这是因为在 1530℃ 以下时，硅同氧的亲和力大于碳和氧的亲和力，所以首先氧化硅元素。熔化期采用吹氧助熔时，碳的氧化损失将增加，而且吹氧助熔的氧压越大，吹氧时间越长，碳的损失越多。一般熔化期碳的氧化损失约为 10% ~ 30%。但当熔化期发生塌料时，钢液中的碳会被激烈氧化。只是因为塌料中碳氧失去平衡，促使碳氧反应急剧发生，而且废钢铁表面的锈斑为产生 CO 气泡提供良好的条件。加上塌料产生碳氧沸腾增大了钢渣的接触面使渣中大量的氧化铁得以和碳起作用，又促进了碳氧反应，造成塌料大沸腾。塌料大沸腾时，碳的氧化损失极大，使氧化期操作被动。

　　锰的氧化损失一般为 50% ~ 60%，而硫变化不明显。炉料中磷的氧化与熔化期造渣有关，一般其氧化损失大于 20%。

5.3.2.2　钢液的吸气

　　熔化期钢液要吸收气体，因为气体在钢中的溶解度随着稳定的升高而增加。在高温电弧作用下，炉气中的水汽和氮气被分解成为氢原子和氮原子，直接或通过渣层溶解于钢液中。为了减少钢液的吸气量，应该尽早造好熔化渣。另外，熔化期的合理吹氧助熔也有利于降低钢中气体。有资料认为中碳钢熔清后的氮含量没有吹氧助熔时约为 0.0113%，而吹氧助熔后则减少到 0.00788%。

5.3.3　缩短熔化期的途径

　　熔化期的主要问题是时间长、耗电多。为了加速炉料熔化，须尽量减少热损失，使炉料最大限度地吸收热量。除了合理供电外，生产中还常采用以下一些办法。

5.3.3.1　快速补炉和合理装料的操作

　　出钢后高温炉体散热很快，特别是顶装料要打开炉盖，炉衬壁的温度会迅速下降，只盖 3～5min 就可由 1500℃左右（亮红色）急剧降至 800℃以下（暗红色）。这部分散失掉的热量，要在熔化期用电弧热来补偿，从而使电耗增加，延长熔化时间。为了减少这种热损失，出钢后炉前操作要分秒必争，补炉时应尽量减少炉盖开启和升高电极的时间，保持炉内高温和利用电极余热迅速补炉；顶装料时应先吊起料罐，做好所有准备工作才打开炉盖，快速将炉料加入炉内，尽可能减少热停工。这些对保持炉内高温利用余热、低电耗是很有实际意义的。

废钢铁料在炉内的合理布置，对实现有效利用电弧热能有重要的关系。电弧炉内加热的特点是中心区温度高，近炉衬区是低温区，尤其正对两个电极之间的炉衬处的炉料更难熔化。因此在靠炉壁的四周及最上部，以确保熔化过程中电弧能够最大限度地、最大时间地埋进料堆里，最有效地利用电弧放出的热能，并在大功率供电时使炉盖、炉壁不受电弧的强烈辐射。因此，合理布料、装料是保证炉料快速熔化的重要条件。

5.3.3.2　吹氧助熔的工艺操作

吹氧助熔的作用在于，一是吹入氧与钢中元素氧化时放出大量热量，加热并熔化炉料；二是切割大块炉料，使其掉入熔池增加炉料的受热面积，当炉料出现"搭桥"时，利用氧气切割，处理极为方便；三是为炉内增加了一个活动的点热源，在一定程度上弥补了 3 个固定电弧炉热源加热不均匀的缺点。实践证明，吹氧助熔可以缩短熔化时间 20～30min，每吨钢的电耗降低 80～100kW·h，所以我国各电炉钢厂都普遍采用吹氧助熔工艺。吹氧助熔工艺模拟操作如图 5-8 所示。

图 5-8　吹氧助熔工艺模拟操作示意图

吹氧助熔应注意两个问题：一是吹氧助熔的时间，只有当炉料达到一定温度和具备了产生剧烈氧化反应的条件时，才能开始吹氧助熔。通常是炉内已经形成熔池和固体炉料发红时进行。二是氧气压力，实际经验得知合适的助熔氧压为 0.4～0.6MPa。如果过早吹氧或氧压过大，并不能进一步缩短熔化时间，相反会增加氧气消耗以及炉料和合金元素的熔损。吹氧过迟或氧压过小，就等于没有充分利用氧气的助熔作用。

5.3.3.3　燃料-氧气助熔

除了电能外，向炉内引入第二热源，来加速炉料熔化，缩短熔化期，越来越受到人们的重视，并取得了一定的效果。常用的燃料有煤气和油，即煤氧助熔和油氧助熔。虽然增加了燃料、氧气和冷却水的费用，但电耗的降低和产量的增加，使每吨钢的成本还是下降，对提高技术经济指标取得良好的效果。

5.3.3.4　炉料预热

炉料预热主要是提高入炉炉料的温度，从而使所需要的能量减少。其效果如表 5-3 所示。

表5-3　炉料预热的效果

装入炉料温度/℃	20	500	600	800	900
熔化每吨钢所需的能量/kJ·t⁻¹	1555	1166	995	911	832
节约能量/%		25	36	41.4	46.5

由表5-3所列数据可看出，炉料预热温度在500℃时，可节省能量1/4，而温度在600~700℃时可节省能量1/3。这意味着，变压器输入功率不变，熔化期将按相应比例缩短。

通电前的废钢预热，通常是在炉外进行的，普通的办法是在料罐中预热，燃料可以采用重油、天然气、煤气或煤氧混合气体。如果能把炼钢炉高温废气的余热作为炉料预热的热源就更为经济。为使炉料预热取得较好的效果，可以在料罐上加一个特殊的罩子，装上烧嘴及排气孔。这样可缩短炉料预热的时间。

此外，预热的炉料通电时可以增加电弧的稳定性和提前吹氧助熔。这些也都能促使熔化期的缩短。

某些厂采用从炉门吹入天然气或煤气加热炉料。国外也有在电弧炉炉墙上的3个点处安装烧嘴，其配置如图5-9所示。在通电融化的同时，采用燃料加热炉料，使50t电炉的熔化时间缩短到45min。这样虽然增加了燃料、氧气和冷却水的费用，但由于产量增加和电耗降低，每吨钢的成本还是下降，对提高技术经济指标取得了良好的效果。

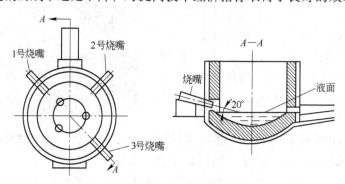

图5-9　辅助喷嘴的配置示意图

无论用哪种方式，炉料预热的设备投资费用都不大，而经济技术指标却有显著改善。

5.3.3.5　热装双联

热装铁水或钢水，可以部分热装，也可以全部热装。铁水或钢水由化铁炉、转炉等熔炼设备供给。某厂用25%的铁水热装时，电弧炉的生产率提高15%，电耗降低20%，电极消耗降低15%。但是，采用热装法必须要具有相应的设备条件。

5.3.3.6　注余钢水和炉渣倒回炉的工艺

每炉钢浇铸完毕后都有注余钢水和炉渣，在有条件的车间里，将多余的钢渣倒入已装好炉料的炉内，继续通电冶炼。这样充分利用了注余钢水和炉渣的热量，并可提前进行吹氧助熔，从而缩短熔化期和降低电耗。

钢渣倒回炉注意事项：

（1）倒回炉的余钢中不能含有下炉钢所不允许的元素成分。

（2）不能将炉渣倒在3根电极下端位置，以防发生不导电。

（3）倒回炉时要注意安全，防止钢渣飞溅。

（4）钢渣倒回炉后，会使下一炉钢水量增加，从而影响钢的成分控制。因此，必须准确估计钢水量，特别是在连续2~3炉倒回炉后，应适当减少进料量。

5.3.4 熔化期造渣及去磷操作

熔化期的主要任务是熔化炉料，但是在熔化期及早造好炉渣，也是熔化期的重要操作内容。

5.3.4.1 熔化期提前造渣的作用

熔化期提前造渣的作用有：

（1）能稳定电弧。

（2）能覆盖钢液，防止热量损失，保持温度。

（3）防止钢液吸收气体，聚集吸收废钢铁料表面带入的杂质。

（4）减少元素的挥发，有利于脱除钢中的磷、硅、锰等元素，为氧化期创造条件。

5.3.4.2 熔化期炉渣控制及去磷操作

仅从满足覆盖钢液及稳定电弧的要求，只需1%~1.5%的渣量就已足够。渣量过多，会使熔化期有用能量消耗增加。但从脱磷的要求考虑，熔化渣必须具有一定的氧化性、碱度和渣量。

长期以来，电炉熔化期的主要任务仅在于使固体炉料熔化，尽管也强调装料前要加垫底石灰提前造渣，但并未把熔化期的去磷作为必要的任务，而仅看作是一种额外的收获。目前很多工厂已普遍把氧化期的脱磷任务提前到熔化期来完成，使炉料熔清时钢中磷含量进入规格（不大于0.035%），这样氧化期就可以吹氧升温脱碳，而无需再去脱磷。

熔化期脱磷并不困难，从脱磷反应的热力学条件可知，在较低的温度条件下，造具有一定碱度的、流动性良好的氧化性炉渣，可以有效地脱磷。熔化期钢水温度较低（1500~1540℃）所以能否提前脱磷的关键在于造好熔化渣。熔化后期从炉顶加料孔加渣料并进行吹氧化渣，如图5-10所示，待渣料熔清后进行测温，如图5-11（a）所示。

熔化期脱磷造渣与一般提前造渣的区别在于，在熔化中、后期要不断补充渣料，使总渣量达到4%~5%。由于吹氧助熔时氧和碳并未激烈氧化，此时渣中FeO含量可高达20%以上，所以只要造碱度为1.8~2.0的炉渣，并加入适量的氧化铁皮或

图5-10 熔化后期加渣料

碎矿石，就可以使原料中的磷去除 50% ~ 70%。在炉料熔清后扒去大部分炉渣（或熔化后期自动流出），如图 5-11（b）所示，造新渣进入氧化期。这种操作可以大大缩短氧化期的冶炼时间，目前国外冶炼碳钢及低合金钢时，已毫无例外地采用这种方法。

(a)　　　　　　　　　　　　　(b)

图 5-11　熔清后测温及流渣操作
（a）熔清后测温；（b）流渣操作

熔化期炉渣成分依钢种及操作条件有些差别，大致如下（质量分数/%）：

(CaO)	(SiO₂)	(MnO)	(FeO)	(MgO)	(P₂O₅)
30 ~ 45	15 ~ 25	6 ~ 10	15 ~ 25	6 ~ 10	0.4 ~ 1.0

炉料含磷量高或冶炼高碳钢时，熔化后期可采取扒渣或自动流渣 70% ~ 80%，另造新渣，利用换渣机会去磷，以减轻氧化期脱磷任务。熔化期渣量由以下几部分组成：装料前加入的垫底石灰，补加的石灰、氧化铁皮或碎矿石，以及钢液中元素被氧化生成的氧化物（如 FeO、MnO、SiO_2 等）。

5.4　氧化期的操作及特征判断

电弧炉炼钢工艺除不氧化法冶炼外，熔化期结束后就应转入氧化期的操作。通常，氧化期是指炉料熔清取样分析后到扒完氧化渣这一工艺阶段，也有认为氧化期是从吹氧或加矿脱碳开始的，氧化期的操作过程，如图 5-12 所示。

为什么需要氧化期，这是由炼钢所使用的原材料决定的。炉料中磷、硫含量一般都高于电炉钢的规格要求，熔化期虽也去除部分的磷，甚至达到规格范围之内，但氧化期仍须继续去磷，力图使钢中磷含量降到 0.015% 以下；炉料熔清后钢液中的气体及杂质含量较高，一般氢约为 0.00045% ~ 0.0007%，氮约为 0.006% ~ 0.012%，夹杂物总量高达0.03% 左右，对钢质量极为不利；同时熔清时熔池的平均温度比出钢时需要的温度低得多，而且熔池内部温度极不均匀，热对流差，热阻大，升温困难。

综上所述，电弧炉炼钢氧化期的主要任务如下：

（1）继续氧化钢液中的磷。一般钢种要求氧化期结束时钢中磷含量不高于 0.015% ~0.010%，炼高锰钢时由于锰铁中磷高应控制得更低些。

（2）去除气体及夹杂物。氧化期结束时钢中氮含量降到 0.004% ~ 0.01%，钢中氢含量降到 0.00035% 左右，夹杂总量不高于 0.01%。

（3）使钢液均匀加热升温。氧化末期达到高于出钢温度 10 ~ 20℃。

图 5-12 氧化期的操作过程

（a）吹氧脱碳；（b）换渣操作；（c）测温；（d）中途取样；（e）测温取样；（f）出渣

5.4.1 控制脱磷操作

5.4.1.1 氧化方法

为了完成上述任务，配料时就必须把碳量配得高出所炼钢种碳规格上限的一定量，使熔清时钢中碳含量超出规格下限 0.3%，以供氧化期氧化碳的操作所用。同时还必须向熔池输送氧，制造高氧化性的炉渣，以氧化碳、磷等元素。电弧炉广泛使用的氧化剂是铁矿石和氧气。根据输入熔池氧的来源，电炉分三种氧化方法：矿石氧化、吹氧氧化和综合氧化。

A　矿石氧化法

矿石氧化法是一种间接氧化法。它是利用铁矿石中含有 80% ~ 90% 的高价氧化铁（Fe_2O_3 或 Fe_3O_4），加入到熔池中后，转变成低价氧化铁，其反应如下：

$$(Fe_2O_3) + [Fe] = 3(FeO)$$
$$(Fe_3O_4) + [Fe] = 4(FeO)$$
$$或　(Fe_3O_4) = (Fe_2O_3) + (FeO) \tag{5-1}$$

低价氧化铁（FeO）一部分留在渣中，大部分用于钢液中碳和磷的氧化。

B　吹氧氧化法

吹氧氧化法是一种直接氧化法，即直接向钢液熔池吹入氧气，氧化钢中碳、磷等元素。

C　综合氧化法

综合氧化法就是既向钢液熔池中加入铁矿石，又向熔池吹入氧气。这是目前生产中常用的一种方法。

5.4.1.2　氧化去磷的原理及操作

在炼钢基础理论中已对脱磷反应作了较详细的描述，现在概述如下。

磷对氧的亲和力比铁大，通过炉渣传入的氧化亚铁（FeO）与磷发生氧化反应并放出大量的热，其反应式为：

$$2[P] + 5(FeO) = (P_2O_5) + 5[Fe] \quad \Delta H = -260.0kJ \tag{5-2}$$

生成物 P_2O_5 密度小，又几乎不溶于钢液，但溶于炉渣，一旦生成即转入渣相。因为渣中含有较高的 FeO，所以 P_2O_5 就和 FeO 结合成磷酸铁盐存在于渣中，即：

$$(P_2O_5) + 3(FeO) = (3FeO \cdot P_2O_5) \quad \Delta H = -127.9kJ \tag{5-3}$$

但是 P_2O_5 和 $3FeO \cdot P_2O_5$ 都是不稳定的氧化物，在炼钢时，温度稍微升高就会分解，使磷回到钢液中去。因此，在炼钢温度下，以 FeO 为主的炉渣脱磷能力很低。

为了使脱磷彻底，使已被氧化的磷不大量返回钢液，就需要向炉渣中加入强碱性氧化物 CaO（石灰），使五氧化二磷和氧化钙生成稳定的磷酸钙，从而提高炉渣氧化脱磷能力。其反应式为：

$$(P_2O_5) + 4(CaO) = (4CaO \cdot P_2O_5) + 5[FeO] \quad \Delta H = -689.7 \ kJ \tag{5-4}$$

所以脱磷的整个反应如下：

$$2[P] + 5(FeO) + 4(CaO) = (4CaO \cdot P_2O_5) + 5[FeO] \quad \Delta H = -949.7 \ kJ \tag{5-5}$$

上述脱磷反应方程式的反应越是向右进行，意味着脱磷越彻底。使反应向右进行的条件是：

（1）增加反应物的浓度。也就是加入石灰和矿石，来增加炉渣中 FeO 及 CaO 的浓度。

（2）减少生成物的浓度。也就是增大渣量，并尽快地把磷酸钙排出炉外，进行流渣或扒渣操作。

（3）控制较低的反应温度。脱磷反应是一个放热反应，根据热力学观点，低温有利于放热反应进行，在熔炼初期，温度不太高，有利于磷的氧化。

（4）设法增加钢与渣的接触面。所以应加强搅拌，氧化沸腾能使熔池充分搅拌。

根据上述分析，在电弧炉中如何来控制各种工艺因素而使钢中磷最大限度地去除呢?

当前电弧炉中脱磷的普遍趋向是把氧化期的脱磷任务提前到熔化期内进行，使进入氧化期时的磷含量已降到规格范围之内，在氧化初期再进一步将磷氧化到规格一半以下。这是因为熔化后期及氧化初期熔池温度较低，从脱磷反应的平衡常数与温度的关系（见图5-13）可以看出，此时脱磷反应的热力学条件非常有利。但必须指出，温度过低将使炉渣的流动性变差，去磷反应也不易进行。熔化后期的吹氧助熔能适当提高熔池的温度，改善钢液和炉渣的流动性，并利用吹氧在钢渣界面产生良好的沸腾，增大钢渣的接触界面，使脱磷反应顺利地进行。

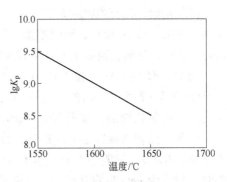

图 5-13 平衡常数与温度的关系

钢中磷的氧化反应是在炉渣参与下进行的，因此不论是熔化后期还是氧化前期，脱磷的关键都在于造好氧化性强、碱度适当、流动性良好的炉渣。

A 炉渣的氧化性

炉渣的氧化性是脱磷的首要条件，炉渣的脱磷能力随着渣中 FeO 浓度增加而提高，如图5-14（a）所示，但并不是（FeO）浓度越高越好，（FeO）浓度过高的炉渣必然会降低渣中与 P_2O_5 作用的（CaO）浓度，实际数据为：在（CaO）/（SiO$_2$）比值一定时，$w(FeO) = 12\% \sim 20\%$ 对脱磷最有利，如图5-14（b）所示。

因此，在操作中要向熔池加入适量的氧化铁皮及碎矿石，以及向渣面吹氧气，使炉渣保持足够的 FeO 含量。这点对于高碳钢在吹氧冶炼条件下的脱磷尤有意义。

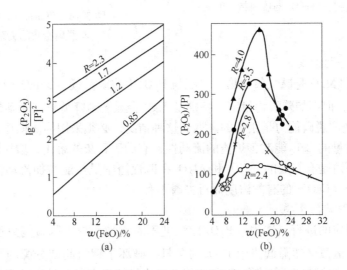

(a)   (b)

图 5-14 渣中氧化亚铁含量和磷分配系数的关系

B 炉渣碱度

炉渣中 CaO 是氧化磷的充分条件（稳定 P_2O_5）。当渣中 SiO$_2$ 含量增加（即碱度减小），能与（P_2O_5）作用的 CaO 就减少，当 $w(SiO_2) = 30\%$ 时，炉渣几乎没有脱磷能力，随着用 CaO 增高炉渣碱度，使与（P_2O_5）作用的 CaO 增加，对脱磷非常有利。

必须指出，只有当碱度 R 在 2.3 以下时，用 CaO 提高碱度才对去磷反应发生显著有效的作用。如果 R>3.0 以后，继续增加（CaO）含量会使炉渣变稠，反而不利于磷的氧化反应进行。相反，这时提高渣中 FeO 含量则能较大地提高炉渣的脱磷能力，如图 5-15 所示。

渣中 CaO 与 FeO 含量的比值与脱磷也有一定的关系，如图 5-16 所示。当（CaO）/（FeO）= 2.5 ~ 3.5 时，磷的分配比值可以达到最大。因为这个比值在保证磷氧化的同时，又促进了磷氧化物结合成稳定的 4CaO · P_2O_5 化合物。

因此，当炉渣碱度小时应提高碱度，因为这时碱度是影响脱磷的主要因素。如果碱度已够高（R>2），炉渣中 FeO 含量低时，就应该提高（FeO）含量。一般说来，冶炼高碳钢时，炉渣中 FeO 量容易低，冶炼低碳钢时，炉渣碱度容易低，操作中应加以注意。

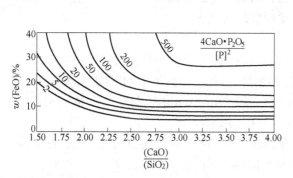

图 5-15　炉渣碱度、（FeO）与脱磷指数的关系

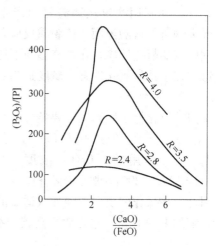

图 5-16　（CaO）/（FeO）与
脱磷指数的关系

C　炉渣成分的影响

渣中 MgO 和 MnO 是碱性氧化物，也能与 P_2O_5 生成磷酸镁（3MgO · P_2O_5）和磷酸锰（3MnO · P_2O_5），但不如磷酸钙稳定。特别是 MgO 会显著地降低炉渣流动性，当其含量大于 10% 时，炉渣的脱磷能力是很低的。遇到这种情况，必须采用换渣操作。

渣中加入适量的 CaF_2 能改善炉渣的流动性，有助于石灰的熔化，增加渣中游离的 CaO 数量，因此对脱磷是有好处的。SiO_2 和 Al_2O_3 在碱性渣中虽然能增加流动性，但会降低炉渣碱度，即降低（CaO）的有效浓度而对去磷不利。

D　渣量对脱硫的影响

随着脱磷反应的进行，渣中（P_2O_5）浓度不断增加，炉渣脱磷能力逐渐降低，在一定条件下，增大渣量必然降低渣中 P_2O_5 的含量，破坏了钢渣间磷分配的平衡性，促使去磷反应进行，使钢中磷降得更低。所以控制炉内渣量的多少以及是否采用换渣操作，决定着钢液的脱磷程度。然而，渣量过大，使钢液面上渣层太厚，反而减慢去磷速度。同时还压抑了钢液的沸腾，使气体及夹杂物的排除受到影响。因此，只有遇到炉料磷含量高时，才采用大渣量脱磷操作。根据图 5-17 的数据来分析，钢液中原始含磷 $w_{[P]原始}$ = 0.05%。

炉渣碱度 R = 1.8，$w(FeO)$ = 15%，如将磷脱到 0.01%，即 $w_{[P]最终}$ = 0.01%，必须要 14% 的渣量才能达到。如果采取换渣操作，第一次控制渣量为 4%，则 $w_{[P]}$ 可以从 0.05%

降低 0.02% ；然后扒渣再造 5% 的新渣，则 [P] 可以从 0.02% 降到 0.01% 。采用一次换渣，用 9% 的渣量就可以达到 14% 渣量同样的效果，所以一次造渣就想达到脱磷目的是极不合理的。

在实际生产中，脱磷并不采用全部换渣操作，往往采用流渣操作，使炉内保持约 3% ~ 5% 的渣量，从而取得良好的去磷效果。

必须指出，要始终保持炉渣良好的流动性，才能增强钢渣间的反应能力。脱磷反应是界面反应，熔池的良好沸腾和充分搅拌，

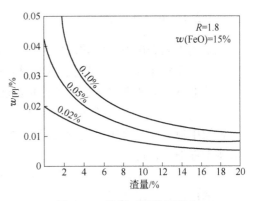

图 5-17 渣量对脱磷的影响

可以扩大钢渣界面，对脱磷有利。资料指出，钢渣界面增加 5 ~ 6 倍时，磷的氧化速度提高 5 ~ 6 倍。综上所述，为了达到良好的去磷效果，要求如下：

（1）炉渣 $w(FeO) = 12\% ~ 20\%$ ，$R = 2 ~ 3$ ，流动性良好。

（2）适当偏低的温度。

（3）大渣量及采用换渣、流渣操作。

（4）加强钢渣搅拌作用。

电炉冶炼钢种较多，废钢铁料中的元素对磷的氧化也有较大的影响，钢中硅、锰、铬、碳等元素对磷的氧化均有不利作用。因为在炼钢条件下，这些元素同氧的亲和力与磷和氧的亲和力差不多，有的甚至还要大。因此，当钢中硅、锰、铬的含量大于 1% 时，磷实际上不氧化，只有当硅几乎氧化完以及锰、铬氧化到 0.5% 后，磷才能较快地氧化。当炉料中误配硅高时，熔化期就没有去磷能力，此时必须待硅氧化后并把含 SiO_2 高、FeO 低的熔渣扒掉，重新造渣后才能去磷。在炼高碳钢时，当炉料中配入较多的高硅生铁情况下，炉底应多加些石灰及碎矿石，以加快硅的氧化及提高炉渣碱度。冶炼高铬钢时，磷无法靠氧化去除，必须严格控制炉料中的含磷量。

碳在低温时与氧的作用比较缓慢，因此炉渣中有足够的 FeO 含量时并不妨碍磷的氧化。但是在较高的温度下，碳的氧化激烈，此时磷的氧化缓慢，甚至停止氧化而产生回磷现象。因此，在实际操作中应该利用熔炼前期温度较低的条件，趁碳氧反应没有充分发展以前，尽快地将磷降下来。钢液中含碳量增加，阻碍磷氧化的趋势相应加大，所以高碳钢比低碳钢脱磷要困难些，在其他条件相似时，更应控制熔池温度，不要升温过快过高。

吹氧氧化时熔池温度上升很快，脱磷的热力学条件变差，不如矿石法氧化对脱磷有利。但只要做好熔化期的脱磷工作，在氧化初期吹氧脱碳，熔池温度升高，可以使高碱度、高氧化性的炉渣具有良好的流动性，同样具备脱磷条件。

5.4.2 控制脱碳操作

炼钢过程中碳的氧化反应是一个非常重要的反应，是去除钢中气体、杂质的重要手段，并有利于整个熔池的迅速加热，有利于钢液成分的均匀化。目前操作中采用加矿氧化、吹氧氧化及矿氧综合氧化。

5.4.2.1　矿石氧化法

往炉内加入铁矿石，使炉渣中具有足够的 FeO 含量，钢液中的碳就会被渣中的 FeO 氧化。这是一个多相反应，其氧化过程包括下列几个步骤：

氧化亚铁由炉渣向钢液的反应区扩散转移：

$$(FeO) \Longrightarrow 5[Fe] + [O] \quad \Delta H = 120.8 kJ \tag{5-6}$$

钢液中氧和碳在反应区进行反应，生成一氧化碳，一氧化碳气体分子长大成气泡，从钢液中上浮逸出，进入炉气：

$$[O] + [C] \Longrightarrow \{CO\} \quad \Delta H = -35.6 \ kJ \tag{5-7}$$

总的反应式表示如下：

$$(FeO) + [C] \Longrightarrow [Fe] + \{CO\} \quad \Delta H = 85.2 \ kJ \tag{5-8}$$

所以矿石法的氧化过程为：矿石加入炉内，在渣中转变为 FeO，然后扩散到钢液中去，并分布于整个熔池中；碳和氧在气泡容易生成的地方进行反应，生成 CO 气泡；CO 脱离反应区上浮，在上升过程中逐渐长大，直接逸出熔池而进入炉气；无数气泡的上升，造成熔池的激烈沸腾。图 5-18 是电弧炉内碳氧化过程的示意图。

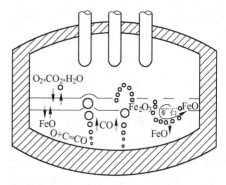

图 5-18　电弧炉内碳氧示意图

在上述过程里，包括了反应物的转移（扩散），发生化学反应，生成物的长大及排除等环节。在炼钢的基础理论中已知：对于矿石法脱碳反应来说，FeO 由炉渣向钢液的扩散以及脱碳的总过程都是吸热反应。在炼钢温度下，碳氧化学反应本身是能够顺利进行的。CO 气泡能顺利地在炉底及钢液中悬浮的固体质点处形成核心，然后长大上浮而逸出。所以生成物的排除也是很容易的，而 FeO 的扩散是决定反应速度的关键因素。现将影响矿石法碳氧反应速度的因素分析如下。

A　炉渣中 FeO 的浓度的影响

根据质量作用定律，渣中 FeO 浓度愈高，浓度梯度愈大，FeO 向钢中扩散的速度就愈快，所以要保证矿石的加入量。

随着碳氧反应的进行，必须逐渐增加渣中 FeO 的浓度。根据碳氧浓度乘积的概念可以知道，在一定温度和压力下，平衡时钢中的碳浓度和氧浓度的乘积是一个常数。所以进行碳氧反应时，随着钢中碳的不断降低，与碳相平衡的氧量则不断提高。为了使碳氧反应继续进行和保持合适的脱碳速度，就必须相应地增加矿石的加入量，以此来增加渣中 FeO 浓度，保证钢中的含氧量能大于平衡值。因此，钢中含碳量越低，脱碳越困难。实际操作中，在温度相同和渣中 FeO 浓度相同的条件下，高碳钢的脱碳速度大于低碳钢就是这个道理。

B　熔池温度的影响

温度是碳氧反应的一个重要外界条件。当渣中 FeO 浓度和碱度一定时，熔池温度就是主要因素。因为温度升高改善了炉渣及钢液的流动性，从而提高了 FeO 向钢液扩散的速度。

此外，因为 FeO 由炉渣向钢液的转移和脱碳的总过程都是吸热反应，所以从热力学角度讲，提高温度对反应也是有利的。有资料指出，熔池温度升高 40℃，脱碳速度可以增大 2 倍，提高 100℃ 可以增大 4 倍。

在操作中规定了最低的加矿温度，目的就是要保证氧化反应在较高的温度下进行，以获得一定的脱碳速度。氧化期加矿温度一般规定为：热电偶测温大于 1550℃。

C 炉渣碱度和流动性的影响

在温度和炉渣 FeO 浓度一定的情况下，炉渣碱度在 1.8~2.0 时，炉渣的氧化能力最强，如图 5-19 所示。因此，在脱碳过程中，除了保持熔池较高的温度和加入足够的矿石外，还应控制炉渣具有 2.0 左右的碱度，使其具有最大氧化能力，加快碳和磷的氧化，缩短冶炼时间。

炉渣流动性的好坏，影响到渣-钢反应的接触面、渣中 FeO 向钢液扩散的速度，以及生成的 CO 气泡的逸出。所以必须保持炉渣的良好流动性，使碳与氧反应能顺利进行。

D 渣量的影响

在脱碳过程中，采用薄渣操作是有利的（渣层薄就是渣量少）。在矿石用量一定时，大渣量与薄渣相比较，薄渣中 FeO 的浓度就高。薄渣又减少了 FeO 的扩

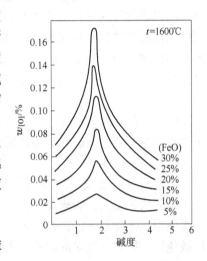

图 5-19 碱度与炉渣的氧化能力

散距离和 CO 气泡的逸出压力，所以有利于渣中的 FeO 向钢液中扩散，有利于生成的 CO 气泡上浮逸出，因而有利于碳氧反应的顺利进行。但是渣量多少还必须考虑到脱磷、隔气、保温等因素，所以应全面考虑渣层的作用。

E 钢液残留元素的影响

在氧化期，有时虽然熔池温度和炉渣中 FeO 浓度都符合要求，但仍不能产生激烈的沸腾，这是什么原因呢？

这多数是由于钢中残留较高的硅、锰等元素而引起的。因为碳与氧的亲和力，在温度低于 1400℃ 时小于锰与氧的亲和力，温度低于 1530℃ 时小于硅与氧的亲和力。碳氧反应只有在硅、锰基本氧化完了或温度大于 1500℃ 之后才能顺利进行。因此，凡是在炼钢温度下，钢液中有与氧亲和力大于碳和氧亲和力的元素存在时，都会抑制碳氧反应的进行。

综上所述，矿石法脱碳操作应该是：高温、薄渣、分批加矿、均匀激烈的沸腾。配料计算见第 6 章。

5.4.2.2 吹氧氧化法

所谓吹氧氧化法，就是用钢管直接向熔池吹入氧气，氧化钢液中的碳及其他元素，吹入熔池的氧、氧化碳的途径分为间接氧化和直接氧化。

间接氧化反应式为：

$$[Fe]+1/2O_2 \Longrightarrow [FeO] \quad \Delta H = -237.5kJ \tag{5-9}$$

$$[FeO]+[C] \Longrightarrow CO\uparrow+[Fe] \quad \Delta H=-45.9kJ \tag{5-10}$$

直接氧化反应式为:

$$[C]+1/2O_2 \Longrightarrow CO\uparrow \quad \Delta H=-114.7kJ \tag{5-11}$$

不论是间接氧化还是直接氧化,其共同特点是:氧直接吹入熔池,完全不同于矿石氧化的供氧条件,所以极大地提高了供氧速度,从而加速了碳氧反应。

同时吹氧脱碳是放热反应,能使熔池温度迅速提高,改善渣的流动性,吹入熔池的高压氧气泡能剧烈地搅动熔池,这些都加速了反应物(FeO 和 C)的扩散及生成物(CO 气泡)的排除。而且吹入的氧气泡又是反应的现成表面,这也是加速碳氧反应最重要的因素。

同矿石法氧化的规律一样,吹氧脱碳速度在其他条件相同时,随钢液碳含量增加而增加,随碳含量降低而减少,如图 5-20 所示。

吹氧脱碳的速度,同使用的氧气压力有直接关系,随着氧压增大,脱碳速度就大,这是因为吹氧压力增加后,强化了熔池机械搅拌,加快了反应物质的扩散速度,扩大了反应的面积。表 5-4 列出的是某厂的统计数据。

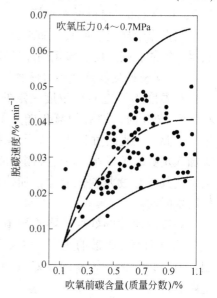

图 5-20　吹氧前钢液含碳量对脱碳速度的影响

表 5-4　吹氧压力与脱碳速度

吹氧压力/MPa	吹氧时碳含量/%	脱碳速度/%·min⁻¹
0.7~0.8	0.51~0.67	0.0345
0.45~0.5	0.50~0.70	0.0291

供氧量与吹氧压力有一定的比例关系,它对脱碳速度的影响类似于吹氧压力。氧气的消耗量和钢液内碳量高低有直接关系,如图 5-21 所示。如碳低,氧化单位碳量所消耗的氧量就高。

5.4.2.3　两种脱碳方法的比较

在同样条件下,吹氧脱碳速度要比加矿脱碳速度大得多,加矿脱碳量为不小于 0.6%/h,而吹氧脱碳量可达(1.0%~2.0%)/h 以上。尤其是在冶炼低碳钢(碳含量不高于 0.2%)时,吹氧脱碳仍能保持较大的脱碳速度,把碳降到 0.05% 以下,而矿石法就十分困难。这是因为吹氧直接向熔池供氧,使(O)渣<[O]>[O]平衡,所以反应并不困难。而矿石法为了供给反应区高于碳平衡的氧量,必须大大增加渣中 FeO 量,使 FeO≫[O]>[O]平衡。当 $w[C] \geq 0.2\%$ 以后,与[C]平衡的[O]就很高。为了增加渣中 FeO 量,就要向炉内加入大批矿石。这样会大大降低熔池温度,影响(FeO)向钢液的扩散速度,使脱碳进程十分缓慢。同时矿石不能一次加入太多。从热化学计算可知,1kg 矿石脱碳所需吸收的热量相当于 1kW·h,而每吹入 1m³ 的氧气(标态)所放出的热量，约相当于 4.3kW·h。为此矿石必须分批加入炉内，氧化 0.30% 的碳至少需要 20 ~ 30min，而吹氧氧化不但无降温之忧，还可提高熔池温度，使 0.20% ~ 0.30% 的碳氧化时间缩短到 10 ~ 15min，并使熔池升温 20℃ 左右，表 5-5 列出 10t 矿石法和吹氧法之间冶炼时间、电耗的对比统计数值。

吹氧脱碳因高压氧气对熔池的强烈搅拌，以及钢液中大量存在气泡现成面，减少了 CO 气泡的逸出压力，改善了气泡上浮条件。由此带来了吹氧脱碳的另一优点——钢中碳氧反应所需的过剩氧量少，从而减轻了还原期的脱氧任务。

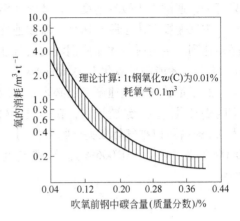

图 5-21 氧化 $w(C)$ 为 0.01% 消耗的氧量

表 5-5 矿石法与吹氧法的冶炼时间、电耗比较 (10t/炉)

方 法	碳 结 钢		高 碳 钢		合 结 钢	
	吹氧	加矿	吹氧	加矿	吹氧	加矿
冶炼时间/min·t^{-1}	22	23.5	23	25	23	24.5
电耗/kW·h·t^{-1}	585	650	615	705	605	695

因为吹氧脱碳速度远大于矿石法脱碳，而且能放出大量的热量，所以具有氧化时间短、电耗低、升温快等一系列优点。

但矿石法脱碳也有它的优点，例如：矿石法脱碳渣中 FeO 含量高，脱磷条件好，铁损少，对环境污染不如吹氧严重，还可以利用矿石脱碳吸热的特点控制炉内温度等。因此，现在各厂电炉炼钢都是矿氧结合使用，调节熔池温度，兼顾脱磷和脱碳两个方面，这就是矿氧结合的综合氧化法。

5.4.2.4 氧化期脱碳的目的

氧化期脱碳不是目的，而是作为沸腾熔池，去除钢液气体（氢和氮）及夹杂物的手段，以达到清洁钢液的目的。

那么，为什么碳氧沸腾能够排除气体和夹杂物，究竟要多大的脱碳速度才能有效地去除气体，为什么在生产中要规定一定的脱碳量，这些问题搞清楚后，能更正确地控制氧化期的脱碳操作。

碳氧沸腾去气可以理解为：钢水中碳氧生成 CO 气泡，并在钢液中上浮。在刚生成的 CO 气泡中，并没有 H_2 和 N_2，所以，气泡中氮和氢的分压力（p_N、p_H）为零。这时 CO 气泡对于 [H]、[N] 就相当于一个真空室，钢水中 [H]、[N] 将不断逸出进入 CO 气泡里，随气泡上浮而带出熔池。在碳氧反应沸腾过程中，钢中夹杂物也能得到迅速上浮或随 CO 气泡带出，并被炉渣所吸附，使钢中夹杂物减少。因此，氧化期脱碳，造成熔池沸腾，有利于清洁钢液。

在冶炼过程中，高温熔池会从炉气中吸收气体，而碳氧反应能使钢液去除气体，那么只有去气速度大于吸气速度时，才能使钢液中的气体减少。

去气速度取决于脱碳速度，脱碳速度愈大，钢液的去气速度就愈大。因此，脱碳速度必须达到一定值时，才能使钢液的去气速度大于吸气速度。根据生产经验，脱碳速度 $v_G \geqslant 0.6\%/h$，才能满足氧化期去气的要求。

有了足够的去气速度，还必须有一定的脱碳量，才能保证一定的沸腾时间，以达到一定的去气量。生产经验证实，在一般原材料条件下，脱碳速度，$v_G \geqslant 0.6\%/h$，氧化 $w(C)$ 为 0.3% 就可以把气体及夹杂物降低到一定量的范围（夹杂物总量约 0.01% 以下，$w_{[H]} \approx 0.00035\%$，$w_{[N]} \approx 0.006\%$）。脱碳速度、脱碳量和氢含量的关系如图 5-22 和图 5-23 所示。

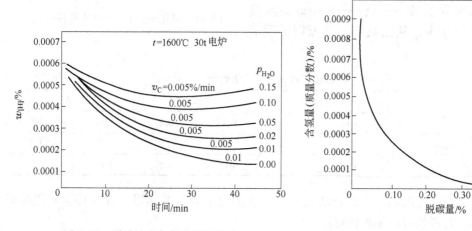

图 5-22　脱碳速度与氢含量的关系　　　　图 5-23　脱碳量和钢液氢含量的关系

必须指出，脱碳速度过大也不好，容易造成炉渣喷溅，跑钢等事故，对炉体冲刷也严重，同时，过分激烈的沸腾会使钢液上溅而裸露于空气中，增大了吸气趋向。因此过多过大的脱碳速度和过多的脱碳量并无好处。

5.4.3　氧化期的造渣操作

造渣是实现炼钢工艺的重要手段，造渣不好，去除磷等杂质困难，还会增大电耗，降低炉龄，延长冶炼时间等，带来一系列的问题。这充分说明炼钢过程中造好炉渣的重要性。判断炉渣好坏并及时调整渣况，对于一个炼钢工是必须掌握的。

5.4.3.1　造渣制度

氧化期的炉渣要根据脱磷、脱碳的要求，具有合适的炉渣成分、流动性和渣量。脱磷和脱碳这两个反应都要求炉渣具有高的氧化性和良好的流动性，渣中（FeO）含量通常控制在 10%~20%。但是脱磷要求大渣量，碱度控制在 2.5~3.0；而脱碳要求炉内薄渣层，碱度在 2 左右。因此，操作中应依氧化进程予以正确控制。通常，在氧化前期边吹氧边自动流渣，并补加石灰使炉内渣量保持在 3%~4%，如磷高，可向熔池分批加入矿石或氧化铁皮，熔渣的流动性用萤石调整。氧化后期渣量控制在 2%~3%。

5.4.3.2 造泡沫渣

氧化期应使炉渣形成泡沫渣。所谓泡沫渣是指在不增大渣量的情况下，使炉渣呈很厚的泡沫状。即熔渣中存在大量的微小气泡，而且气泡的总体积大于熔渣的体积，熔渣成为渣中小气泡的薄膜而将各个气泡隔开，气泡自由移动困难而滞留在熔渣中，这种渣气系统称为泡沫渣。

A 泡沫渣的作用

泡沫渣极大地增大了渣-钢的接触界面，加速氧的传递和渣-钢间的物化反应，大大缩短了一炉钢的冶炼时间。在电弧炉中泡沫渣厚度一般要求是弧柱长度的 2.5 倍以上，电弧炉造泡沫渣的主要作用为：

（1）可以采用长弧操作，使电弧稳定和屏蔽电弧，减少弧光对炉衬的热辐射。传统的电弧炉供电是采用大电流、低电压的短弧操作，以减少电弧对炉衬的热辐射，减轻炉衬的热负荷，提高炉衬的使用寿命。但是短弧操作功率因数低（$\cos\varphi = 0.6 \sim 0.7$），电耗大，大电流对电极材料要求高，或要求电极断面尺寸大，所以电极消耗也大。为了加速炉料的熔化和升温，缩短冶炼时间，向炉内输入的电功率不断提高，实行所谓高功率、超高功率供电。如仍用短弧操作，则电流极大，使得电极材料无法满足要求，所以高电压长弧操作势在必行。但是长弧操作会使电弧不稳及弧光对炉衬热辐射严重，而泡沫渣能屏蔽电弧，减少了对炉衬的热辐射；泡沫渣减轻了长弧操作时电弧的不稳定性，直流电弧炉采用恒电流控制时，直流电弧电压波动很小，电极几乎不动。

（2）长弧泡沫渣操作可以增加电炉输入功率、提高功率因数和热效率。有关资料和试验指出，在容量为 60t、配以 60MV·A 变压器的电炉，功率因数可由 0.63 增至 0.88，如不造泡沫渣时炉壁热负荷将增加 1 倍以上，而造泡沫渣后热负荷几乎不变；泡沫渣埋弧可使电弧对熔池的热效率从 30% ~ 40% 提高到 60% ~ 70%；使用泡沫渣使炉壁热负荷大大降低，可节约补炉镁砂 50% 以上和提高炉衬寿命 20 余炉。

（3）降低电耗、缩短冶炼时间、提高生产率。由于埋弧操作加速了钢水升温，缩短了冶炼时间，降低电耗。国内某些厂普通电弧炉造泡沫渣后，1t 钢节电 20 ~ 70kW·h，每炉缩短冶炼时间 30min，提高生产率 15% 左右。

（4）降低电极消耗。电极消耗与电流的平方成正比，显然采用低电流大电压的长弧泡沫渣冶炼，可以大幅度降低电极消耗。另外，泡沫渣使处于高温状态的电极端部埋于渣中，减少了电极端部的直接氧化损失。

（5）泡沫渣具有较高的反应能力，有利于炉内的物理化学反应进行，特别有利于脱磷、脱硫。泡沫渣操作要求更大的脱碳量和脱碳速度，因而有较好的去气效果，尤其是可以降低钢中的氮含量。因为泡沫渣埋弧使电弧区氮的分压显著降低，钢水吸氮量大大降低。泡沫渣单渣法冶炼，成品钢的含氮量仅为无泡沫渣操作的三分之一。

B 形成泡沫渣的条件

炉渣呈泡沫状的原因比较复杂，但是基本条件有两点：

（1）熔渣内要有足够的滞留气泡。这是泡沫渣形成的首要条件，即须向渣内吹入足够的气体，或金属熔池内有大量气体通过渣-钢界面向渣中转移，并以一个个小气泡的形式滞留在渣内。例如碳氧反应产物 CO 气泡能促使炉渣起泡。

（2）要有帮助气泡滞留和稳定于渣中的因素。这是使泡沫渣稳定、有较长泡沫时间的必要条件，即要使炉渣中的小气泡稳定，不致迅速聚合成大气泡从渣中排出而使泡沫消除。因为系统表面张力越小，表面积越易增大，所以降低炉渣的表面张力有利于炉渣发泡，泡沫渣增厚。炉渣黏度增大，增加了气泡合并长大的阻力，使气泡不易从渣中逸出，即泡沫渣稳定。

C　泡沫渣好坏的标准及影响熔渣发泡的因素

对于泡沫渣的好坏，有两种不同的衡量标准：

（1）泡沫保持时间。测量泡沫渣由一定高度下降到另一高度时所用的时间，并以此作为泡沫寿命。

（2）泡沫渣高度。在固定吹气速度时，以炉渣的最大发泡高度作为炉渣发泡性能的指标。

炉渣发泡性的好坏由其本身的性质决定，目前一致认为主要影响因素是炉渣黏度和表面张力。以 CaO-SiO_2-FeO 渣系为例，影响熔渣发泡的因素有：

（1）吹气量和气体种类。在不使熔渣泡沫破裂或喷溅的条件下，适当增加气体流量，能使泡沫高度增加。

$CaO/SiO_2 = 0.43$，$w(FeO) = 30\%$ 的熔渣，随吹入的氧气量增加，泡沫渣的发泡高度呈线性增加，但吹气量增加到一定程度后，发泡指数不变。在其他碱度和 FeO 时也将有同样的结果。图 5-24 为实际生产条件下吹氧量对熔渣发泡高度的影响。

气体种类对泡沫渣的发泡性能也有影响，在向熔渣吹入的各种气体中，按氧化性气体、中性气体和还原性气体的顺序依次提高熔渣的泡沫化程度。这主要与这 3 类气体和熔渣之间的表面张力有关。

（2）碱度。许多研究都指出，碱度为 2.0 附近（也有的实验结果为 1.22）时，其发泡高度最高，如图 5-25 所示。碱度离 2.0 越远，其发泡高度越低。这主要与碱度为 2.0 附近时渣中析出大量 $2CaO \cdot SiO_2$（所写为 $C_2 \cdot S$）固体颗粒和 CaO 固体颗粒，从而提高熔渣的黏度有关。低碱度时，加入 CaO，熔渣表面张力增加而黏度降低。碱度高于 2.0，加入 CaO，则使 $C_2 \cdot S$ 转变为 $C_3 \cdot S$，因而渣中固体颗粒数量减少。但碱度小于 1h，碱度增加，泡沫寿命降低。

碱度对 CaO-SiO_2-Al_2O_3 熔渣也有类似的影响。发泡高度最高点出现在碱度为 $1.6 \sim 2.0$。

（3）（FeO）。$CaO/SiO_2 = 1.22$ 时，随熔渣中

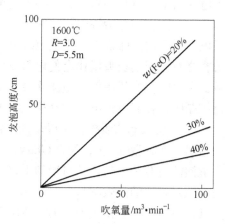

图 5-24　吹氧量和渣中 FeO
对熔渣发泡高度的影响

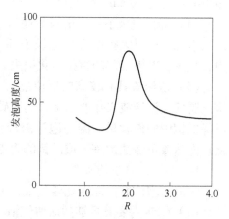

图 5-25　碱度对熔渣发泡高度的影响

FeO 的增加，泡沫寿命逐渐下降。碱度为 2.0 附近时，FeO 对发泡高度影响较小。碱度离 2.0 越远（靠近 1.0 或 3.0），含 FeO 为 20%～25% 熔渣比含 FeO 为 40% 左右熔渣的发泡高度要高。因碱度低于 1.5 时，随 FeO 的增加，熔渣的表面张力增加，黏度降低，故发泡高度和泡沫寿命下降。

生产中一般选用 $w(FeO) = 20\%$、$(CaO)/(FeO) = 2$ 的炉渣作为泡沫渣的基本要求。

（4）温度。温度升高熔渣黏度降低，通常使泡沫渣寿命下降。有关研究得出，温度升高 $100\,^{\circ}\!C$，泡沫渣寿命下降 1.4 倍。

（5）其他添加剂。凡是影响 $CaO\text{-}SiO_2\text{-}FeO$ 系熔渣表面张力和黏度的因素都会影响其发泡性能。例如，加入 CaF_2 既降低炉渣黏度，又降低炉渣表面张力，所以对泡沫渣的影响比较复杂。有关研究表明，在碱度 $(CaO)/(FeO) = 1.8$ 时，加入 5% CaF_2 有利于提高炉渣的发泡性，继续增加 CaF_2 含量对炉渣发泡不利。可见 CaF_2 含量小于 5% 时，表面张力起主要作用；CaF_2 含量大于 5% 时，黏度起主要作用。又如加入 MgO 使熔渣黏度增加，使熔渣泡沫渣寿命增加；渣中 P_2O_5 含量增加可降低熔渣表面张力而使泡沫渣寿命增加。

D　电弧炉造泡沫渣工艺

从 80 年代开始，我国进行了有关电弧炉造渣的大量试验研究工作，目前已有一批企业掌握了这项技术，并在生产中应用。对造泡沫渣的工艺，包括渣料和发泡剂种类、加入量和加入方法等，各企业根据自身的现行条件摸索了许多切实可行的办法。

目前生产中造泡沫渣的方法有 3 大类：

（1）原来的造渣工艺基本不变，在需要时加入发泡剂。发泡剂由 $w(CaO)$ 为 50%～85% 和 $w(C)$ 为 15%～50% 碳粉配制而成，也有配制含 $CaCO_3$ 的发泡剂。这种方法操作简单，易于推行。但如果要得到稳定的效果，必须控制好熔渣成分。

（2）造泡沫渣贯穿整个冶炼过程。这个工艺的渣料配比为矿石∶萤石∶焦炭 = (0.86～0.9)∶(0.01～0.08)∶(0.05～0.1)。1t 钢加渣料 15～30kg，分 5～10kg 批加入（焦炭粒可随钢铁料装入炉内）。加大用氧量，并在渣料里加入氧化铁皮。这种工艺从冶炼全局出发，使冶炼稳定，易于得到较好的效果。

（3）喷粉造泡沫渣。在氧化中后期向渣-钢界面出喷吹碳粉、碳化硅粉和硅铁粉，粉剂粒度小于 3mm。这种方法效果明显，但需要有喷粉设备。

实际生产中可将上述 3 种方法结合使用，以得到较好的效果，比较典型的泡沫渣操作举例如下：装料前在炉底加入料重 2%～4% 的石灰，使炉料熔清后熔渣碱度 (CaO)/(FeO) 达到 2 左右。同时随钢铁料加入 5～15kg 的碎焦炭块提高配碳量，以及在炉料底部装入氧化铁皮（6kg/t）。炉底形成熔池后即可开始吹氧（熔氧结合），并向渣-钢面吹氧，氧压为 0.5～0.7MPa。自动流渣时适当补加石灰以保持碱度。熔化末期开始喷吹碳粉 4～6 kg/t，并吹氧造泡沫渣，埋弧升温。同时尽量采用高电压大功率供电。

对于直流电弧炉，因为废钢和炉底电极的接触导电问题，所以不能在装料前向炉底加石灰，石灰必须在炉底形成熔池后逐渐不断地加入炉内。其他操作与交流电弧炉类同。

造泡沫渣应注意的问题有：

（1）炉渣的发泡性能由其本身性质决定，与气体来源无关。但是炉渣发泡高度与气体源产生气体的速度成正比。因此，在造泡沫渣时要从炉渣成分和气体产生速度两方面来控制。而炉渣成分控制困难，气体来源的控制较为容易。当炉渣发泡性不佳时，可以强化用氧，或加入发泡剂，使气体产生的速率加大，泡沫渣变厚。

（2）生产中提供气体来源的方法主要是提高钢液配碳量，强化用氧。但钢液配碳量不能过高，以防止脱碳时间过长而增加电耗。一般比传统工艺所要求的配碳量略高即可，也可向熔渣加入碳酸盐、碳粉，产生 CO、CO_2 气泡。但是碳酸盐的用量不宜过多，因为它的分解反应会吸收大量的热量。例如 1kg $CaCO_3$ 分解成 CaO 和 CO_2 时，所吸收的热量相当于 $0.4kW \cdot h$ 的电能。

（3）吹氧操作应浅吹和深浅吹相结合。浅吹易于生成大量的 CO 小气泡，使泡沫渣更稳定。深吹能促进钢水和渣液的搅拌，但深吹过多会使炉渣发泡激烈而难以控制。通常应避免只吹渣面。

5.4.3.3　炉渣的流动性

炼钢工要调整好炉渣的流动性。炉渣过黏使钢渣反应减慢，流渣操作困难，对去磷极为不利，而且电弧也不稳定。炉渣过稀时电弧光反射很强，钢水加热条件差，侵蚀炉衬厉害。这两种情况都要避免。影响炉渣流动性的因素很多，但主要是温度和炉渣成分。

炉渣的流动性随着温度的升高而增加。在碱性渣中，提高 CaO，MnO，Cr_2O_3 等含量时，会使炉渣流动性变坏；而适当增加 CaF_2，Al_2O_3，SiO_2，FeO，MnO 等含量时，炉渣流动性会变好。所以炉渣碱度愈高，其流动性愈差。

调整炉渣流动性常用的材料是萤石，但应适量使用。因为萤石虽有稀释炉渣作用，但也严重侵蚀炉衬而使渣中 MgO 含量增加，如使用不当，流动性会重新变坏。稀释炉渣的另一种材料是火砖块，更不宜过多使用，因为它既侵蚀炉衬又使炉渣碱度降低。FeO 和 MnO 也可以起到稀释炉渣的作用，当其含量高时尤为明显。在炉龄后期炉底炉墙较差时，会增加渣中 MgO 含量而使炉渣变粘。

5.4.3.4　炉渣成分对渣况的影响及判断氧化渣好坏的标准

炉渣成分对渣况的影响有：

（1）渣中（FeO）和（MnO）都能使石灰的溶解速度增加，但（FeO）的影响比（MnO）大。

（2）渣中（SiO_2）含量增加，使炉渣碱度降低，石灰的溶解速度增加。但当其含量超过约25%时，石灰的溶解速度反而下降，这可能是石灰表面生成 $2CaO \cdot SiO_2$ 硬壳的缘故。

（3）萤石中的主要成分 CaF_2 与渣中 CaO 作用可形成熔点为 1635K 的共晶体，直接促进石灰的熔化，萤石能显著地降低 $2CaO \cdot SiO_2$ 的熔点，使炉渣在高碱度下有较低的熔点，并可以降低炉渣的黏度。因此，萤石化渣速度迅速，并且不降低碱度，但是其化渣作用维持时间不长，用量增加对炉龄不利。

（4）渣中 MgO 和 MnO 虽然也是碱性氧化物，但其生成的磷酸镁和磷酸锰远不如磷酸钙稳定。特别是 MgO 会显著地降低炉渣的流动性，在电炉炼钢中 $w(MgO)>10\%$ 时，炉渣极其黏稠，必须换渣。

通常，在碱性氧化渣中提高 CaO、MgO、Cr_2O_3 等含量会使炉渣流动性变差，而适当增加 CaF_2、Al_2O_3、SiO_2、FeO、MnO 等含量时，炉渣流动性会变好。所以在一定温度时，炉渣碱度愈高，其流动性愈差。

判断氧化渣好坏的标准为：电弧炉炼钢工可根据埋弧情况、熔池活跃与否及流渣情况对渣况做出判断，即电弧应断续地被炉渣所包围，弧光时现时隐，炉渣活跃、稍倾炉体能顺利地从炉门口自动流出。

炼钢工也常用铁棒蘸渣待冷凝后进行观察，符合要求的氧化渣一般为黑色，在空气中不会自行破裂。前期渣有光泽，断面疏松，厚度 3 ~ 5mm，后期渣断面颜色近于棕色，厚度要薄些。如果断面光滑、易裂，说明炉渣碱度低，如果呈玻璃状，说明是酸性渣；如果炉渣呈黄绿色，说明渣中有氧化铬存在。

5.4.3.5　脱磷与脱碳

氧化期的脱磷和脱碳，对氧化条件的要求既有统一又有矛盾，要求炉渣和钢液强氧化性是一致的。氧化磷要求温度偏低，大渣量；而氧化碳要求温度偏高，薄渣层。这又是相矛盾的。为使磷和碳顺利氧化，必须合理安排操作制度，处理好相互关系。

A　正常情况下的脱磷和脱碳操作

根据磷的氧化要较低的温度条件，碳氧化要较高的温度条件，氧化初期一般应注意控制磷的氧化。所以熔化结束应根据熔清样分析的结果，抓紧继续脱磷操作。此时可补加部分石灰、碎矿石或氧化铁皮，以增加氧化渣渣量，用中级电压供电，以保证化渣升温，也可以吹氧化渣升温。当温度升高到加矿温度后，随即加入第一批矿石，等到熔池开始沸腾，让其自动流渣。第一批渣子要化好，不要未经沸腾就倒渣，否则不能充分发挥其去磷的作用。因为第一批渣子渣量大，氧化性强，碱度高，而此时的温度又较低，是去磷的好条件，渣子未化透就倒渣不能达到去磷的效果。

如果熔清后磷偏高（$w_{[\text{P}]} = 0.06\%$），可以全部或大部分扒渣再造新渣。如果熔化期提前脱磷，使钢中磷含量进入规格，则可利用碳氧沸腾大量流渣补渣的方法继续去磷，不一定需要将第一批渣倒净。流渣操作能避免扒渣降温。所以应根据含磷量来决定渣量的大小，采取扒渣还是流渣操作。

在氧化初期必须注意升温，为氧化碳创造条件。当温度合适时，应进行碳的氧化。实际生产中，往往是磷、碳同时氧化，只是控制与各自氧化速度有关的条件，以控制两者进行的程度罢了。随着冶炼进行，炉前分批加矿和吹氧，进行脱碳操作，使熔池沸腾，清除钢中气体及夹杂物。

总之，在一般情况下氧化期的操作是先脱磷后脱碳。先加矿石后吹氧，先大渣量后薄渣。

B　熔氧结合脱磷工艺

电弧炉熔炼的熔化期熔池温度低，去磷条件很优越，炉料中相当大一部分的磷，可以在熔化期被氧化。但由于炉料中混有泥沙、铁锈，以及耐火材料的熔化与废钢中硅、锰、铝、磷、铁等元素的氧化，在炉内会形成一种碱度很低的熔渣。这种炉渣是无法大量地吸收和稳固地结合氧化磷的。为了在熔化期提前脱磷，在装料前应在炉底铺加一定数量的石灰，以确保熔化渣的碱度（对于有底电极的直流电弧炉，炉底不能铺加石灰，否则不能导电，应在熔池形成后及时加入石灰）。并在熔池形成后根据渣况，决定是否需要补加石灰，是否需要进行流渣操作或再造新渣。

在熔化过程中，由于向炉内吹入大量氧气，加入氧化铁皮和小块矿石，使熔化渣中有很高的 FeO 含量。而炉底石灰熔化后上浮进入熔渣，使渣中含有一定量的 CaO，加上熔池温度低，因此初期形成的熔化渣可以脱磷。但随着炉温升高及脱碳反应的进行，渣中氧化铁含量降低，可能发生回磷，因此这时应进行流渣操作。如果原始磷含量较高或炉渣碱度低或渣中含有大量 MgO 时，可以采取换渣操作重新造新渣，这对进一步脱磷是很有好处的。

一般说来，在熔化期已将炉料中大部分的磷氧化脱去，炉料全熔时钢中磷含量可以降到规格允许值以内，剩余的磷需在氧化期进一步脱除。在冶炼高碳钢时，氧化期脱磷比较困难，当炉料熔清而磷高出钢种允许值时，必须扒渣或自动流渣 70% ~ 80%，并造新渣，利用换渣机会去除较多的磷，减轻氧化期的脱磷任务。

表 5-6 为某厂 100t 电弧炉的统计资料。生产数据表明，在熔化后期采用流渣操作，在炉料熔清后扒渣全部或扒除 80% 的熔化渣，并重新造渣，可使磷达到终点要求。

表 5-6　某厂 100t 电弧炉炉料中及熔清后的含磷量　　　　　　　　　　$w(C)/\%$

钢　种	炉料中含碳量	熔清后含碳量
碳　钢	0.030 ~ 0.075	0.010 ~ 0.025
低碳合金钢	0.030 ~ 0.075	0.004 ~ 0.011
高碳合金钢	0.060 ~ 0.067	0.009 ~ 0.017

氧化期以吹氧脱碳为主，熔池温度迅速升高，脱磷的热力学条件不如熔化期好。但由于熔池均匀激烈的沸腾，渣-钢接触界面比熔化期要大得多，因此脱磷的动力学条件比熔化期好。在吹氧脱碳，熔池沸腾的同时频繁地进行流渣、补加渣料的操作，保持熔渣的碱度和渣中氧化铁的含量，以保证氧化期继续有效地脱磷。如升温过高，吹氧脱碳的过程中可以适当加入些铁矿石作为氧化剂，控制升温速度。通常氧化末期可使钢中磷降到规格允许值的一半以下。

总之，在正常情况下，在熔化期提前造好具有一定碱度、高氧化铁的炉渣，采用流渣操作可使钢中磷降低到规格范围内，在炉料熔清后以吹氧脱碳为主，只要保持炉渣碱度及进行流渣操作，在脱碳的同时，就能继续把钢中磷脱到小于规格允许值的一半以下。

C　不正常炉况下的操作工艺

a　炉料熔清后磷高、碳高

例如，45 号钢熔清时 $w_{[P]} \geq 0.10\%$、$w_{[C]} \geq 1.0\%$。这时，应利用熔池温度较低的机会，集中力量快速去磷，并在去磷的过程中逐渐升温，为后期脱碳创造条件。具体操作为：熔清后扒渣（或流渣大部分），加入足够的石灰造新渣，用小块铁矿石或氧化铁皮脱磷，控制大渣量，可以吹氧化渣，但要防止升温太快，炉温过高。当温度以升高、渣况良好时，可以肯定钢中磷已大量转入渣中，可先利用脱碳沸腾自动流渣，然后将炉内余渣扒除，加新渣料（以石灰和氧化铁皮为主）。根据脱磷情况决定换渣次数，一般经过两次换渣可把磷降下来。当 $w_{[P]} \leq 0.015\%$ 后，这时转入吹氧脱碳为主，直至成分、温度均符合终点要求。操作的关键是控制升温速度不能太快，脱碳速度要慢，磷降下去后方能加速脱碳。

b 炉料熔清后磷偏高、碳偏低

例如，45 号钢熔清时 $w_{[P]} \geqslant 0.08\%$、$w_{[C]} \geqslant 0.40\%$。这可能是炉料配碳量过低、吹氧助熔操作不当，以及发生大塌料等原因所造成。一般是熔清后用生铁增碳。操作以脱磷为主，也可利用换渣机会向熔池增碳，以缩短冶炼时间。增碳剂为碳粉或生铁。当钢中磷降到小于 0.015% 后转为以脱碳为主，把碳脱到终点含量。

有时熔清碳并不低，但由于氧化操作不当造成碳低磷高。这需要分析情况，找出原因后进行处理。如果是由于温度过高而造成脱碳快脱磷慢，可采取扒渣造新渣降温，搅拌熔池，并减少输入电功率，甚至停电，以利于低温去磷；如果是由于原始磷含量过高或前期渣未造好，则应及时补足渣料，多加些碎铁矿石或氧化铁皮，并可吹氧化渣，但要注意尽量少脱碳。当渣况良好时，可进行流渣换渣操作，一般换两次渣就可将磷降下去。此种情况下，因为已有符合要求的脱碳量使熔池碳氧沸腾去气，所以只要终点碳符合要求，就不必再增碳后脱碳。

c 钢液中硅、锰、铬等元素含量高

熔清后钢液中一般不会残留过多的铬、锰、硅，如果它们的含量高于 1% 时，磷实际上不能氧化，只有使它们的含量降到 0.5% 以下，磷的氧化才能进行。所以应首先吹氧或加矿氧化这些元素，并扒渣换新渣。但要防止温度过高，以免脱磷困难，也要防止扒渣换渣时降温太多，影响后步操作。

在返回吹氧法冶炼高铬钢液时，就根本不能脱磷。相反，炉衬、造渣材料和铁合金还会带入磷，使还原期钢液中的磷含量有所增加。这主要是因为铬比磷优先氧化，而且铬的氧化物进入炉渣又使炉渣流动性变坏。因此，高铬钢液脱磷需要用还原脱磷法。

5.4.4 氧化期的操作要点

5.4.4.1 熔清后取样及测温

当熔池面上看不到固体炉料后，搅拌熔池确认炉料熔清，即可取样分析炉内钢液的化学成分，作为氧化期操作的依据。并进行测温，要求热电偶测温温度不低于 1550℃。

5.4.4.2 氧化

根据熔清试样分析结果，测温符合要求，渣况良好，即可分批加矿，每批矿石质量不得超过料重的 1.0% ~ 2.0%（大炉子取上限，小炉子取下限），每批间隔时间需大于 5min。如果一次加入全部矿石，就会急剧降低熔池温度，使碳氧反应难以顺利进行，甚至停止进行；而当温度升高后，钢液会突然发生激烈沸腾，造成严重喷溅现象，甚至引起跑钢事故。所以在整个加矿氧化过程中，要避免低温加矿，或加矿过量。并应根据操作要求，加入小块矿或大块矿。小块矿加入炉内易浮在渣面上，增加了渣中氧化铁含量，对去磷较为有利。大块矿加入炉内可通过渣层浮在渣-钢界面处直接和钢液接触，使碳氧反应顺利进行，引起均匀有力的沸腾，有利于去除钢中的气体及夹杂物。所以要按照加入大块矿、小块矿的特点，根据钢中脱磷的要求合理使用。

氧化期操作应是"先矿后氧"，使得脱磷和脱碳都顺利进行，温度控制也较方便，同时氧化末期钢中过剩氧量少，利于还原期操作。矿氧使用时间是根据磷的情况而定的，当前期磷已大部去除，即可使用吹氧氧化。

目前由于熔化期提前将磷去除到规格以内，很多厂在氧化初期补加石灰，氧化铁皮后，立即吹氧化渣及脱碳。氧压一般采用0.6~0.8MPa。

整个氧化过程要防止低温氧化，否则容易造成后期回磷过多和成分不均匀。

5.4.4.3　脱碳速度与脱碳量的要求

脱碳速度为：$v_C \geq 0.06\%/h$。

脱碳量为：$w(\Delta[C]) \geq 0.30\%$，高要求钢$w(\Delta[C]) \geq 0.40\%$。

5.4.4.4　调整渣况

当氧化沸腾开始，采用流渣或换渣操作。要求炉渣：
$$R = 2 \sim 3; w(FeO) = 12\% \sim 20\%; (CaO)/(FeO) = 3$$
炉内渣量控制在3%~4%。

氧化后期主要是脱碳操作，炉渣碱度在2.0左右，应使炉渣流动性良好，渣层要薄，渣量控制在2%~3%左右。吹氧结束后，依炉渣情况补加石灰稳定磷。

5.4.4.5　期中取样分析及控制好终点碳

为了掌握磷、碳氧化程度，在沸腾开始流渣两批后，应及时取样分析碳和磷含量，以便决定下步操作。

一个熟练的有经验的炼钢工，往往根据炉渣、炉温、加矿或吹氧的数量与时间，以及流渣、换渣等各方面情况，加上对碳火花的识别来判断出当时碳和磷含量的范围。

吹氧终点碳的量，一般是低于钢种规格成分下限的一定值。这个低于下限的数值，是由还原期增碳量多少来决定的。还原期、加入铁合金及用碳粉脱氧，可能使钢液增碳。例如，炼45号钢，成品碳含量为0.42%~0.49%，锰含量为0.5%~0.8%，硅含量为0.17%~0.37%。判断氧化终点碳含量时，应考虑铁合金增碳量：加锰0.5，高碳锰铁（碳含量7%，锰含量70%）带入$w(C)=0.05\%$，在还原期用碳粉及硅粉脱氧，按经验约增碳0.01%~0.03%，所以总计增碳0.07%左右。如果要求碳控制在0.45%，氧化终点碳应该控制在0.38%左右。

终点碳过高或过低，将造成重氧化或增碳等不正常操作。扒除氧化渣后，进入还原期发现碳高，将被迫吹氧氧化，这种不正常操作称为重氧化。重氧化延长了冶炼时间，增加操作劳动强度，浪费原材料，使钢液过热等，因此操作中应力求避免。如果氧化末期终点碳控制过低，则扒渣后必须增碳。增碳将延长冶炼时间10~15min，并会增加钢中夹杂物和气体，也是一种不正常的操作。

5.4.4.6　温度控制

氧化期总的来讲是一个升温阶段，升温速度的快慢要根据钢液磷的情况而定。然而不管如何，最终到氧化末期，对于大多数钢种来讲，必须将钢液温度升高到大于该钢种的出钢温度10~20℃。

这是因为还原期渣面平静，升温很不容易，增大电流会使电弧下的钢水过热，增加吸气量。同时电弧热大量反射给炉顶、炉墙，使它们过早损坏。所以还原期只是个保温过程。再考虑到扒除氧化渣、造还原炉渣以及加入铁合金等都会使钢液降温。因此，氧化期必须将钢液温度升高到大于该钢种的出钢温度 10～20℃。否则，将造成还原期后升温而严重影响钢的质量、产量及损坏炉体，并给操作造成困难。

5.4.4.7 净沸腾

当温度、化学成分合适，就应停止加矿或吹氧，继续流渣并调整好炉渣，使成为流动性良好的薄渣层，让熔池进入微弱的自然沸腾，称为净沸腾。

净沸腾时间约为 5～10min，其目的是使钢液中的残余含氧量降低，并使气体及夹杂物充分上浮，以利于还原期的顺利进行。

在冶炼低碳结构钢时，由于钢中过剩氧量多，应按 0.2% 计算加锰预脱氧，并可使碳不再继续被氧化，称为锰沸腾。有人认为，这时用高碳锰铁可以出现一个二次沸腾，较为有利，也有人认为加入硅锰合金可使预脱氧的效果更好。这两种观点各有理由，尚无定论。

在沸腾结束前3min，充分搅拌熔池，然后进行测温及取样分析，准备扒除氧化渣。

5.4.4.8 扒渣

氧化期炉渣中含 FeO 很高，又含 P_2O_5，为了还原期脱氧及防止回磷必须扒渣。扒渣过程中，钢液温度急剧降低，钢液直接从炉气中吸收气体，所以扒渣速度要快。

扒渣条件：

（1）扒渣温度要高于出钢温度 10～20℃。

（2）化学成分：扒渣前碳、磷及其他限制性成分符合要求。

通常规定如下：

碳：[C] = 成品规格下限 - （0.03%～0.08%）

或者 [C] = 成品规格下限 - 铁合金增碳量 + （+0.02%～-0.03%）

磷：越低越好，一般应小于规格的半数。

具体为：

优质钢：$w_{[P]} \leqslant 0.015\%$

高级优质钢及高锰钢：$w_{[P]} \leqslant 0.01\%$

其他元素成分合适。

5.4.4.9 增碳

增碳是不正常的操作，但是氧化末期碳含量过低需要增碳，可在扒渣后裸露的钢液面上撒加纯净、干燥的碳粉，进行增碳。增碳量可参考下式进行计算：

$$用电极粉增碳量 = \frac{钢水量 \times 增碳量}{收得率（70\%）} \tag{5-12}$$

在实际操作中，加入量不得超过 1kg/t，并应结合炉温、钢种及扒渣干净程度来定。一般来讲，炉温高，渣扒得干净，则钢液吸碳率高，否则就低。如果氧化渣残留得多，炉温又偏低则很难增碳。

也有用生铁进行增碳，但生铁中含碳量远低于焦炭粉和电极粉，而且磷、硫等杂质含量较高。因此，只有增碳量小于 0.05% 时方许使用。

5.5　还原期的操作及特征判断

通常把氧化末期扒渣完毕到出钢这段时间称为还原期。还原期的主要任务如下：

（1）脱氧。使钢液中溶解的氧含量下降到 0.002% ~ 0.003% 的水平，同时要减少脱氧产物对钢液的玷污程度。

（2）脱硫。保证成品钢的硫含量小于规格要求，对质量要求严格的钢种，硫含量越低越好。

（3）控制化学成分。进行钢液合金化的操作，保证成品钢中所有元素的含量都符合标准要求。

（4）调整温度。确保冶炼正常进行并有良好的浇铸温度。

这些任务互相之间有着密切的联系，例如温度正常方能使脱氧、脱硫及合金化任务顺利完成，良好的脱氧又有利于脱硫及成分控制。所以必须根据它们的内在联系制定合理的操作工艺制度。

5.5.1　还原期的目的

5.5.1.1　脱氧

经过氧化期操作，钢液是强氧化性的，其含氧量远大于碳氧平衡时的含量，含碳量愈低的钢液含氧量就愈高，如表 5-7 所示。

表 5-7　氧化末期钢液的过氧化程度

氧化末期钢中含碳量 $w_{[C]}$/%	1600℃碳氧化平衡时 $w_{[O]平}$/%	氧化末期实际含氧量 $w_{[O]}$/%	过氧化程度 $w_{(\Delta[O])}$/%
1.0	0.00226	0.007 ~ 0.011	0.0047 ~ 0.0087
0.6	0.0038	0.015	0.0112
0.1	0.0226	0.04	0.0174

无论是生产钢锭还是铸件，钢中氧含量高对钢的加工性能及产品质量都极为有害。它的危害作用简单归纳如下：

（1）容易引起钢锭的冒涨、皮下气泡和疏松等冶金缺陷。

（2）钢液含氧高，浇铸时随温度下降析出的氧，与钢中硅、锰、铝等元素作用，生成的氧化物来不及浮出，造成钢中非金属夹杂物增多。

（3）氧降低硫在钢中的溶解度，加剧硫的有害作用。钢中 FeS 和 FeO 形成低熔点的共晶体（熔点 940℃）分布于晶界，当钢热加工时（一般加热温度 1000 ~ 1300℃）低熔点的共晶体于 940℃时熔化，使钢材在锻造或轧制时开裂。

（4）钢中含氧量高，使钢的综合性能（力学性能、电磁性能、抗腐蚀性能等）变坏。

为了限制或避免"氧"的种种有害影响，就必须最大限度地脱除钢中氧，并将脱氧产物排除出钢液，这个过程称为脱氧。

在电炉上应用的脱氧方法分为两类：沉淀脱氧与扩散脱氧。

A　沉淀脱氧

沉淀脱氧是将脱氧元素（即脱氧剂）直接加入钢液中与氧化合，生成稳定的氧化物，并和钢液分离，上浮进入炉渣，以达到降低钢中氧含量的目的，所以又称直接脱氧。例如：

硅脱氧 $\qquad [Si]+2[O]\Longrightarrow SiO_{2(固)}$ $\qquad$ (5-13)

锰脱氧 $\qquad [Mn]+[O]\Longrightarrow MnO_{(固)}$ $\qquad$ (5-14)

钛脱氧 $\qquad [Ti]+2[O]\Longrightarrow TiO_{2(固)}$ $\qquad$ (5-15)

铝脱氧 $\qquad 2[Al]+3[O]\Longrightarrow Al_2O_{3(固)}$ $\qquad$ (5-16)

反应后生成的 SiO_2，MnO，Al_2O_3，TiO_2 等称为脱氧产物。脱氧产物几乎不溶解在钢液中，又由于它们的密度比钢液小，所以在一定的时间以后大部分脱氧产物能上浮到炉渣里，达到了脱氧的目的。这些元素及元素的合金称为沉淀脱氧剂。

沉淀脱氧一般选择脱氧能力强，而且生成的脱氧产物也容易排出钢液的元素作为脱氧剂。

元素脱氧反应的通式： $\qquad x[Me]+y[O]\Longrightarrow Me_xO_{y固}$ $\qquad$ (5-17)

平衡常数为：

$$K=\frac{a_{Me_xO_y}}{[Me]^x[O]^y}$$ (5-18)

当脱氧产物生成纯氧化物时，$a_{Me_xO_y}=1$，则：

$$K=\frac{1}{[Me]^x[O]^y}$$ (5-19)

在同一温度下，平衡常数 K 值大的元素，其脱氧能力强。脱氧的化学反应均为放热反应，所以对某个脱氧元素来讲，K 值随着温度的升高而减小。图 5-26 是在 1600℃时钢液中一些元素的脱氧能力比较。各元素脱氧能力由强到弱的排列次序如下（当 $w_{[Me]}=0.1\%$ 时）：

Re、Zr、Ca、Mg、Al、Ti、B、Si、C、P、Nb、V、Mn、Cr、（Fe、W、Ni、Cu）。

氧化顺序在铁以后的元素，如镍、铜等元素与 FeO 不起反应，因为他们与氧的化合能力比铁弱，不能从 FeO 中夺取氧。因此，镍、铜等不能作脱氧剂，也不能被氧化去除。

实验测定，元素的脱氧能力（除锰外）随着钢液中的该元素含量的增加而降低，而且某些元素达到一定含量后反而会使钢液中氧含量升高。例如，$w_{[Cr]}>12\%$、$w_{[Si]}>2.5\%$、$w_{[C]}>2\%$、$w_{[Al]}>0.025\%$ 时，所以不是脱氧剂加入愈多钢中溶解的氧就愈少，它是有一个限度的。而镁虽然具有强的脱碳能力，但由于镁在钢液中的溶解度非常小，不可能使钢与镁之间发生分子交换，所以就不可能用纯镁使钢液脱氧。

锰作为脱氧剂虽然脱氧能力低，但在钢的脱氧过程中却是必不可少的。它的特点是随着钢液中锰含量的升高其脱氧能力增加，而且在钢液中存在着几种脱氧元素时将影响其他元素的脱氧能力。例如，锰提高硅和铝的脱氧能力，当含锰 0.5% 时，使硅的脱氧能力提高 30%~50%，使铝的脱碳能力提高 1~2 倍。当 $w_{[Mn]}=0.66\%$、$w_{[Si]}=0.17\%$ 时，使铝的脱氧能力提高 5~10 倍。

选用沉淀脱氧剂，除了要求具有一定脱氧能力外，还必须使生成的脱氧产物能尽量多地尽快地从钢液中排除出去，做到既脱氧，又较少玷污钢液。否则尽管使钢中溶解的氧量降低，但悬浮于钢液中的脱氧产物颗粒，由于排除不出而使钢中氧化物夹杂增多，成品钢材的力学性能及物理性能因此恶化。

炼钢中常用的脱氧剂，有单一的脱氧剂（如铝、硅、锰、钛等，其中硅、锰、钛以铁合金状态加入）和复合脱氧剂（如 Mn-Si，Ca-Si、混合稀土（Re）等合金）。

这些脱氧产物在钢液中上浮的速度主要取决于产物的性质及颗粒的大小，在静止钢液中符合斯托克斯公式：

$$v_{上浮} = \frac{2}{9}g\frac{\rho - \rho_1}{\eta}r^2 \qquad (5\text{-}20)$$

式中　ρ，ρ_1——分别为钢液和脱氧产物的密度，g/cm^3；

　　　　η——钢液黏度，通常变化在 0.001 ~0.003Pa·s 之间；

　　　　g——重力加速度，$g = 980cm/s^2$；

　　　　r——脱氧产物的半径，cm。

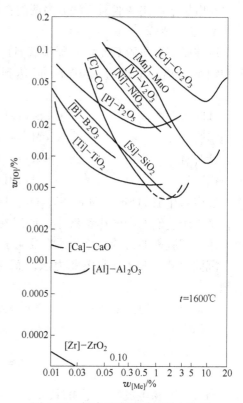

图 5-26　钢中元素的脱氧能力比较

例如，熔池深度为 550mm，当 $r = 0.026mm$ 时，用公式算出 $v_{上浮} = 1.1mm/s$，脱氧产物只需要 8.3min 就可以浮出钢液。但当 r 减少 10 倍，即为 0.0026mm 时，$v_{上浮} = 0.11mm/s$，则脱氧产物就需要 13.9h 才能浮出钢液，显然在实际上是难以去除的。

怎样才能形成大颗粒的夹杂物，悬浮于钢液里的固相或液相夹杂物，有一自发聚合长大的趋势，因为这个过程使熔池系统自由能减少，趋向于更稳定状态。但聚合速度又受夹杂物本身性质及钢液性质等条件的影响。生产研究指出，形成大颗粒夹杂物有两大途径：

（1）形成低熔点的，在炼钢温度下是液态的脱氧产物。因为液态的脱氧产物容易凝聚成大颗粒迅速上浮。

使用单一的脱氧剂在炼钢温度下，它的产物大部分为固体粒子，不易聚合上浮。所以必须同时使用几种脱氧剂或用复合脱氧剂，使生成物为低熔点的化合物。例如锰、硅同时脱氧在钢中生成低熔点的硅酸锰，$MnO \cdot SiO_2$ 的熔点仅 1270℃，而 MnO 和 SiO_2 的熔点却分别为 1785℃ 和 1713℃，如表 5-8 所示。但应注意，实验测定表明，无论在纯硅酸锰中或在 $SiO_2\text{-}FeO\text{-}MnO$、$SiO_2\text{-}FeO\text{-}MnO\text{-}Al_2O_3$ 系统中，只有当 SiO_2 的溶解度小于 47% 时，在炼钢温度下才能形成液态的硅酸盐或铝酸盐。所以锰、硅加入先后次序不同，硅酸盐的组成也不同，其性质也不一样。

表 5-8 某些脱氧产物的物理性质

化合物	熔点/℃	密度/g·cm⁻³	化合物	熔点/℃	密度/g·cm⁻³
FeO	1379	5.9	AlN	2200	3.26
MgO	2800	3.4	MnS	1610	4.02
CaO	2600	4.25	V_2O_3	2000	4.81
TiO_2	1640	2.28	WO_2	1770	12.11
SiO_2	1713	3.9	ZrO_2	2700	5.49
Al_2O_3	2050	5.0	$CaO \cdot Al_2O_3$	1600	
Cr_2O_3	2265	5.47	$3CaO \cdot Al_2O_3$	1535	
VN	2000	5.1	$MnO \cdot SiO_2$	1270	
TiN	2900	6.93	Fe	1539	7.9
BN	3000	3.26	MnO	1785	5.18

从表 5-9 可以看出：采用方案Ⅰ，生成的硅酸盐夹杂中 $w(SiO_2)>47\%$，所以硅酸盐夹杂是 SiO_2 过饱和的固态黏性质点，钢中夹杂物总量也较其他方案高。采用方案Ⅱ，生成的硅酸盐夹杂中 $w(SiO_2)=37.2\%$，硅酸盐夹杂呈液态，所以夹杂总量比方案Ⅰ大大减少。方案Ⅱ虽能取得良好的脱氧效果，但由于先加入 Fe-Mn，在脱氧开始时脱氧产物很不均匀。当再加入硅铁时，导致部分的 MnO 和 FeO 还原，在钢液内形成易熔的含锰、含铁的硅酸盐和被 SiO_2 过饱和的固态质点。这些固态质点的数量比方案Ⅰ少得多，但这些质点要黏聚到液态的硅酸盐上还需一段较长的时间。因此，生产中常常采用复合脱氧剂，以保证获得低熔点液态产物。

表 5-9 硅、锰脱氧剂加入次序对硅酸盐夹杂成分的影响

方案	方法	硅酸盐夹杂成分/%			夹杂总量/%
		SiO_2	MnO	FeO	
Ⅰ	先加硅后加锰	54.16	29.8	16.76	0.0268
Ⅱ	先加锰后加硅	37.20	55.25	7.55	0.0148
Ⅲ	用 Mn/Si=3.5 合金	37.73	57.73	8.54	0.0172
Ⅳ	用 Mn/Si=4.5 合金	34.74	58.60	6.66	0.0146

电炉常用的复合脱氧剂中各组元有一定的比例关系。对于 Mn-Si 合金来讲，要求 Mn/Si>3，才能保证形成液态的硅酸盐。当 Mn/Si>4.5 时，可以使钢中硅酸盐夹杂物总量进一步减少，如表 5-10 所示。但是当 Mn/Si>8 时，脱氧产物中除了易熔硅酸盐外，还存在纯氧化物 MnO，与易熔的硅酸盐相比较，其上浮速度低得多。另外，Mn/Si 比值过高势必降低合金中硅的含量而使脱氧不良，所以 Mn/Si 比值的提高受到一定的限制，目前炼钢中一般采用 Mn/Si=3.5~4.5 的硅锰合金。铝锰硅复合脱氧剂由于含有一定数量的铝，可使该合金中 Mn/Si 比值较高时仍能保持足够的脱氧能力。而硅钙复合脱氧剂不但具有很强的脱氧能力，而且还具有很强的脱硫能力。

综上所述，还原期如用锰、硅预脱氧及调整锰、硅成分时，最理想是加入 Mn/Si=4.5 的硅锰合金，或锰、硅同时加入，其次是先加锰后加硅，而先加硅后加锰对钢质量是十分不利的。

表 5-10　硅锰合金中 Mn/Si 值对夹杂物含量的影响

Mn/Si	3.5	4.5	6	7
夹杂物总量/%	0.0172	0.0146	0.0119	0.0118

（2）形成与钢液间界面张力大的脱氧产物，也易于在钢液中黏结聚合为大的"云絮"状颗粒集团快速浮出钢液。

设钢液中有两颗夹杂物聚合为一个大颗粒夹杂物，如图 5-27 所示。其表面能的变化必然是：

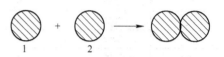

$$\sigma_{夹1-夹2}S_{1-2} - (\sigma_{钢-夹1}S_1 + \sigma_{钢-夹2}S_2) < 0$$

$$(5-21)$$

图 5-27　夹杂聚合示意图

式中　$\sigma_{夹1-夹2}$——两颗夹杂物间的界面张力；

　　　$\sigma_{钢-夹}$——钢液与夹杂物间的界面张力；

　　　S——界面积。

如把两颗夹杂物颗粒看成大小相等，并认为性质相近，则有：

$$\sigma_{钢-夹1} = \sigma_{钢-夹2} = \sigma_{钢-夹}$$

$$(5-22)$$

则表面能的公式变为：$\sigma_{夹1-夹2}S - 2\sigma_{钢-夹}S_1 < 0$

$$(5-23)$$

$$2\sigma_{钢-夹} > \sigma_{夹1-夹2}$$

$$(5-24)$$

可以看出，钢与夹杂物间的界面张力（$\sigma_{钢-夹}$）愈大，夹杂物自发聚合的趋势就愈大。

一般脱氧元素生成的脱氧产物同钢液间的界面张力都远大于其产物之间的界面张力，但以铝较突出。用强脱氧剂铝脱氧，生成高熔点细小的 Al_2O_3 夹杂物。而 Al_2O_3 与纯铁液间的界面张力高达 2N/m（SiO_2 同纯铁液间的界面张力约为 0.6N/m），在钢液中受到排斥而迅速聚合在一起，呈大簇"云絮"状的 Al_2O_3 颗粒集团能快速浮出钢液。

沉淀脱氧是目前炼钢生产中应用最广的脱氧方法。其优点是操作简便，反应迅速，因此生产效率高而成本低，对于重要用途的钢种也是必不可少的脱氧方法，在各炼钢方法中广泛应用。但沉淀脱氧的主要缺点是：总有一部分脱氧产物残留在钢液中，影响钢的纯洁度。

在电炉上应用沉淀脱氧主要是预脱氧和终脱氧，此外某些元素作为合金成分加入钢中，也能起到沉淀脱氧作用，预脱氧在氧化末期或稀薄渣形成时进行，多数用铝，也有加Fe-Mn，Fe-Mn-Si（可按锰规格下限加入）或用 Ca-Si 块。

终脱氧作为还原期最后补充的脱氧操作十分重要。终脱氧总是用强脱氧元素加入钢液，使钢液中氧量再进一步降低。出钢前用强脱氧剂终脱氧，除脱氧外还能够细化晶粒，以改善钢材的性能。例如用铝终脱氧，使钢中含有 0.02% ~0.03% 残铝，就能细化晶粒，提高钢的冲击韧性；用钛脱氧也有细化晶粒的作用，还能与氮结合，减少氮对力学性能的有害影响；用硅钙合金终脱氧能减少 Al_2O_3 链状夹杂，减少钢的纵向与横向性能差别，还能增加钢液的流动性，改善钢锭表面质量。

　　B　扩散脱氧

扩散脱氧是电炉炼钢特有而基本的脱氧方法，又称间接脱氧法。其原理是依据溶质在两种互不相溶的溶剂中溶解度的分配定律。氧作为溶质在钢液与炉渣中的浓度比，在一定温度下是一个常数，可用下式表示：

$$L_O = \frac{\sum (FeO)}{[O]_{平}} \tag{5-25}$$

式中 $\sum (FeO)$——炉渣中的氧化铁总量；

　　　$[O]$——钢液中氧含量；

　　　L_O——氧在炉渣和钢液中的分配系数。

L_O 值与温度及炉渣成分有关，如图 5-28 所示。当碱度为 2，温度为 1600℃ 时，$L_O \approx 200$。

所以设法降低渣中 FeO 含量，使其低于与钢液平衡的氧量，则钢液中的氧必然要转移到炉渣中，从而使钢中含氧量降低。

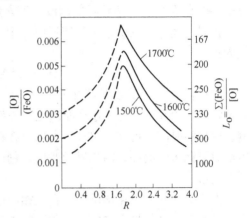

图 5-28　氧的分配系数和炉渣碱度的关系

例 5-1　冶炼 20 号钢，熔池温度为 1600℃，氧化结束钢中的 $w(O) = 0.03\%$，扒渣后用石灰、萤石和废火砖块造碱度为 2 的炉渣，渣量为 3%，造渣后氧在渣钢之间的分配达到平衡时，钢中 [O] 及渣中 (FeO) 各为多少？

解：因为新造的炉渣中不含 FeO，所以有脱氧能力。造渣前钢中氧的总含量应该等于造渣后钢液中的氧含量加上进入炉渣的 FeO 中的所含的氧量，即可以写成：

$$0.03\% = [O]_{平} + \frac{(FeO)_{平} \times 16}{72} \times \frac{3}{100} \tag{5-26}$$

式中 $[O]_{平}$——造渣后钢中与炉渣达到平衡时的氧含量；

　$(FeO)_{平}$——造渣后平衡时渣中 FeO 的含量；

　0.03%——造渣前钢中的总含氧量；

　3/100——渣量；

　16/72——氧相对原子质量/FeO 相对分子质量。

1600℃ 达到平衡时，氧在渣钢间的分配系数为：

$$L_O = \frac{(FeO)_{平}}{[O]_{平}} = 200 \tag{5-27}$$

将式（6-27）代入式（6-26）得：

$$w_{[O]_{平}} = 0.013\%$$

$$w_{(FeO)_{平}} = 2.6\%$$

上述计算说明造新渣后钢液中氧向渣相转移，结果是钢液中氧由 0.03% 降至 0.013%，而渣中 FeO 由 0 增加到 2.6%，从而达到了脱氧的目的。

为了将钢液中氧进一步降低，只需设法将渣中 FeO 减少。因此，往渣面上撒加与氧结合能力比较强的粉状脱氧剂，如碳粉，Fe-Si 粉、铝粉、Ca-Si 粉或碎电石（CaC_2）等，使之与渣中 FeO 发生下列反应：

$$(FeO) + C =\!=\!= [Fe] + \{CO\} \tag{5-28}$$

$$(FeO) + 1/2Si = [Fe] + 1/2(SiO_2) \tag{5-29}$$

$$3(FeO) + 2Al = 3[Fe] + (Al_2O_3) \tag{5-30}$$

$$3(FeO) + SiCa = 3[Fe] + (SiO_2) + (CaO) \tag{5-31}$$

$$3(FeO) + CaC_2 = 3[Fe] + (CaO) + 2\{CO\} \tag{5-32}$$

反应结果，使渣中 FeO 大幅度降低，这就破坏了氧在渣钢之间的浓度分配系数，钢液中的氧就会不断地向炉渣扩散转移，力图达到新的平衡。因此，扩散脱氧就是不断地降低渣中 FeO 的含量，来达到降低钢液中氧含量的一种脱氧方法。

仍以上述例子说明，假若使还原渣中 $\Sigma(FeO) = 0.5\%$，达到平衡，钢液中氧的含量应为：

$$[O] = 0.5\% / 200 = 0.0025\% \tag{5-33}$$

这样低的氧含量在实际生产中是很难达到的，在还原末期一般中碳钢中氧量约为 $0.005\% \sim 0.007\%$。这是什么原因呢？关键在于钢中氧往渣相的扩散转移速度很慢，而炼钢还原期的时间不可拖得很长，所以氧在钢渣两相的浓度分配是远离平衡状态的。只有在出钢时渣钢激烈混冲，两相界面激增，创造了扩散极为有利的条件时，分配系数才接近达到平衡值。

由于扩散脱氧时化学反应是在渣相内进行的，脱氧产物溶解在渣液里或进入炉气，很少玷污钢液，这是最大的优点。用碳粉扩散脱氧，其脱氧产物是 CO 气体，根本不会玷污钢液，同时能使炉内具有还原气氛。这两个特点是其他脱氧剂所没有的。但用碳粉还原由于固态碳粉与渣中 (FeO) 的反应不完全，且速度较慢，只能将钢液脱氧到一定程度，所以生产中还必须用硅铁粉或其他强脱氧剂进一步扩散脱氧。然而由于硅铁粉密度介于渣钢之间，部分硅铁粉起到沉淀脱氧作用，(SiO_2) 还有可能玷污钢液，所以用硅铁粉还原前要尽可能先用碳粉（或碎电石块）还原。同时为了保持炉内还原性气氛，也需要分批少量地向渣面加入碳粉。

扩散脱氧最明显的缺点是脱氧速度缓慢，为了把钢中氧降得较低，需要花费很长时间。

比较扩散和沉淀脱氧两种方法，归纳如下：

扩散脱氧：脱氧产物很少玷污钢液，钢液清洁；但脱氧速度慢，延长还原时间。

沉淀脱氧：脱氧产物玷污钢液，钢中夹杂物影响钢质量；但脱氧速度快。

基于上述分析，在电炉实际生产中普遍采用综合脱氧法。

C　综合脱氧

综合脱氧是在还原过程中交替使用沉淀和扩散脱氧，即沉淀、扩散联合脱氧法。

传统的电炉脱氧制度为：还原期开始用沉淀脱氧，加入锰铁、硅铁或铝块等，称为预脱氧；薄渣形成后，用粉状脱氧剂扩散脱氧；出钢前再用强脱氧剂铝块、硅钙块等沉淀脱氧，称为终脱氧。

这种脱氧制度既达到了脱氧效果，又加快了脱氧速度。其优点可解释为：在氧化期转入还原期时，钢液为强氧化性，含氧量较高。这时加入块状脱氧剂到钢液中，能迅速降低钢中溶解的氧（降至 $0.01\% \sim 0.02\%$）。这就大大减轻了还原期的任务，其脱氧产物能在还原期间上浮，使钢液玷污程度减少。紧接预脱氧后采用扩散脱氧，一方面进一步扩散脱除钢液中的氧，另一方面造成和保护炉内的还原性气氛，减少钢液的氧化。在扩散脱氧过程中，渣中（FeO）含量应降得很低（小于0.5%），并适当保持一段时间，此时钢中氧已降得较低，继续扩散脱氧其速度就很小。在出钢前再用强脱氧剂沉淀脱氧，进一步降低钢中溶解的氧（下降到约0.00296% ~ 0.005%）。由于加入终脱氧剂到出钢这段时间很短，必然有一部分脱氧产物来不及上浮而留在钢液中，但在出钢过程中采用钢渣混冲，极大地增加了钢渣的接触界面。还原渣洗涤及吸附钢中的夹杂物，并在浇铸前的镇静过程中上浮排除，同时混冲使扩散脱氧过程大大加快，进一步降低钢中的含氧量。这样的脱氧操作，充分发挥扩散和沉淀脱氧的优点，弥补不足之处，长期以来认为是一种比较合理的脱氧制度。

5.5.1.2 脱硫

硫在钢铁料中是必然存在的元素，通常对钢质是有害的，炼钢过程中应尽力把它去除掉。

A 影响脱硫的因素

从炼钢的基础理论中已知炉渣脱硫反应为：

$$[FeS] \longrightarrow (FeS)_{界面} \tag{5-34}$$

钢液中硫向渣钢界面扩散转移：

$$(FeS) + (CaO) === (CaS) + (FeO) \tag{5-35}$$

$$(MnS) + (CaO) === (CaS) + (MnO) \quad （高锰钢） \tag{5-36}$$

在钢渣界面上进行脱硫化学反应。

根据上述反应式分析电炉还原期中影响脱硫的几个主要因素：

（1）还原渣碱度。渣中CaO是脱硫的首要条件，在酸性渣中CaO全部被SiO_2所结合而无脱硫能力，所以脱硫要在碱性渣条件下才能进行。随着碱度增大，渣中的自由CaO含量增多，炉渣的脱硫能力增大。但碱度过高会引起炉渣黏稠，而不利于脱硫反应进行。生产经验认为，$R = 2.5 ~ 3.5$时脱硫效果最好。炉渣碱度与$L_S = (S)/[S]$的粗略关系如图5-29所示，L_S通常波动在30~50之间。

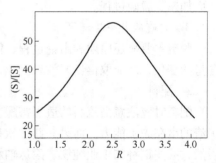

图5-29 炉渣碱度与硫分配系数的关系
$w_{[Mn]} = 0.6\% ~ 0.8\%$；
$w(Fe) = 0.5\% ~ 0.55\%$

（2）渣中FeO含量。在电炉还原期中，（FeO）随着扩散脱氧的进行而逐渐降低，从脱硫反应式中可以看出，随着（FeO）降低脱硫反应顺利进行。当（FeO）降到0.5%以下，其脱硫能力显著提高，如图5-30所示。因此，在还原气氛下的电炉渣只要保持较高的碱度，脱硫效果极为显著，表明了脱硫与脱氧的一致性，因此在电炉冶炼中钢液脱氧越完全，脱硫也越有利。

（3）渣中CaF_2和MgO。渣中加入CaF_2能改善还原渣的流动性，提高硫的扩散能力有利于脱硫。同时CaF_2能与硫形成易挥发物，有直接脱硫作用；且不影响碱度。然而由于考虑对炉衬的侵蚀作用，CaF_2用量不宜过多。

MgO是碱性氧化物，有人认为脱硫能力与CaO相同，另有人认为脱硫能力很小，意见并不一致。但是渣中MgO含量高会使炉渣流动性变坏，影响硫的扩散能力，并给脱氧等操作带来许多困难，因此一般都不希望炉渣含有高的 MgO。

（4）渣量。适当加入渣量可以稀释渣中 CaS 浓度，对去硫有明显效果。实际操作中，渣量控制在钢水量的 3% ~ 5%，如果渣量过大使渣层过厚，脱硫反应就不活跃。为此，钢中硫并不随着渣量的增加而按比例下降。同时，渣量过大电耗也大，原材料消耗也增加。还原期一般不换渣去硫，以免降温及增加钢中气体含量。但炉料含硫量高时，也可把渣量增大到 6% ~ 8%，并采用换渣脱硫。

（5）温度。脱硫反应的平衡常数 K_S 与温度关系式为：

$$\lg K_S = \frac{-6024}{T} + 1.79 \qquad (5\text{-}37)$$

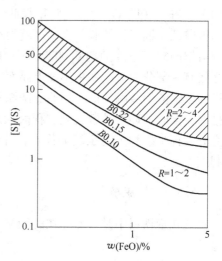

图 5-30　电弧炉还原渣中（FeO）对硫分配系数的影响

（$B = n_{CaO} + n_{MgO} - 2n_{SiO_2} - 4n_{P_2O_5} - n_{Fe_2O_3} - n_{Al_2O_3}$）

在炼钢温度范围内（1500 ~ 1650℃），K_S 随温度的变化值不大，所以温度对脱硫的平衡状态影响不大。但钢渣间的脱硫反应状态远离平衡，脱硫的限制性环节是硫的扩散速度小，提高熔池温度改善了钢渣的流动性，提高硫的扩散能力，从而加速了脱硫过程。

B　脱硫的几个工艺环节

脱硫主要靠还原期和出钢过程，但是应该从整个冶炼过程的各个环节注意控制钢液硫含量的变化，才能取得良好效果。

a　配料

配料时应注意高硫料的适当搭配，分散使用，以免一些炉次的硫含量很低，不能发挥炉渣的潜在脱硫能力。而另一些炉次硫含量配得过高，造成脱硫任务过重以使操作被动，当然，某些钢种如工业纯铁、滚珠轴承钢等，配料中必须严格掌握，尽量配低。

b　熔化期和氧化期

熔化期和氧化期一般可以不过多考虑脱硫问题。但炉料含硫过高时，也应在保证完成主要任务的前提下，特别是在氧化期脱磷任务并不很重的情况下，注意运用氧化去硫及氧化渣脱硫的手段，脱掉一部分硫，以减轻还原期的任务。

通过造高碱度流动性良好的炉渣，配合吹氧脱碳，适当提高熔池温度，是可以具有脱硫能力的。去硫率波动在 15% ~ 35% 之间。

c　还原期

脱硫往往伴随着脱氧造渣操作一并进行，只有在钢液中硫含量很高的情况下，才有其独立的操作过程。为使脱硫能顺利进行，应注意：

（1）薄渣一形成就加入足够的脱氧剂，迅速造好流动性良好的白渣。整个还原期白渣要稳定，$w(\text{FeO}) \leqslant 0.5\%$，不能忽高忽低，这对于稳定脱硫效果极为重要。

（2）保持钢液和炉渣的高温，勤推渣、多搅拌，在电力制度方面运用低电压短电弧，以增加炉渣转动的推力，为硫在渣钢界面间扩散创造良好条件。

（3）适当运用合金元素对脱硫的有利作用。如将碳、锰、硅等元素在还原初期合金化中配加到规格下限或接近下限。又如硅钢中，$w_{[Si]} = 3\%$ 时，能使硫在钢液中的溶解度比原来降低 3 倍；一些对硫含量和硫化物夹杂要求高的钢种，在终脱氧时可选择 Ca-Si 或稀土合金作终脱氧剂，直接脱氧及脱硫。

（4）在还原期［S］较高的情况下，可增大渣量到 6% ～ 8%，也可以扒除部分还原渣，补加一批渣料再行造渣。但是这种操作是不希望的，对钢质量和生产率均无好处，力求避免。

d　出钢

出钢环节往往是争取硫含量进入成品规格范围的关键，因而是脱硫操作的重点。由于脱硫反应在炉内远远达不到平衡，而在出钢过程中，渣钢激烈混冲两相接触面成千上万倍增加，脱硫容易趋于平衡。在正常出钢过程中，至少可以脱除 50% 的硫。

生产统计表明，电炉炼钢中硫含量出格的事故多数是因为出钢过程炉渣受阻，先钢后渣，或出钢钢流细散、混冲无力所造成的。

根据以上所述，要求顺利地达到钢液去硫的目的，必须具备下列条件：

（1）钢液脱氧必须良好，也就是说炉渣中的 FeO、MnO 浓度要低。

（2）炉渣必须具有高的 CaO，即炉渣的碱度要高，尤其是炉渣中的自由 CaO 含量要高，炉渣的流动性要好，并且要有足够的渣量。

（3）要保证在一定高的温度下进行脱硫操作，同时要加强搅拌以加速脱硫反应的进行。

（4）出钢过程中应适当加大出钢口和放低钢包，钢渣同出激烈混冲，以进一步降低钢液中的含硫量。

5.5.1.3　钢液的合金化

电弧炉所炼的钢种有几百种，区别在于成分的差异，成分控制贯穿从配料到出钢的各个环节，但还原期成分控制的重点是合金元素成分的控制。

成分控制首先要保证成品钢的元素含量全部符合标准要求。现有钢种成分标准中，多数元素的成分规格范围较宽，控制成分容易实现。然而，同样合格的若干炉相同钢种，性能差异往往很大，这主要是钢中化学成分上的差异。为此往往要求更精确地把成分控制在一个狭窄的范围内，称为控制成分。例如 1Cr18Ni9Ti 无缝钢管，要求铬含量控制接近下限，镍含量控制于上限，才能保证穿管时加工性能良好。

调整成分时，应尽可能提高合金元素的回收率，减少元素的烧损，节约合金用量。特别是贵重元素与我国稀缺的元素，更应节约使用，在不影响钢的性能前提下，按中下限控制，减少加入量。

A　合金加入的原则

在合金化中起决定作用的是合金元素的化学稳定性，即与氧的亲和力，这是确定合金化工艺的基本出发点。其次是合金的熔点、密度、加入量的多少等，也都必须加以考虑。一般说来，和氧亲和力小、熔点高或加入量多的合金元素可在熔炼前期加入，合金元素与氧亲和力较大的一般是还原期加入，加入早晚也需根据加入量来决定，而易氧化元素（Al、Ti、B 等）则是在还原后期（出钢前）或在盛钢桶中加入。

B　合金化操作特点

合金化操作的特点包括:

(1) 镍、钴、铜等元素在炼钢过程中不会被氧化掉,故可在装料中配入,或在熔化期和氧化期加入。

(2) 钨、钼元素和氧亲和力比较小,且密度大熔点高,提前加入有利于熔化和均匀成分。氧化法冶炼可在薄渣时加入;返回吹氧法冶炼时可随炉料加入,但吹氧助熔应在熔化后期熔池温度稍高时进行,以减少钨的氧化损失。还原期补加钨铁的块度要小些,加入高温区,并要加强搅拌。当补加量不低于 0.5% 时,补加后应过 20min 才能出钢。

(3) 锰、铬和氧亲和力大于铁,一般在还原初期加入,后期调整。锰的回收率在 95% 以上,铬的烧损主要是形成 Cr_2O_3 进入渣中,常使还原渣呈绿色并变粘,这在冶炼高铬钢时特别明显,后期补加铬量达 1% 时,补加后应过 10~15min 才能出钢。

(4) 钒与氧亲和力较强,要在钢液和炉渣脱氧良好的情况下加入。冶炼低钒钢 ($w(V)$<0.3%) 在出钢前 8~15min 加入,冶炼高钒钢 ($w(V)$ = 1%) 可在出钢前 30min 内加入,熔化、均匀后取样分析,并在出钢前调整。

(5) 冶炼硅钢时,在出钢前 10min 左右按规格中上限加入 (包括残余硅);一般钢种在出钢前 5min 调整加入硅铁。对硅的合金化应注意几点:

1) 高硅钢在出钢前 10min 左右加入大量硅铁,由于密度较轻,部分硅铁浮在炉渣中,需用大电流使 Fe-Si 及时熔化和进入钢液,否则那些未熔 Fe-Si 在出钢过程中可能残留在炉内,造成钢中硅低出格。

2) 冶炼含铝、钛等钢种,必须考虑回硅现象,因此必须给硅成分调整留下充分余地。例如:38CrMoAl,12CrMoSiTiB 等钢中的硅都调整到规格下限以下 0.06%~0.1%。

3) 还原期用 Fe-Si 粉扩散脱氧会使钢液增硅,增硅量取决于渣况、温度和加入 Fe-Si 粉的量,一般增硅量约 0.1%。

(6) 铝、钛、硼是极易氧化元素,因此加入前钢液必须脱氧良好,炉渣碱度适当,炉内还原气氛强。

硼: 加硼前首先要向钢液加适量的铝和钛,以脱氧固氮提高硼的回收率。加入方法通常有两种,一种是在出钢前 2~3min 将硼钢用铝皮包好,迅速插入钢液;另一种是出钢时加入,先快速摇炉,使炉渣不出来,倒出钢水 1/3 时,将硼铁随钢流加入盛钢桶内,然后钢渣同出。

钛: 冶炼低钛钢时,在出钢前 5~10min 加入,也可出钢时加入盛钢桶中,但要注意增硅 (0.1% 左右)。冶炼高钛钢时,$w(Ti)$>0.5%,当炉中硅已较高时,应扒渣,钛铁在出钢前 10min 加入。

铝: 作为合金元素是在出钢前 10min 加入,加前要扒掉炉渣,将铝块加在钢液界面上,然后向炉内加入占料重 2%~3% 的石灰和萤石,采用高电压化渣,化好渣后出钢。

(7) 其他合金元素。氮通常在还原期用含氮锰铁或含氮铬铁加入,钢液中含有锰和铬可提高氮的回收率;磷、硫在还原期加入,但必须造中性渣,以保证回收率;稀土元素采用稀土合金或稀土氧化物在插铝后加入,回收率在 30%~50% 之间。

合金加入时间及回收率如表 5-11 所示,以做参考。

表 5-11 合金加入时间及回收率

合金名称	冶炼方法	加入时间	回收率/%
镍		装料加入 氧化期加入，还原期调整	>95 95～98
钼铁		装料或熔化末期加入，还原期调整	>95
钨铁	氧化法 返回吹氧法	氧化末期或还原初期装料	90～95 低钨钢 85～90 高钨钢 92～98
锰铁		还原初期 出钢前	95～97 约 98
铬铁	氧化法 返回吹氧法	还原初期装入，还原期调整（不锈钢）	95～98 80～90
硅铁		出钢前 5～10min	>95
钒铁		出钢前 8～15min（含 $w(V)$ <0.3%）出钢前 20～30min（含 $w(V)$ = 1%）	约 95 95～98
钛铁		出钢前	40～60
硼铁		出钢时	30～50
铝	含铝钢	出钢前 8～15min 扒渣加入	76～85
磷铁	造中性渣	还原期	50
硫	造中性渣	扒氧化渣插铝后或出钢时加入包中	50～80
稀土合金		出钢前插铝后	30～40

5.5.2 还原期的造渣操作

目前电弧炉炼钢中用于扩散脱氧的渣系有：碱性电炉的白渣与电石渣、酸性电炉的酸性渣，以及火砖渣（半酸性渣）。它们的大致成分如表 5-12 所示。

表 5-12 还原渣系的成分 （%）

渣系	白渣	电石渣	酸性渣	火砖渣
CaO	50～55	55～65	17～24	20～24
SiO_2	15～20	10～15	55～60	30～35
MgO	<10	8～10		20～30
MnO	<0.4		5～10	0.35～2.0
Al_2O_3	2～3	2～3	5～10	15～55
CaF_2	5～8	8～10		
CaC_2		1～4		
CaS		<1.5		
FeO	≤0.6～0.5	<0.5	3～5	1～4

5.5.2.1　白渣和电石渣

白渣是电炉炼钢中常造的一种碱性渣，具有良好的脱氧和脱硫的能力。白渣的碱度高（在3左右），氧化钙在60%左右。好的白渣在炉中发生泡沫，并会均匀地粘在样勺或耙子上，冷却后呈白色会变成粉状。造白渣的方法是在稀薄渣形成后，向炉中加电石、碳粉、硅铁粉等，还原炉渣中的氧化铁和氧化锰等氧化物。随着渣中氧化物减少，炉渣就逐渐变白。白渣极易与钢水分离而上浮，较少玷污钢水，所以通常规定必须要在白渣下出钢。

电石渣是电弧炉炼钢中采用的另一种碱性还原渣，这种渣子中含有碳化钙，含CaC_2在1%~2%时称弱电石渣，冷却后呈灰色，并有白色条纹。含CaC_2在2%~4%时称强电石渣，冷却后呈灰黑色。电石渣易黏附在钢液上，不易分离上浮，此时不能出钢，但脱氧脱硫能力较白渣强。

碱性电弧炉炉渣主要是采用白渣精炼，电石渣用得较少，尤其不适用于低碳钢及对含碳量规格范围狭窄的钢种。有时为了提高炉渣的脱氧能力，在开始还原时可适当多加些还原剂，使炉渣略呈灰色或灰白色（弱电石渣）。这种渣在短时间内即能转变成白渣。所以生产中有时会出现白渣精炼中形成电石渣与弱电石渣。白渣与电石渣比较如表5-13所示。

表5-13　白渣与电石渣的比较

项　目	白　渣	电石渣
早期成渣速度	快	慢
脱氧剂在炉渣中溶解情况	碳、硅皆不溶于渣	CaC_2能溶于渣
渣色	白色鱼子状	灰黑色白条纹无光泽
炉内形成的还原气氛	弱	强
成渣后的扩散脱氧速度	较慢	较快
脱氧剂加入对炉渣影响	硅粉加入影响碱度和流动性	对碱度和流动性都不影响
钢液的增碳程度	小	大
脱氧剂用量情况	碳粉量少、硅粉受限制	碳粉量大（3~4kg/t）
炉渣与钢液的润湿性	差	好
总的还原时间	短	长
能否出钢	能	不能

5.5.2.2　造渣制度

A　碱度和（FeO）含量

碱度大小影响炉渣的反应能力，氧化期炉渣要求氧化性强，而还原期则完全相反，要求炉渣中（FeO）尽量低。炉渣碱度、（FeO）含量与钢中氧含量的关系如图5-31所示。

从图5-31中可看出，当碱度$R>2$时，钢中氧量[O]随着R的增加而减少。所以从脱氧的角度出发，炉渣碱度应当尽可能大些。但碱度太大，炉渣会变稠，流动性变差，所以当 $R>3.5$ 时，对脱氧能力的提高就不显著了。从图中还可以看出，当碱度相同时，渣中（FeO）含量越低，[O] 越少。因此，为了保证钢液降到合乎要求的含氧量，白渣或电石渣的碱度应保持在 $R=3$ 左右，出钢前（FeO）应小于 0.5%。

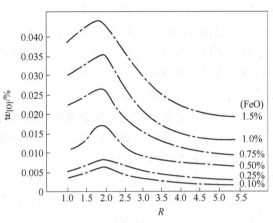

图 5-31　在 1600℃炉渣碱度、（FeO）含量与钢中氧含量的关系

B　炉渣的流动性

炉渣的流动性是影响渣钢间物化反应的重要因素。流动性良好的炉渣能活跃物化反应，炉渣过稠过稀都会降低脱氧脱硫速度，也会增加钢中气体。

还原期调整炉渣流动性多数采用萤石，但也可掺加部分废火砖块（成分大体为 $w(Al_2O_3)=35\%\sim40\%$，$w(SiO_2)=60\%$）。目前有些钢厂不使用含杂质较多的废火砖块，而使用干净的石英砂来代替部分萤石，并适当加大渣量（7%～8%）。这种炉渣渣况比较活跃而且稳定，可以得到疏松的小泡沫渣，温度较易控制，还原速度也较快，而且炉渣的隔气能力大，可以减少钢液从炉气中的吸气量。

用萤石调渣时，炉渣较稀，并且易吸气；用火砖块或石英砂调渣时，因含（SiO_2）较高，会降低炉渣碱度。生产经验证明，当还原渣中稀释剂总和（SiO_2）+（Al_2O_3）+（CaF_2）在 30%～35% 左右时，炉渣的流动性一般是良好的。如果小于此值或渣中 MgO 含量过大，则炉渣会黏稠起来。

C　渣量

钢液精炼时应保持适当的渣量。在一定限度内使渣量增大时，（FeO）和（CaS）的浓度相应降低，从而有利于钢液的脱氧和脱硫。渣量大，白渣也比较稳定，不易变黄，能保证炉渣的脱氧能力。另外，增大渣量时，出钢后相应地在盛钢桶内具有较厚渣层，有利于钢液的保温。但渣量过大，渣层过厚，会使熔池的物化反应不活跃，并使钢液熔池加热困难，增加电耗及浪费造渣材料，同时也会加剧对炉衬的侵蚀。

还原期渣量一般控制在 3%～5%。大容量电炉和冶炼中碳钢偏下限，小容量电炉和冶炼低碳钢以及对夹杂和发纹有严格要求的钢种偏上限，冶炼含贵重合金元素的钢种时，可适当减少渣量，以提高回收率。

5.5.2.3　渣况判断

评定白渣好坏首先应注意渣色，不仅要看炉渣白的程度，而且要看白渣的保持时间。白渣颜色稳定而保持时间长，才能说明钢液的脱氧良好。渣色反复变化，表明炉渣脱氧不良。碱性渣随着炉渣氧化性的高低而呈现不同的颜色，所以渣色是炉渣与钢液脱氧程度的标志。炉渣氧化性强时，即渣中氧化物如 FeO、MnO 等含量较高时，炉渣呈黑色，随着炉渣氧化性的减弱颜色也逐渐变浅，由黑色→棕色→黄色→浅黄色→白色（此时（FeO）一一般不大于 1%～2%）。如进一步脱氧还原形成电石渣时，根据含 CaC_2 量的多少，炉渣颜色逐渐转变灰白（$w(CaC_2)<2\%$）→灰色（$w(CaC_2)=2\%$ 左右）→深灰带黑（$w(CaC_2)>2\%$）。氧化渣一般都呈黑色，还原期如果炉渣呈淡黄色、黄色、棕色以至发黑时，就说明炉渣脱氧不良，须进一步加强还原。如果炉渣呈白色或稍带一些灰色，说明炉渣脱氧良好，可以不加或少加碳粉及硅铁粉。如果炉渣太灰，说明形成一定数量的碳化钙（CaC_2），出钢前要予以破坏，使之变成白渣。

作为一个炼钢工，在还原期必须能正确区分氧化渣与电石渣，如果判断错误，将给冶炼操作带来困难，并影响钢的质量。电石渣与氧化渣的区别方法如下：

氧化渣渣色黑而发亮，强电石渣呈黑色，有时还带有白色条纹；氧化渣遇水无反应，电石渣遇水后分解出难闻的乙炔气体；炉渣冷下来氧化渣比较疏松，电石渣较致密；打开炉门观察时，如是氧化渣炉内较清楚，如是电石渣，则炉内模糊看不清。

此外，还原期也可以根据冒出的烟尘来判定渣况。电石渣烟浓，颜色发灰黑；白渣或弱电石渣，烟尘呈灰白色；炉渣脱氧不良时烟尘灰黄色。

随时观察及掌握炉渣颜色，对控制钢液成分也有很大影响，如是灰渣容易增碳，黄渣下加合金易使回收率偏低，黄渣下出钢硅、锰、铬等元素容易降低。

在操作中有时因种种原因，造成炉渣流动性及渣量的不正常，应按要求及时处理。

5.5.3　还原期温度控制操作

5.5.3.1　冶炼温度控制的重要性

炼钢是在高温下进行的，依钢种不同，其温度范围为 1550～1650℃，一般都高出所炼钢种熔点 80～150℃。温度是熔池中一切物理化学反应头等重要条件，它影响着各种反应进行的方向、限度与速度，直接决定了冶炼操作的效果与能否进行，影响着钢的质量与产量。

温度的控制贯穿在整个熔炼期，但还原期的温度调整十分关键。正确的温度控制不仅能保证还原期一切任务的顺利完成，而且还直接影响下道工序（浇铸成品钢）操作的正常与否。

控制温度的意义在于：

（1）影响还原精炼操作。温度过高炉渣变稀，使白渣不稳定容易变黄，钢液脱氧不良且容易吸气；同时对炉衬侵蚀严重，影响炉龄及增加外来夹杂物。

温度太低时，熔渣流动性差，钢渣间物化反应不能顺利进行，脱氧、脱硫及钢中夹杂物上浮等都进行不好。而且钢液成分不均匀性严重，影响化学分析准确性。此外，还造成还原期后升温，损坏炉墙、炉盖，并延长了冶炼时间，熔池温度不均匀，上层高下层低。

（2）影响钢液成分控制。还原期温度高低对合金的回收率、钢液成分的均匀性分析试样的代表性均有很大影响，所以温度控制不当给合金化带来困难。

如熔池温度偏高，易氧化的合金元素铝、钛、硼的回收率降低，硅、锰、铬这些元素的回收率偏高，特别是含铝、钛钢种的硅容易高出格。如果熔池温度偏低，则钨、钼等元素回收率偏低，成分不好控制。

（3）影响浇铸操作与钢锭质量。温度过高。在出钢与浇铸过程中极易吸收气体，二次氧化严重，并对盛钢桶衬和汤道等耐火材料侵蚀加剧，增加外来夹杂物。高温浇铸还容易出现冒涨、裂纹、缩孔、皮下气泡、白点、疏松、偏析等冶金缺陷，严重时导致浇铸事故，如盛钢桶漏钢、钢锭模被熔损等。

出钢温度过低，造成镇静时间不足，使钢中夹杂物不能充分上浮，影响钢的内在质量。过低的浇铸温度容易造成短锭、重皮、冷溅、缩孔和发纹等缺陷。甚至盛钢桶水口与塞棒头子粘住或冷钢结底，不能进行正常浇铸，造成整炉钢液报废。

5.5.3.2　熔池温度的判断

熔池温度的判断应依据仪表测量为主，并结合对操作情况的分析，判断出实际温度。对不正常情况温度的判断尤为重要。

炉前出现以下情况可能温度过高：

（1）炉料中配有高硅废钢，含硅量达0.8%以上；

（2）氧化法冶炼脱碳量大于0.5%，不氧化法冶炼炉料中铬、锰收得率高；

（3）脱氧剂用量正常，但还原时间过短；

（4）还原期加硅粉火焰大，并且收得率低；

（5）还原末期渣稀，钢液颜色亮白，炉内渣线处发现沸腾；

（6）还原期碳高重氧化；

（7）出钢前加入大量硅铁能使温度升高。

以下情况可能出现温度过低：

（1）大中修前几炉（3炉内）及炉龄后期炉壁薄、装入量增加时；

（2）熔化末期因塌料抬高电极、停电次数太多；

（3）氧化期磷高、扒渣次数太多，或镁砂渣引起扒渣次数过多，氧化末期炉渣过稀或过稠，扒渣时间过长；

（4）还原渣灰黑黏稠不易变白，或取样钢液颜色暗红；

（5）出钢渣子黏稠，倒不出渣子。

冶炼的整个过程应时刻注意炉况，如发现温度过高不及时处理，炉衬渣线处（尤其是2号电极及出钢口两侧）可能穿钢而造成漏钢事故。熔池温度偏低应及时改变供电功率及采取其他相应措施，如果依靠还原期使用大电压大电流升温，对炉衬损害十分严重。大量炉衬脱落易形成钢液中大颗粒氧化物夹杂，而且后升温要提高钢液温度十分困难。

综上所述，为防止温度不正常，整个冶炼过程都应加强对温度的控制，由于还原期正常的调温范围不大（30℃左右），所以控制好扒渣温度极为重要。生产经验表明，绝大多数钢种的扒渣温度应比其出钢温度高出10~20℃。对在还原期要加入大量铁合金的钢种，宜按上限控制，甚至可以高出30℃。因为铁合金加入钢液后的熔化并与钢液温度均匀的过程要吸热，虽然合金元素的熔解与钢中氧发生的氧化反应是放热过程，但除了加入大量硅铁、铝外，大部分铁合金加入后都是吸热量大于放热量而使熔池温度降低的。对于下列钢种扒渣温度可以低些，一般控制在出钢温度，甚至可低于出钢温度10~20℃。这些钢种为：

碳工钢：钢液流动性好，还原期几乎不加铁合金；中碳含锰钢：如40Mn2，钢液容易过热；硅锰钢：如30CrMnSi，60Si2Mn，70Si2Mn及电工硅钢等，其扒渣温度可低于出钢温度 10 ~ 20℃。

5.5.3.3 正确运用冶炼过程的电力曲线

整个精炼过程的温度应由高到低较为合理，正如生产实践所表明的那样：高温氧化、中温还原、低温浇铸，这有利于高产优质低消耗。因此，电力曲线的控制也应符合这一原则。

图 5-32 为实装 10 ~ 20t 电炉变压器功率为 3000kV·A 的电力曲线控制实例。图中也给出了钢液温度及液相线的变化情况，纵坐标为输入电流值，曲线上标明输入电压值，输入功率即为二者乘积。图中阴影区为电流可调节的范围，应根据钢液温度灵活掌握。

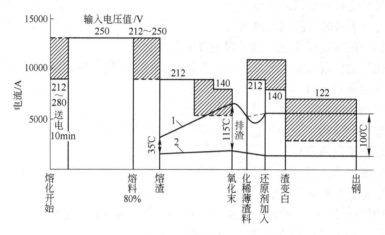

图 5-32　冶炼过程电力曲线控制图
1—熔池温度变化曲线；2—钢液液相线变化曲线

电力曲线的分析：

（1）熔化期。在通电起弧后 10min 内一般用第二级电压供电，以免弧光损坏炉盖。但当炉顶处装有相当数量的轻废钢时，也可以直接用大功率送电。在熔化前期及中期，以最大功率输入，保证快速熔化。熔化后期为了保护炉墙及炉盖不受热辐射损伤应减少输入功率。

（2）氧化期。与熔化期相比，输入功率可大幅度减少。在氧化前期，为满足钢液升温需要，输入功率可大些。而中后期由于碳氧激烈反应放出大量化学反应热，钢液升温速度很快，故改用小功率供电。在吹氧脱碳时，钢液面波动很大，电流极不稳定，甚至也有停电吹氧的。此时，由于泡沫渣的形成使供电的热效率大为提高，同时考虑到炉盖寿命。氧化期只能运用中级电压与中级电流供电。

（3）还原期。在加入稀薄渣料后，用中级电压与大电流化渣，当加入碳粉后，由于下述反应是强烈的吸热反应，所以需输入中等功率：

$$3C+(CaO) = (CaC_2)+\{CO\}　　\Delta H = 440.4kJ　　\text{(5-38)}$$

当还原渣一形成，为了减少脱氧剂烧损及维护炉衬，应立即转换为小电压供电。在正常情况下应输入小功率，只需弥补炉子正常的散热损失即可。

在电力曲线的控制中，输入电压的变化较为单纯，只需正确掌握转换时机罢了。而输入电流的控制较复杂，变动范围也广，需经长期的实践才能正确地运用电力曲线来控制温度。

5.5.3.4 出钢温度控制

出钢温度不当，会给浇铸操作带来困难，并影响钢锭质量。出钢温度由钢的熔点及出钢到注入锭模过程中钢液的热损失来决定的。一般为高出钢种熔点 80~150℃，即：

$$t_{出钢} = t_{熔点} + (80 \sim 150℃) \tag{5-39}$$

小炉子出钢、浇铸过程热损失大，可选取上限（120~150℃），20t 以上的炉子可取下限（80~100℃）。

钢液的熔点与钢中元素含量有关，如表 5-14 所示。

表 5-14 钢中元素对熔点温度降低的影响

元 素 名 称	C	P	S	Si	Mn	Cr	Ni	Mo
含元素 1%时熔点降低的温度/℃	65	30	25	8	5	1.5	4	2

元 素 名 称	W	Ti	V	Co	Cu	Al	B	
含元素 1%时熔点降低的温度/℃	1	20	2	1.5	7	3	80	

例 5-2 冶炼 45 钢，其中成分为 $w(C) = 0.45\%$、$w(Mn) = 0.65\%$、$w(Si) = 0.25\%$、$w(P) = 0.02\%$、$w(S) = 0.015\%$ 装入量 20t，出钢温度应该控制在多少？

解： 熔点温度为：

$$t_{熔点} = 1539 - 65 \times 0.45 - 5 \times 0.65 - 8 \times 0.25 - 30 \times 0.02 - 25 \times 0.015 \approx 1500 \ (℃) \tag{5-40}$$

出钢温度控制在：

$$t_{出钢} = 1500 + (80 \sim 100) = 1580 \sim 1600 \ (℃) \tag{5-41}$$

为了便于掌握，表 5-15 列出各种钢开始凝固的温度范围，以便定性地确定出钢温度。但是需考虑其他因素的影响，如钢中含钛、锰、镍高时，出钢温度要偏低些；含铝、铬、钛元素高时，出钢温度偏高。此外，还要考虑浇铸的是大锭还是小锭，浇铸锭盘数多少，不能一概而论。

表 5-15 各种钢开始凝固的温度范围

钢 种	开始凝固温度/℃
纯铁（$w(C) \leqslant 0.04\%$）	1539~1525
沸腾钢（$w(C) = 0.1\%$） 镇静钢（$w(C) = 0.1\%$，$w(Ti) = 0.25\%$） 低碳钢和低合金镇静钢	1525~1510
中碳钢、低合金结构钢 渗氮钢（$w(Al) = 0.1\%$，$w(Cr) = 1.4\%$） 铬不锈钢（$w(Cr) = 13\%$，$w(C) = 0.3\%$） 耐热钢（$w(Cr) = 30\%$，$w(Al) = 5.0\%$）	1510~1490
高合金结构钢（$w(Ni) = 3.5\%$，$w(Cr) = 1.5\%$） 含碳钢（$w(C) = 0.6\%$）	1490~1470

钢　　　种	开始凝固温度/℃
滚珠轴承钢($w(C) = 0.1\%$，$w(Cr) = 1.5\%$) 奥氏体不锈钢（$w(Cr) = 18\%$，$w(Ni) = 8\%$） 高速工具钢（$w(W) = 18\%$，$w(Cr) = 4\%$，$w(V) = 1\%$） 碳素工具钢（$w(C) = 0.1\%$）	1460 ~ 1445

出钢温度要符合规定要求后方可出钢，对于碳素钢一般规定为：

　　　　高碳钢　　　1540 ~ 1580℃

　　　　中碳钢　　　1580 ~ 1600℃

　　　　低碳钢　　　1590 ~ 1610℃

5.5.4　还原期的操作工艺

生产经验表明，还原期脱氧好，脱硫就快，合金回收率高，成分稳定。所以说，脱氧操作的好坏影响着还原期其他任务能否顺利进行和进行的优劣。而选择合理的脱氧制度和造好还原渣是完成还原期各项任务的关键。我国电炉钢生产中多数采用白渣法还原，也有用弱电石渣还原的，强电石渣已很少使用。

5.5.4.1　白渣精炼

白渣精炼的要点为：

（1）扒渣毕迅速加入薄渣料以覆盖钢液，防止吸气和降温，这就称为造稀薄渣。它的配比为：$CaO : CaF_2 : SiO_2 = 4 : 1 : 1$ 或 $3 : 1 : 0.5$，加入量约为钢液质量的 2.5% ~ 3%，以 20t 装入量为例，可加入 350 ~ 400kg。加入稀薄渣料后，立即以较大功率供电，并推动渣料，使尽快形成熔渣覆盖钢液。

（2）薄渣形成后或稀薄渣料加入后，根据钢种要求进行预脱氧。一般插铝 0.5kg/t，但 20 钢以上的碳钢可以不插铝，而加入 Fe-Mn 或 Mn-Si 等合金，加入量按锰规格下限计算。

（3）稀薄渣化匀后，可酌量补加些渣料。对钢液纯洁度要求较高的钢种，可以采用碳粉白渣精炼。但是全碳粉脱氧使精炼时间长，不适合大生产要求。而且在炉渣中总会存在一些未烧尽的碳粒，在出钢过程中会使钢液增碳。另外，长时间的大量使用碳粉，容易形成电石渣。所以一般是首先用碳粉脱氧（也可用电石），时间为 15 ~ 20min，再用硅粉脱氧。这样加入硅粉前，钢液和炉渣中的氧已被碳粉降至较低了，此时加入硅粉即使钢液被硅的脱氧产物玷污，其程度也是较轻的。

对于一般钢种，可以采用碳粉、硅粉混合加入脱氧的方法。例如，向渣面加入碎电石（CaC_2）1 ~ 2kg/t 和适量碳粉或碳粉和 Fe-Si 粉的混合物（如不加电石，碳粉或碳粉和 Fe-Si 粉混合约为 1.5 ~ 3kg/t）造还原白渣。并紧闭炉门使炉内形成良好的还原气氛，迅速地脱氧。此时输入中级电压和较大电流，加速还原，一旦炉渣还原较好及还原气氛形成，就应降低电压与减少输入功率。根据渣色适当添加 Fe-Si 粉及少量碳粉，保持白渣。某些特殊钢种，还可使用强脱氧剂铝粉，Ca-Si 粉等。

（4）在白渣下搅拌取样分析化学成分，为合金化操作提供依据。随后用 2 ~ 4 批 Fe-Si 粉和少量碳粉继续脱氧，Fe-Si 粉用量为 4 ~ 6kg/t，每批间隔时间 5 ~ 7min。为了保证碱度，每批加 Fe-Si 粉前补加适量石灰。

（5）在还原过程中，应勤搅拌、常测温，促使温度和成分均匀。流动性良好的白渣一般应保持 20 ~ 30min。观察炉内渣面呈均匀的小泡沫，用钢棒沾渣，渣层均匀，厚约 3 ~ 5mm，冷却表面呈白色鱼子状，断面白色带有灰色点或细线，且冷却不久会自动粉化。必要时可取渣样分析炉渣中 ΣFeO 质量分数，要求 $\Sigma(FeO) \leqslant 0.5\%$。

（6）在上述操作过程中，硫一般会较快降低。如钢液中含硫较高，可以增大渣量，必要时也可扒除部分还原渣，再加些渣料。

（7）还原期应取两次样进行分析，以保证分析的正确性。如前后两次误差较大，应再取样复验，需两次分析基本相符，才可进行调整成分的后期合金化操作。加入合金应坚持一算二复三核对的制度，必要时应对结果进行验算。同时应注意加入炉内的合金种类与数量是否相符，粗枝大叶往往是合金化操作中造成废品的主要原因。

（8）还原期熔池温度较高，钢液面也较平静，所以钢液在此阶段是吸气的。因此要求加入的渣料、合金、脱氧剂等必须经过烘烤干燥。

（9）出钢前 5min 内，禁止向渣面上撒加碳粉，以免出钢时造成增碳。终脱氧在出钢前 2 ~ 3min 进行，一般是炉内插铝，插铝量各厂并不一致，大致如下：

低碳钢：0.7 ~ 0.8kg/t，中碳钢：0.5 ~ 0.6kg/t，高碳钢：0.3 ~ 0.4kg/t。终脱氧有些钢亦可用硅钙合金、钛铁或稀土混合物。

（10）终脱氧毕，立即摇炉出钢。

5.5.4.2 电石渣精炼

电石渣精炼的要点为：

（1）加稀薄渣及预脱氧同白渣法操作。

（2）造电石渣：稀薄渣形成后，往渣面加入碳粉 2.5 ~ 4kg/t，或者加入 3 ~ 5kg/t 小块电石和少量碳粉。加入后紧闭炉门堵好电极孔，输入较大功率，使碳粉在电弧区同氧化钙反应生成碳化钙。反应式为：

$$3C + (CaO) = (CaC_2) + \{CO\} \tag{5-42}$$

电石渣形成时冒出大量黑烟。反应式为：

$$3[FeO] + (CaC_2) = 3[Fe] + (CaO) + \{CO\} \tag{5-43}$$

（3）一般电石渣形成后保持 20 ~ 30min，渣子转白，再加 2 ~ 4 批 Fe-Si 粉继续脱氧，每批用量为 1 ~ 1.5kg/t，加强搅拌，白渣保持 20 ~ 30min。

（4）电石渣还原过程中要注意钢液增碳，随操作不同增碳量约 0.03% ~ 0.1%，同时渣中 SiO_2 被 CaC_2 还原，使钢液增硅约 0.05% ~ 0.1%。

（5）用电石渣还原出钢前必须变为白渣。为使电石渣按时变为白渣，除控制合适的碳粉及电石用量外，温度是关键，为此要准确地控制温度及使用合理的电力制度。当电石渣变不过来时，应打开炉门，适当加大电压，加入石灰、萤石并推渣，使渣与空气接触，将渣中碳及碳化钙氧化掉。当电石渣过强时，可拉掉部分渣，再加石灰、萤石。

（6）合金化、终脱氧等其他操作同白渣法。

5.5.4.3　出钢操作

A　出钢条件

出钢条件为：

（1）化学成分应全部进入控制规格范围。

（2）钢液脱氧良好，钢液圆杯试样冷凝后有收缩。脱氧不良的钢液，在样模中冷凝时会有冒涨现象，如图 5-33 所示。

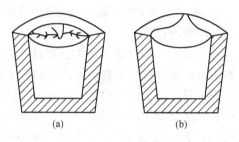

图 5-33　钢液圆杯试样收缩情况

（a）脱氧良好；（b）脱氧不良

（3）炉渣为流动性良好的白渣，白渣保持时间不少于 20min（要求高的钢种不少于 30~40min）。

（4）温度合乎要求。

（5）炉子设备正常，出钢槽应平整，炉盖要吹扫干净。

B　出钢要求

先渣后钢或钢渣同出，以期在钢包中激烈混冲，进一步脱氧、脱硫、洗涤夹杂物，减少钢液二次氧化及减少钢液散热降温。因此，出钢必须：

（1）摇炉速度不能过快，以防先钢后渣。

（2）防止出钢严重散流与细流，以免混冲无力。所以除注意摇炉外，平时应加强出钢槽的维护与修补。

此外，应特别强调严禁电石渣出钢，否则将增碳和增加钢中夹杂物。

C　缩短还原期

尽管还原精炼对钢质量的提高十分有利，但过分强调扩散脱氧不玷污钢液，而使还原时间拖得很长，势必影响产量，增加电耗，降低炉龄，并导致夹杂及气体（H、N）含量增加。而从钢中氧的降低速度来看，在还原期前 30~40min 降得较快，再延长则降低得很慢，如图 5-34 所示。所以目前各厂一般合金钢的还原时间约在 60min 左右。

由于电弧炉的大型化和超高功率化，传统的还原期工艺时间长、变压器利用率很低，已

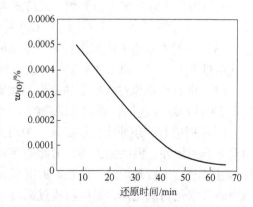

图 5-34　扩散还原时间与钢中氧含量的关系

很不适应，强化还原期已势在必行。因此如何在保证质量的前提下进一步大大缩短还原期，对提高电炉生产率，改善技术经济指标，具有十分重大的意义。

目前的趋势是部分特殊钢采用炉外精炉，将还原期移至炉外，而另一部分钢种则采用种种途径缩短还原时间。例如在氧化渣排除后，直接向熔池投入 Fe-Si 块和铝块，使钢水完全脱氧。然后造还原渣，甚至将脱氧剂、还原渣料、合金元素等在扒氧化渣后同时加入。即脱氧、还原渣料、合金化同时进行，而脱硫在炉内不做要求，依靠出钢时的钢渣混冲或向钢包中加入脱硫剂的方法解决，将还原期缩短到 10～20min。国外许多钢种已采用此法生产。

此外，也有的电炉造碱度不高的白渣，能快速成渣从而缩短还原期，并有利于提高钢的内在质量。而脱硫则采取炉外脱硫，或向炉内加 Ca-Si 块沉淀脱硫，以及向钢液吹入粉末石灰等措施。

D　成分异常处理

成分异常是指钢中元素含量高出或低于标准要求，简称元素脱格。主要是指炉料中残余元素（铬、镍、铜、铂等）高出规格要求，以及出钢前钢液成分的脱格。在冶炼过程中，有些元素的成分虽然高出或低于规格，但在随后的操作中能用吹氧、补加合金料等冶炼手段和工艺措施得到满意的解决，因此属于正常情况。

炉料选配不当，特别是配加的废钢中含有较高的不易氧化去除的元素（如铜、镍），以及受工艺方法所限较难去除的元素（如铬等），当这些元素含量超出计划冶炼钢种的规格要求时，就属于成分不正常的情况。一旦发现钢中残余元素高出规格，通常要更改冶炼的钢种，才能继续冶炼。

按照正常工艺进行冶炼，钢的化学成分一般不会脱格。但是不论何种炼钢方法，都有可能因操作不当而造成钢中某个元素脱格。化学成分脱格使所炼的钢成为废品，应严格防止。造成化学成分脱格的因素较多，各种炼钢方法和各元素脱格的原因也不相同，但以下几点是造成成分脱格的共同原因，应引起注意。

（1）吹氧终点碳控制不当。电炉炼钢吹氧终点碳、磷控制过高或终点碳过低，将造成还原期的重氧化或增碳等不正常操作。

（2）炉内钢水量估得不准。炉内钢水量估多或估少，相应的铁合金就会多加或少加，至少造成元素成分波动很大，甚至脱格。即使不报废，也浪费合金，提高了生产成本。

确定钢水量时，要充分考虑正常冶炼时钢水收得率，铁矿石加入量，冶炼时的喷溅程度等。在电炉炼钢中还可用不氧化元素或锰对钢水量进行校核。

（3）合金元素收得率估得不准。合金元素收得率选得是否正确，将直接影响到钢中元素含量的高低，甚至造成元素脱格报废。

（4）取样没有代表性或化学分析出错，造成判断错误而使成分脱格。所以取样前熔池应充分搅拌，取样时样勺内钢液面上应覆盖液渣，防止钢液中元素被氧化。对于某些高合金钢的元素，如高速工具钢中的钨、钼、碳等，必须取两个试样分析。当两个试样分析结果误差大时 $w(\Delta[W]+\Delta[Mo])>0.30\%$、$w(\Delta[C])>0.03\%$，应重新取样分析。要保证分析结果的可靠性。

（5）操作粗枝大叶，合金计算错误、称量不准确，错加、漏加。这往往是造成成分脱格的主要人为因素。所以合金化操作要坚持一算二复三核对后，方可把合金加入炉内。同时要加强合金料的管理，防止混杂。

电弧炼钢钢中元素脱格的可能性要比转炉炼钢来得大，各元素脱格除了上述 5 个可能之外，还必须根据具体情况具体分析。下面对电弧炉炼钢几种元素脱格原因及防止措施进行简单补充介绍，作为参考：

（1）碳，脱格原因：

灰渣或电石渣出炉；电极头落入熔池而未被发现；后期电弧炉炉体不良，补炉材料中的沥青镁砂接触钢液增碳，尤其是翻炉底更为严重；新炉前几炉增碳；出钢时电极未升高，钢水冲刷电极等。

防止措施：

1）精炼期炉渣必须均匀、渣色稳定，如出现电石渣，必须彻底破坏后再分析碳量，并严禁电石渣出钢；出钢前检查电极是否升起足够高度。

2）出钢前用合金调碳量不能太大，否则应取样分析。

3）还原期加入碳粉及增碳生铁、合金必须称量准确，熔化后进行充分搅拌后再取样分析。

4）如发现电极头掉入熔池应立即取出，充分搅拌后再分析碳。

（2）硅，脱格原因：

1）用硅铁粉脱氧，加入量过多，过于集中。

2）用强脱氧剂铝、钛、硼、稀土等还原或合金化时，未考虑渣中（SiO_2）的还原，而使钢液增硅。

3）冶炼高硅钢时，由于炉渣脱氧不良而使硅的收得率降低，后期又未配足。

防止措施：

1）整个还原期加入硅铁粉能使钢液增硅多少应心中有数（按 40% ~ 50% 回收计算），每批硅铁粉加入的数量不能过多，并应分散均匀铺于渣面。

2）加硅铁前炉内必须是流动性良好的白渣。

3）冶炼含钛、硼、铝的钢种，加钛、铝、硼前钢中含硅应控制在规格下限。

4）含硅钢取样分析时，样勺内不得插铝条脱氧，否则试样没有代表性。

（3）锰，冶炼过程中比较稳定，很少发现脱格，但在净沸腾或稀薄渣时用大量锰铁预脱氧，而还原分析成分偏低时，则应注意后期温度升高会造成大量回锰。所以一定要在白渣下取样分析，如分析结果与总加入量相差太多时，应再取样分析，并且距出钢时间不宜过长。

（4）硫，脱格原因：

1）思想上不重视，含硫高冒险出钢。

2）炉渣碱度低，流动性差，渣量太少，出钢时混冲不好。

防止措施：

1）还原期应控制足够的温度、高的碱度和流动性良好的白渣。

2）出钢时应先渣后钢、钢渣同出、混冲有力。

3）如是炉底无渣出钢，可采取炉外脱硫技术。

（5）磷，脱格原因：

1）带料氧化和还原；氧化渣没有扒净。

2）还原期用大量生铁增碳，又未分析磷含量心中无数。

防止措施：

1）必须扒净氧化渣（尤其是钢中含磷量偏高时）。

2）还原期必须分析磷，以控制补加合金中的增磷量。

（6）铬，脱格原因：

1）炉料中残余铬高，炉前未分析。

2）前一炉冶炼高铬钢后，炉墙上的氧化铬在后一炉精炼期熔淌下来，造成大量回铬。

3）大量补加其他合金后没有相应补加铬铁。

4）在黄渣或绿渣下取样分析铬合格，以后还原成白渣时又回铬。

5）在黄渣或绿渣下出钢。

防止措施：

1）冶炼任何钢种，都必须分析残余铬含量。

2）冶炼高铬钢后，尽量安排冶炼含铬的钢种，或用白渣法炼原料钢。

3）必须在白渣下取样分析铬，并保持白渣出钢。

4）返回吹氧法冶炼高铬钢必须充分搅拌、连续分析两次以上，在分析结果波动不大的情况下补加铬，补加量大时应在补加后再取样分析。

5）在加入大量合金后应补加适量的铬铁。

（7）镍，脱格原因：

主要是冶炼含镍高的钢后炉内残钢未倒尽，下一炉就冶炼不含镍的钢种，或炉料混杂使钢中残镍超出规格。因此，冶炼含镍高的钢后应冶炼含镍的结构钢，冶炼任何钢种都要分析残余镍含量。

（8）钛，脱格原因：

1）温度掌握不准，对钛收得率估计错误。

2）炉渣碱度和脱氧程度不稳定。

3）加入钛铁后距出钢时间太长。

防止措施：

主要是要根据炉况选择较恰当的钛的收得率，以及掌握钛铁的块度、加入时间和加入方法。

（9）钨和钼，脱格原因：

1）加入钢液后距出钢时间太短，没有充分熔化。

2）钨铁密度大，容易沉积炉底，取样容易缺乏代表性。

防止措施：

操作中要控制好冶炼温度，加强搅拌，使试样具有代表性。

5.6 电弧炉冶炼的泡沫渣控制技术

5.6.1 石灰的溶解机理

5.6.1.1 石灰的溶解过程

石灰的溶解方式有两种：一种是在一定温度条件下的化学溶解；另一种是在电弧高温区的直接熔化。

电弧炉的冶炼初期，液态渣主要来自上一炉次的留渣以及吹氧过程中废钢铁料中 Fe、

Mn、Si、P 的氧化。此时在局部熔池内渣量少。由于低温阶段主要是 Si 的氧化，所以电弧炉冶炼过程中初渣中 SiO_2 的浓度很高。电弧炉初期氧化渣凝固以后的矿物组成是含 FeO、MnO 很高的钙镁橄榄石、2(FeO、MnO、MgO、CaO)·SiO_2 和酸性物质的玻璃体。随着熔池内废钢的不断熔化，熔池面积在不断扩大，石灰接触到局部熔池的初渣以后，立即在石灰块表面生成一层渣壳。渣壳的升温和熔化需要一定时间，对于粒度在 5~40mm 的石灰，渣壳的熔化时间为 25~50s。为了提高成渣的速度，电弧炉在条件允许的情况下，应该尽量把石灰加在第一批料的底部，尽可能以最大功率送电，以缩短渣壳的熔化时间，采用铁水热兑的电弧炉，预先加入石灰以后，即先加石灰后兑铁水，可以提高石灰的熔化速度，渣壳熔化后，石灰块的表面层开始与液态渣相接触，并发生反应。

总体来讲，电弧炉冶炼过程中，石灰在熔渣中的化学溶解成渣过程，可分解成如下步骤：

（1）石灰块接触到初渣或金属液体的熔池。

（2）颗粒块状石灰形成冷凝炉渣外壳。

（3）石灰块温度升高，冷凝层逐渐熔化。

（4）初渣 FeO 渗入石灰块内。

（5）渣中 SiO_2 与石灰块外层 CaO 或熔入初渣中的 CaO 反应，一部分成渣，一部分生成 2CaO·SiO_2 壳层。

（6）2CaO·SiO_2 被 FeO 等氧化物溶解，并重复步骤（4）~（6）逐渐成渣。

5.6.1.2　影响石灰熔解的因素

影响石灰熔解的因素有：

（1）熔池温度。通常，一定成分的熔渣当升高温度时能改善其流动性。这是因为升高温度可提供更多液体流动所需要的黏流活化能，而且能使某些复杂的复合阴离子解体，或使固体微粒熔化。但是对于不同成分的熔渣，黏度受温度的影响是不同的，适当提高熔池温度和加入熔剂能增加熔渣的热度，以降低熔渣的黏度。

（2）FeO 的作用。FeO 对石灰的溶解有较大的影响，FeO 能显著地降低熔渣的黏度，因而改善了石灰溶解过程中的外部传质条件；在碱性渣系中，FeO 属于表面活性物质，可以改善熔渣对石灰块的润湿程度和提高熔渣向石灰块缝隙中的渗透能力；FeO 和 CaO 同是立方晶格，而且 O^{2-}、F^-、Fe^{2+} 离子半径不大，它在石灰晶格中的迁移、扩散、置换和生成低熔点相都比较容易，促进石灰溶解；能减少石灰块表面 2CaO·SiO_2 的生成，同时 FeO 有穿透 2CaO·SiO_2 渣壳作用，使 2CaO·SiO_2 壳层松动，有利于 2CaO·SiO_2 壳层的熔化。

（3）萤石。萤石的主要成分为 CaF_2，约占 5%~75%，并含有少量的 SiO_2，约占 20%~25%，Fe_2O_3、Al_2O_3、$CaCO_3$ 约占 3%~5.5% 和少量 P、S 等杂质。萤石的熔点约 930℃。萤石加入炉内在高温下即爆裂成碎块并迅速熔化，它的主要作用是 CaF_2 与 CaO 作用可以形成熔点为 1362℃的共晶体，直接促使石灰的熔化；萤石能显著降低 2CaO·SiO_2 的熔点，使炉渣在高碱度下有较低的熔化温度，CaF_2 不仅可以降低碱性炉渣的强度，还由于 CaF_2 在熔渣中生成 F 离子能切断硅酸盐的链状结构，也为 FeO 进入石灰块内部创造了条件。一般情况下，萤石作为助熔剂，在电弧炉出钢过程中使用。

（4）SiO_2 的影响。在一定成分的熔渣中，增加 SiO_2（在不超过 20% 的范围内），可以使熔渣的熔点下降，黏度值下降，使熔渣对石灰块的润湿情况有所改善，从而导致石灰溶解的推动力 ΔCaO 的增大和熔渣对于石灰吸收活性的提高，但当 SiO_2 超过最佳值时，它促进 $2CaO \cdot SiO_2$ 的形成，因而阻碍熔渣向石灰块内的渗透。当 SiO_2 超过 30% 时，由于形成大量的复合硅氧阴离子而使熔渣的黏度大大增加。

（5）MgO 的影响。采用白云石造渣，使初渣中 MgO 不超过 8% 的条件下，提高初期渣中 MgO 含量，有利于早化渣并推迟石灰块表面形成高熔点致密的 $2CaO \cdot SiO_2$ 壳层，在 $CaO—FeO—SiO_2$ 三元系炉渣中增加 MgO，有可能生成一些含镁的矿物，如镁黄长石（$2CaO \cdot MgO \cdot SiO_2$，熔点 1450℃）、镁橄榄石（$2MgO \cdot SiO_2$，熔点 1890℃）、透辉石（$CaO \cdot MgO \cdot SiO_2$，熔点 1370℃）和镁硅钙石（$3CaO \cdot MgO \cdot SiO_2$，熔点 1550℃），它们的熔点均比 $2CaO \cdot SiO_2$ 低得多，因此有利于初期石灰的熔化。但是这种作用是在渣中有足够的 ΣFeO，且 MgO 含量不超过 8% 的条件下发生的，否则熔渣黏度增大，影响石灰的溶解速度。

（6）MnO 的影响。MnO 对石灰溶解所起的作用比 FeO 差，仅在 FeO 足够的情况下，MnO 才能有效地帮助石灰溶解，而当 MnO 超过 26% 时，如果 FeO 不足，反而会延滞石灰的溶解，这也是电弧炉冶炼过程中加入高锰钢过多以后炉渣熔化速度较慢的原因。

所以，在电弧炉的冶炼过程中，加入石灰的气孔率和体积密度对石灰的溶解速度有明显的影响，使用气孔率较大和体积密度较小的活性石灰加入电弧炉，采用留渣操作，电弧炉炉内的熔渣会迅速地沿着石灰的孔隙和裂缝向内部渗透，使熔渣和石灰间的接触面积显著增大，熔渣和石灰之间的传热和传质过程加快，从而改善了石灰溶解的过程。

5.6.2 电弧炉炼钢对熔渣的要求与泡沫渣的功能

电弧炉炼钢过程中的熔渣的来源主要有：

（1）炼钢过程中有目的加入的造渣材料，如石灰、石灰石、萤石、硅石及火砖块等。

（2）一部分是炼钢过程中的必然产物，包括原材料带入的杂质及合金元素的氧化产物或脱硫产物，在冶炼过程中上浮到钢液的表面。如 [Fe]、[Si]、[Mn]、[Cr]、[Ti]、[V]、[Al]、[P] 的氧化物及 [Ca]、[Mn]、[Mg] 的硫化物等。

（3）化学和高温热对炉衬耐火材料的侵蚀作用物，也是熔渣的主要来源之一，如碱性渣中的 MgO 和酸性渣中的 SiO_2 等。

电弧炉炼钢对熔渣有以下要求：

（1）导电能力大以及熔点不宜太高，并具有适当的流动性和相对的稳定性，即在一定的温度下，不因成分的微小变化而引起黏度急剧的改变。

（2）能确保冶炼过程中各项化学反应的顺利进行。

（3）渣钢易于分离。

（4）对炉衬耐火材料的侵蚀要轻微。

（5）选用的造渣材料资源丰富、价格便宜。

泡沫渣技术是现代电弧炉炼钢发展的产物和新技术，随着电弧炉输入功率的增加，二次侧电压最高可以达到 1000V 以上，电弧长度最长的可以达到 1.5m 以上，电弧的裸露不仅降低了热效率，增加了电极的消耗，恶化了钢水质量，而且对于电弧炉的水冷盘和耐火材料都是一个挑战和威胁。为了应对以上矛盾，电弧炉除了改进和发展性能优良的耐火材料外，泡沫渣技术成为解决以上矛盾的核心，所以超高功率电弧炉的冶炼操作，全程造泡沫渣的冶炼技术是工艺要求的核心。从泡沫渣的质量就可以直观地看出一座电弧炉的运行情况。目前泡沫渣的冶金功能有了更多的扩展，主要功能有：

（1）反应介质，参与去除 [P]、[S]、[Zn]、[Pb]、[Si]、[C] 等不需要的杂质。有关文献都表明，良好的泡沫渣可以成百倍地提高钢渣反应的界面，可以极大地提高钢渣间的物理化学反应，使电弧炉粗炼钢水的质量得到极大的提高。

（2）覆盖钢液，防止钢液的吸气降温。实践的统计结果表明，碱度在 2.0~3.0 之间，泡沫渣持续时间大于 12min 完全埋弧的泡沫渣，炉膛保持在微正压左右的条件下，可以基本消除电弧区电弧电高炉气使钢液吸气的影响，减轻电极喷淋水进入熔池后导致钢水中氢含量增加的现象。

（3）埋弧传热，防止电弧裸露对炉衬的高温辐射。实践证明，泡沫渣完全埋住电弧时，热效率大于 90%；在泡沫渣埋弧高度达到弧长 50% 以上不能完全埋弧时，电能的热效率约为 75%；泡沫渣埋弧高度达到弧长的 40% 以下时，热效率小于 70%。而且对于直流电弧炉来讲，存在"偏弧现象"，即由于磁场对于电弧的吸引，电弧会向靠近变压器一侧偏移，弧光辐射产生的高强热负荷会对炉壁造成不良影响。电弧区的高温对于该区域的耐火材料和水冷盘的冲击效果非常明显。偏弧区的耐火材料侵蚀速度是其他区域的 0.7~1.6 倍；偏弧区水冷盘的温度，升高 400 次（超过 80℃），就有可能发生一次水冷盘被击穿的停炉事故。

（4）提高输入电能的速度，减少"断弧"现象，弱化闪变对于电网的冲击，减少电弧的热辐射损失和噪声损失。实践生产中，泡沫渣不能埋弧时，高挡位送电由于弧长较长，容易引起水冷盘温度升高以后跳电，只能够低挡位送电，输入电能的速度较慢，而且弧光和噪声会恶化操作环境，降低操作工的劳动效率。实际上当泡沫渣不能完全埋弧时，29% 以上的输入电能转化为弧光辐射和声能损失。良好的泡沫渣可以屏蔽部分噪声，可以降低噪声 10~30dB。

（5）冶炼过程中作为保护炉衬耐火材料的重要组成部分，可以减少渣线部位的耐火材料及炉衬的侵蚀速度。冶炼过程中的脱碳反应会使钢水剧烈沸腾，泡沫渣的覆盖作用会减轻这种剧烈沸腾对于炉衬的物理冲刷侵蚀，而且在氧化镁含量较高的泡沫渣（氧化镁含量大于 5%），会降低钢渣对于镁炭砖的侵蚀速度。

（6）可以作为良好的夹杂物吸附剂。吸附溶解钢中大颗粒的一次氧化物，提高粗炼钢水的洁净度。在电弧炉的吹炼过程中，良好的泡沫渣是吸附一次氧化产物成为硅酸盐、磷酸盐的吸附剂，是提高粗炼钢水洁净度的主要手段。

（7）防止或减少吹炼过程中铁及其氧化物的飞溅损失。目前超高功率电弧炉普通的采用增加供氧强度的手段来强化冶炼，这对于冶炼过程产生的金属飞溅是不利的。良好的泡沫渣可以覆盖钢液，会减轻和降低冶炼过程的飞溅损失。实践统计表明，同比条件下，全程泡沫渣质量不好的冶炼炉次，与全程泡沫渣质量较好的冶炼炉次相比，金属收得率低 3%~8%。良好的泡沫渣对于除尘系统的压力也比较小。

5.6.3　泡沫渣原理

当石灰和白云石被溶解成为渣液后，在渣中有气体逸出时，溶解的渣液成为气体的液膜，形成一个个气泡，由 $2CaO \cdot SiO_2$、$3CaO \cdot P_2O_5$、MgO、$MgO \cdot SiO_2$ 等悬浮物质点分割开，随着气体的不断逸出，气泡压力的增大，溶解的渣液体积随着气体的膨胀变大到几十，甚至上百倍，这是泡沫渣的形成原理，图 5-35 说明了泡沫渣的基本原理。

冶炼过程中炉渣发泡的能力决定于两个重要条件：

（1）炉渣具有一定能量的气体存在。

（2）炉渣应具有相适应的物理性质与化学组成。

具有这两个条件时才能使炉渣泡沫化。形成炉渣泡沫化的基本过程是：当大量的气体进入炉渣并且被分散。这主要是炉渣有分散的多个不连续的界面来决定的。如果炉渣的表面张力小而且体系的界面自由焓有较小的值，使体系的能量仍处在较低的状态，炉渣中分散的细小的气泡就

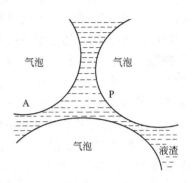

图 5-35 泡沫渣的基本原理

不至于合并而成为稳定的泡沫渣。在泡沫渣内部，气泡被液膜分隔以后，提高了液膜的强度，可以延迟气泡排出液膜的时间，气泡在压力作用下上升，引起炉渣体积的不断变化，促使了炉渣的泡沫化。由于要保持炉渣埋弧的稳定性，要求发泡的炉渣表面有一定的张力，这就要求炉渣有一定的强度和适当的固体颗粒，即悬浮物质点。经典的研究认为，二元碱度在 1.8 ~ 2.5 之间，可以保证炉渣发泡的碱度和悬浮物质点存在的需要。

针对不同的碱度和氧化铁的含量对各种炉渣的成渣机理与冶金过程产生的作用和影响进行分析：

（1）碱度在 1 以下，即 SiO_2 的量大于 CaO 的量后，炉渣出现玻璃体，这种炉渣称为玻璃渣。由于缺少泡沫渣发泡的主要悬浮物质点 $2CaO \cdot SiO_2$ 炉渣的黏度低，表面张力小，炉渣的气泡容易迅速从炉渣中逸出，泡沫渣发泡时间短，不稳定，并且在氧化铁的助熔作用下，对以氧化镁为主的碱性炉衬发生复杂的化学反应，它的侵蚀作用是比较明显的，而且对于吸附钢水中上浮的夹杂物的能力也比较小，直接影响炼钢过程的脱磷和脱硫反应。这种炉渣在生产中出现后的危害是多方面的，保证有足够的石灰是避免这种炉渣出现的唯一的途径。

（2）水渣的概念是渣中的氧化铁超过 20% 以后，从炉渣中解离出氧离子，使 Si_xO_y 解体，变成简单的离子，导致渣中的主要悬浮物质点 $2CaO \cdot SiO_2$ 被降解成为低熔点的硅灰石和铁橄榄石。炉渣的强度比较低，流动性的视觉效果接近于水，在实际生产中被称为水渣。由于缺少了悬浮物质点，炉渣不能被分隔成若干个小气泡，气体容易汇集在有限的气泡内，气泡内的气压容易冲破气泡液膜逸出，从而导致泡沫渣发泡指数低，泡沫渣不稳定，冶金效果达不到超高功率电弧炉的冶炼要求。

（3）炉渣的乳化现象。乳化现象的主要特征是钢渣之间不分层，炉渣覆盖不住钢液，是影响冶炼的主要不利因素。炉渣乳化以后，炉渣看起来接近于水渣和玻璃渣之间。高碱度乳化渣形成的基本原因是：

1）喷吹炭粉控制不合理造成的乳化现象。在冶炼过程中的脱碳反应有一部分在钢水内部发生时，在钢水内部产生气泡排出，气泡是以钢液为表面液膜的，气泡进入渣层破裂时，将金属小液滴带入渣中，形成自由的小铁珠。在脱碳反应较快和供氧强度较大的时候，进入渣子中的小铁珠将会大量增加。氧化钙被氧化铁从大颗粒的石灰表面溶解剥离以后形成低熔点的铁酸钙，在没有被二氧化硅结合之前，遇到化学键的结合能力大于铁元素

时，氧化铁还原成为铁珠（比如喷吹的炭粉），将会影响石灰的溶解速度，容易在气体—熔池—炉渣三相间发生乳化现象。由于乳化现象发生后，渣中的（FeO）低于钢液中的 [FeO]，渣-钢间氧的分配关系发生改变，影响了渣中的氧含量向钢中的扩散，从而减弱了钢渣界面的脱碳反应，由于钢渣界面的脱碳反应能力减弱，经常会导致钢中碳高，这是以上"炉渣变稀"的原因，也是操作工根据炉渣判断钢中碳高的依据，这是在所有的操作要点中最难理解和掌握的。

2）吹氧操作不合理造成的炉渣乳化。这种乳化现象主要发生在熔池刚刚熔清以后，熔池内钢液中抑制脱碳反应进行的元素含量较高，吹氧过程中氧气在熔池内部进行了选择氧化的原因造成的，即脱碳反应较缓慢，供氧强度较大，氧气射流将钢液冲击为细小的铁珠进入炉渣中，渣子中的氧化铁的量不足，此时炉渣中的石灰溶解将会受到阻碍，从而与气体、金属液间发生乳化现象。

3）脱碳反应剧烈造成的炉渣乳化。这一类的乳化现象在超声速氧枪（包括超声速集束氧枪）吹炼条件下发生的几率比较大，自耗式氧枪吹炼过程中发生的几率较小，当氧气射流在钢液内部进行脱碳反应，脱碳速度比较快时，如果炉渣的碱度较高，黏度较大，大量的气泡携带着金属小铁珠直接进入渣子中，造成炉渣轻度的乳化现象。自耗式氧枪吹炼过程中，由于脱碳速度较快，渣中的氧化铁含量降低，如果没有调整吹炼方式，也会产生轻度的乳化现象。此类乳化现象的危害较小，而且随着熔池内碳含量的降低，渣中氧化铁含量的增加，比较容易消除。炉渣碱度不够最容易引起炉渣的乳化现象产生。炉渣碱度较低时，炉渣的张力过大，钢渣之间不分层的现象比较普遍。熔池内脱碳速度较快，或者吹氧量较大时，炉渣的乳化现象就会出现，危害也最明显，是造成吹炼过程中钢水从炉门溢出的主要原因。

（4）良好的泡沫渣应该具备以下的特征：

1）炉渣的原料应该能够迅速熔化成为黏度合适的液态，成为气泡的液膜，当气体排出时形成的气泡能够保持一定的时间，即成泡时间与气泡破裂时间在 4.8s（这段时间称为泡沫渣的发泡指数）。

2）炉渣的黏度要适宜，保证炉渣的流动性良好，既要防止黏度过大，影响冶金过程的化学反应要求的碱度（比如脱磷反应的放渣操作），也要避免炉渣过于稀，对于炉衬的侵蚀加剧，还要保持一定数量的悬浮物质点，如 $2CaO \cdot SiO_2$（是液相中间最早出现的固相颗粒）。含有 MgO 的复杂化合物颗粒，如 $2CaO \cdot SiO_2 \cdot MgO$、$MgO \cdot SiO_2$，能稳定泡沫渣的化合物，能够满足保持泡沫渣的稳定性。

3）渣中氧化铁在 14% ~20% 之间，氧化铁含量能满足炉渣溶解需要的当量浓度。

4）良好的泡沫渣，渣中的金属铁珠应该保持在一个合理的水平，目测从炉门流出的炉渣应该没有乳化的特征，即流入渣坑的炉渣没有明显的金属铁珠的火化，碱度大于 2.2 的应该呈现出云絮状为最佳，碱度在 2.0 左右的呈现出鱼鳞状为最佳。

泡沫渣形泡过程原理，是在钢液内部生成 CO 气泡上浮，是以金属 Fe 作为液膜上浮进入渣中，同时将金属铁带入渣中。

5.6.4　衡量泡沫渣的指标

衡量泡沫渣好坏的指标包括：

（1）泡沫渣的马恩果尼效应。在炼钢过程中炉渣的主要成分是以 CaO 为主的液体，如果增加渣中表面活性物质 P_2O_5、SiO_2、CaF、FeO 等，在液膜上富集，能提高液膜的弹性。由于渣液中的气泡是以高熔点物质为形核物质的，如 $2CaO \cdot SiO_2$、$MgO \cdot SiO_2$，熔渣中悬浮的固体分散粒子，主要有溶解的 CaO、MgO 颗粒能附在气泡上使液膜强度增加，弹性减弱（FeO、P_2O_5 是增强弹性减弱强度的物质），这些表面活性物质分布不均匀将形成表面张力梯度，能够引起渣液的流动，这种现象称为马恩果尼效应。其中气泡液膜弹性大，强度不足和弹性小将会容易产生快速消泡，发泡指数下降，马恩果尼效应不明显，炼钢过程的冶金效果质量也将下降。发泡指数与马恩果尼效应在实际生产中的应用比较重要，采用发泡指数来直观地反映更加符合实际生产。一般来讲发泡指数越大，马恩果尼效应越好，冶金效果越好。

（2）发泡指数。发泡指数即炉渣从发泡开始到气泡破裂消泡这一段时间，通常用"s"作单位。发泡指数是衡量泡沫渣质量的重要指标，也是操作工控制冶金反应的视觉参数。发泡指数在实际生产中可以这样来描述：在一定碱度条件下的炉渣，熔池中的碳含量合适时，泡沫渣高度下降到最低的时候，喷吹一定数量的炭粉，使炉渣泡沫化并且高度达到最高，然后停止喷吹炭粉，使泡沫渣的高度从最高降低到最低这一段时间就是这种炉渣的发泡指数。

（3）泡沫渣的高度。一方面是高度不够，也就是泡沫渣的质量不好，达不到埋弧要求。另一方面就是高度过剩，即泡沫渣的高度完全满足埋弧，炉渣大量从炉门流出，或者炉渣从炉壁没有密封处溢出。在实际生产中，操作工泡沫渣的控制操作是随机的，保持炉渣的发泡高度达到完全埋弧即可，泡沫渣高度过高过低都是不利于冶炼的。

5.6.5 影响泡沫渣质量的因素

影响泡沫渣质量的因素主要有炉渣的碱度、炉渣中氧化铁含量、炉渣中氧化镁含量、吹氧量、熔池的温度、喷吹炭粉的质量等。

5.6.5.1 碱度对泡沫渣质量的影响

碱度是影响泡沫渣质量的最主要的一个因素。炉渣的二元碱度低于 1.5 以后，炉渣的发泡性能是很差的，炉渣有发泡的可能，但是发泡指数很低。渣样分析表明：二元碱度保持在 1.5 左右，在较大的喷碳量保证的前提下，炉渣的发泡高度也可以达到基本埋弧的要求，但是泡沫渣不稳定。特别是在泡沫渣中后期，泡沫渣质量下降，不能完全满足冶炼过程中的综合要求，负面影响比较大。所以，在 110t 交流电弧炉生产流程中的泡沫渣碱度一般维持在 2.0 以上。二元碱度在 2.0～3.0 之间的泡沫渣，炉渣的发泡高度变化不大，但是随着碱度的提高，泡沫渣的发泡指数增加，泡沫渣的稳定性会更好。从碱度影响的角度讲，碱度在 1.8～3.0 之间，泡沫渣的发泡高度将会达到最大值。以上的描述可以把泡沫渣的高度与碱度的关系如图 5-36 所示。

需要特别说明的是，碱度对于冶炼的影响是很重要的，在有些时候，碱度没有达到 2.0 以上，炉渣虽然可以满足埋弧的需要，炉料中的磷含量不高时，脱磷也可以达到目标值，但是负面的影响就突出表现出来了。例如，金属收得率下降，在供氧强度较大的时候，还会发生炉渣过稀，在靠近除尘烟道区的水冷盘会出现结渣现象，严重时会导致炉沿过高，影响炉盖的旋转，而且这种低碱度的炉渣飞溅现象严重，有时候会看不到有合适的渣量从炉门排出，甚至会导致炉壁后方氧气吹炼的方向结冷钢，有时候会把炉盖与炉壁冻结在一起。在适当提高了炉渣碱度后，这种情况得到了改善和消除；但是炉渣的碱度也不能太高，石灰加入过多，也会出现石灰化不掉，飞溅严重，炉沿上涨旋转不出去的现象。所以电弧炉炼钢最重要的原则之一就是，不能节省石灰来降低成本，碱度不够，消耗的负面影响是非常巨大的。当然，

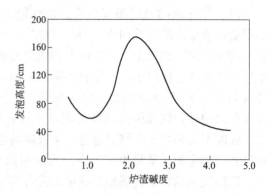

图 5-36　碱度与泡沫渣发泡高度的关系示意图

也不能碱度太高，碱度大于 3.0 以后，石灰就不能完全溶解，而且铁耗也会上升，最佳的实际碱度在 2.0~3.0 之间。

5.6.5.2　渣中氧化铁含量与泡沫渣质量的关系

炉渣中石灰的溶解主要是以氧化铁为溶剂进行的，而且在冶炼过程中需要氧化铁为溶剂来稳定一些化合物和保证渣系的性质，使炉渣能够满足冶炼的需要。这包括氧化性的炉渣脱磷，含有适量的氧化铁保证炉渣的流动性。而且在熔池中钢水的碳含量很低时，需要喷入发泡剂炭粉与渣中氧化铁反应产生发泡所需要的气体。渣中氧化铁含量过高，特别是含量大于 20% 以后，会降解炉渣发泡所需要的悬浮物质点硅酸二钙，导致炉渣发泡质量下降，增加了铁耗，对于炉衬的侵蚀也是特别明显。渣中氧化铁的含量可以通过操作来进行动态控制，例如合理地控制各个阶段的供氧强度，调整喷吹炭粉的流量，调整炉料中的配碳量。文献介绍，已经有厂家介绍采用含碳的泡沫渣稳定剂，利用电弧炉的高位料仓，在泡沫渣中后期从炉顶第三孔或者第四孔加料加入，来降低渣中氧化铁含量，达到埋弧和降低铁耗，减少钢中氧含量的目的。这种泡沫渣稳定剂据介绍效果明显，实际上就是利用了泡沫渣基本原理制成的。需要说明的是，喷吹炭粉和加入泡沫渣稳定剂降解渣中氧化铁的反应是一个还原吸热反应，会影响熔池的升温速度。在强化冶炼时，要考虑到这一因素。大量的实践证明，渣中氧化铁在 14%~20% 之间，炉渣的泡沫化可以顺利进行，渣中氧化铁在 20%~40% 之间，将会出现水渣，在此阶段减少或者停止吹氧，增加喷吹炭粉的流量，会改善炉渣的泡沫化质量，但是相应地延长了冶炼周期，增加了电耗。当炉渣中的氧化铁含量低于 7% 以后，炉渣有可能出现乳化现象或者炉渣黏度过大，不利于钢渣间的物理化学反应和从炉门流渣的操作。控制好供氧制度和总配碳量，喷吹炭粉的流量是解决渣中氧化铁含量稳定在合理数值的关键，而且三者是对立统一的，解决好三者的关系是造好泡沫渣的关键。实际操作中要控制的要点是：利用钢水中的碳氧化生成的一氧化碳气体作为泡沫渣发泡的主要气体，适当地进行吹渣操作，机动控制调节喷吹炭粉的流量作为调节渣中氧化铁含量的手段，是控制渣中氧化铁含量的最好途径。

5.6.5.3　渣中氧化镁含量对泡沫渣质量的影响

氧化镁由于可以和石灰、二氧化硅形成低熔点的钙镁橄榄石，提高炉渣的成渣速度，

并且由于小颗粒的氧化镁及其部分化合物熔点较高,可以成为炉渣发泡的悬浮物质点,所以利用轻烧白云石、镁钙石灰以及其他含有氧化镁的矿物质造渣是提高炉渣发泡指数的一个有效的选择。国内外的研究表明,氧化镁含量在6%~14%之间,对于炉渣的强度影响不大,不仅可以提高炉渣的发泡指数,而且还可以减轻炉衬的侵蚀速度,从另外一个角度讲,电弧炉生产过程中,有些钢种对于磷、硫的要求不高,而且合适的渣量不仅可以减少炉渣熔化的热支出,降低电耗。在渣量不同的渣液中,在氧化铁含量相同的条件下,渣量的减少有利于减少金属铁的损耗,所以以合适的渣量来满足冶炼过程的化学反应需要,利用其他促使炉渣发泡的有利条件,来改善泡沫渣的质量,成为一种节能降耗的手段。渣中氧化镁含量与发泡指数的关系如图5-37所示。

5.6.5.4 吹氧量对泡沫渣质量的影响

一般情况下,在渣中氧化钙含量相同,熔池中有脱碳反应的条件下,吹氧量越大,脱碳产生的气体越多,渣中氧化铁含量也随之增加,泡沫渣的高度越大;在熔池中碳含量较低的情况下,吹氧量越大,渣中氧化铁含量越高,泡沫渣越不稳定。图5-38是在70t直流电弧炉所做的供氧强度与泡沫渣高度关系的分析图。

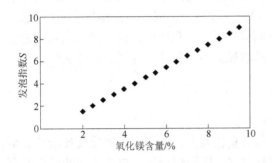

图5-37 渣中氧化镁含量与发泡指数的关系

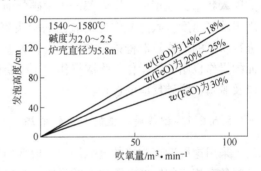

图5-38 供氧强度与泡沫渣高度的关系

5.6.5.5 温度对泡沫渣质量的影响

温度是保证炉渣熔化的基本条件,只要渣料熔化以后,炉渣或者熔池中有碳氧反应进行,炉渣就可以泡沫化。温度对于泡沫渣的影响比较小,这里需要强调的是碱度为2.0~3.0之间的炉渣,在温度逐渐升高后,特别是温度大于1650℃以后,泡沫渣的质量会出现明显下降的现象。这也成为操作工判断熔池温度的一个基本常识。

5.6.5.6 喷吹炭粉对泡沫渣质量的影响

喷吹炭粉主要产生两个方面的作用:一是降低渣中氧化铁的含量,提高泡沫渣的强度,提高泡沫渣的质量;二是喷吹炭粉与渣中的氧化铁反应生成一氧化碳气体,为炉渣发泡提供气源。目前喷吹炭粉主要由两种方法生产:一是石油化工行业的副产品石油焦,经过粒化后使用;二是由焦炭粒化后使用,根据不同厂家的使用效果来看,石油焦由于杂质少,粒度小,使用后的发泡效果比使用焦炭为原料的喷吹炭粉效果好。

5.6.6　自耗式氧枪吹炼条件下的泡沫渣操作

自耗式氧枪的优点之一是可以调整吹氧的角度和调整氧枪的枪管长度控制吹炼的反应进程。自耗式氧枪的氧枪枪管和电弧炉内钢液面之间的夹角,简称吹氧角度,吹氧的角度可以通过倾动炉体,调整自耗式氧枪的枪架机械高度和氧枪枪头的高低来实现。冶炼过程中,造泡沫渣的操作期间,要注意氧枪的吹氧角度的控制。吹氧的角度对于造渣和炉门耐火材料的侵蚀速度影响都比较大,对于氧枪的枪管消耗也有明显的影响。由于自耗式氧枪吹氧的氧气射流在离开枪管后是逐渐发散的,所以吹氧角度过大,依靠氧枪氧气的射流引起的钢液内部脱碳的量较少。大角度的吹氧会引起钢液炉渣及反应气体的乳化现象,枪管消耗快,脱碳反应慢,不能满足冶炼要求;角度过小,吹氧的结果可能是钢渣间铁的氧化反应导致氧化铁富集,炉渣水化,脱碳效率低,吹氧的效率低,炉渣由于聚集了大量的氧化铁,容易引起大沸腾事故。所以,自耗式氧枪的泡沫渣操作关键之一是控制好吹氧的角度和调整好枪管在钢渣中的长度,良好的操作不仅可以提高吹氧的效率,而且可以提高泡沫渣的质量,全面地影响冶炼的综合指标。操作过程中,氧枪的吹氧角度控制在30°左右是比较合理的,既可以提高钢渣间的反应能力,又可以使氧气射流保持对于熔池钢液最佳的射入状态,在钢液表层内部产生脱碳气泡,促使脱碳反应的进行,是控制泡沫渣操作的理想吹氧角度。吹渣操作是指氧枪的枪头离开炉渣一段距离,以一定的角度和氧气流量,进行吹氧的操作。氧枪枪管在炉渣内,刻意地调整吹氧角度和流量,使氧枪射流吹钢渣界面的操作也叫吹渣操作。吹渣操作的主要目的是增加渣中氧化铁的含量,促进渣料的熔化以及脱磷、脱碳反应的进行。

5.6.6.1　配碳量较低的全废钢冶炼

采用这种冶炼方式的电弧炉,一般变压器的容量比较大,电能输入的速度比较快,而且配备有相应的辅助能源输入的手段,如氧燃烧嘴和二次燃烧枪等,以便提高化学能的利用和消除电炉的冷区。电弧炉炉料的总配碳量小于1.0%,这类电弧炉强调的是产能水平,对于泡沫渣的要求比较高,以满足快速输入电能的要求,这种模式下的泡沫渣操作的特点如下:

(1) 冶炼用的渣料分为两篮加入(直流电弧炉除外),渣料采用石灰配加白云石为主,这样可以保证渣料在加每一批料以后都有一部分的溶解,参与化学反应,覆盖熔池减少吹炼时的飞溅损失,而且减少了石灰的溶解时间。

(2) 采用合适的留钢量和留渣量。熔化期一支枪切割处于红热状态的废钢,一支枪在电炉的留钢和留渣组成的局部熔池吹氧,或者两支枪全部用来切割废钢,以达到快速加料的目的。

(3) 在炉内废钢熔清60%左右,就开始泡沫渣的操作,两支氧枪根据炉内的具体情况,先进行"吹渣操作",以促使炉渣熔化,炭枪开始喷吹炭粉的操作,或者一支氧枪进行吹渣操作,一支氧枪吹钢渣界面进行早期的脱碳。

(4) 炉体的倾动和氧枪吹氧的角度要紧密配合,以提高吹氧的效率,炭粉的喷吹根据炉渣的发泡高度,进行动态的控制,以保证有较快的脱碳速度。

(5) 脱碳和脱磷的任务一般要求在泡沫渣持续8～12min左右完成,整个泡沫渣时间控制在 15min 左右。由于电能输入速度较快，电弧炉的流渣（也称放渣）操作一般在测温取样的时候，完成 60% 左右。

（6）电弧炉的装入量和留钢量一般是恒定的，波动变化较小，以便于稳定冶炼过程中的操作。

5.6.6.2 配碳量较大的全废钢冶炼

采用较大配碳量冶炼的电弧炉，一般变压器容量属于中等或者偏小，有的采用了辅助能源输入手段，有的没有。这类电弧炉一般是生产合金钢或者质量要求较高的钢种，要求泡沫渣持续的时间较长，以满足脱磷脱气和埋弧升温的要求。电弧炉的配碳量在 0.8% ~ 2.4% 。这种冶炼模式下的泡沫渣操作主要特点如下：

（1）采用较大的留钢量和留渣量，以提高熔化期吹氧的效率。

（2）熔化期炉体向前倾斜在 1° ~ 3° 之间，两支枪伸入炉底的热区吹氧、以达到早期脱出杂质和部分碳的任务。

（3）在第一批料的时候，只要有"局部熔池"存在，就要进行泡沫渣的操作，以达到埋弧，提高已经形成的"局部熔池"的温度，达到扩大"局部熔池"的面积，实现促进废钢熔化的目的。

（4）废钢铁料全部加入后，也是以第一批料的操作模式为主，向热区吹氧造泡沫渣为主。造成熔池的逐渐扩大，等到加入的渣料和炉料的全部溶解，根据炉渣的黏度和发泡高度调整喷吹炭粉的流量，炉渣黏度过大时，减小喷吹炭粉的量，或者增加供氧强度；炉渣黏度过低时，增加喷吹炭粉的量，或者减少供氧强度。

（5）在泡沫渣初步形成以后，要用一支枪及时清理炉门区的冷钢，以便于流渣操作和测温取样的操作。

（6）由于冶炼的钢种对于磷的要求较高，所以一般采用晚期流渣的操作，泡沫渣的整体持续时间在 10 ~ 25min 。

5.6.6.3 热装铁水的泡沫渣操作

热装铁水冶炼时，泡沫渣的操作方法主要以兑加铁水的比例和总体的配碳量来决定的，泡沫渣的操作以泡沫渣的脱碳脱磷的时间与送电升温到出钢目标值的时间相统一为最佳，电弧炉热兑铁水时的泡沫渣操作主要特点有：

（1）熔化期在兑加铁水以后，氧枪以吹局部熔池为主，达到氧化部分的磷、硅、锰以及脱除部分的碳。如果切割废钢，会导致后期的泡沫渣操作难度加大。

（2）由于热兑铁水生产时，一般情况下，熔池形成的时间比较快，石灰溶解的时间短，在熔化期结束时，氧枪要保持 2 ~ 5min 的吹渣时间很必要，以保证炉渣的熔化。

（3）开始造泡沫渣以后，根据炉渣的具体状况，决定氧枪的操作。炉渣较干的时候，两支枪同时以中低流量吹渣，炭粉可以低流量喷入，或者暂时不喷吹；炉渣较稀时，喷吹高流量的炭粉以调剂炉渣的氧化铁含量，氧枪可以降低供氧强度进行吹炼。

（4）熔池碳含量较高的时候，氧枪要间歇性地有目吹钢渣界面，以保持渣中氧化铁的含量稳定。当炉渣呈现波峰状、跳动有力的情况时，说明炉渣的氧化性良好，可以根据炉渣的发泡高度，间歇性地喷吹炭粉，或者一直以低流量的操作喷吹炭粉造渣，氧气以最大的流量吹炼。这样对于兼顾泡沫渣操作和脱碳比较有利。熔池碳含量适中或者偏低的时候，可以按照正常的泡沫渣操作程序操作。

（5）不同时期的炉型，主要是炉底的深浅、料况的变化，对于脱碳反应的影响比较大，在不同时期的炉型和料型，要调整铁水的兑加量以及其他的配碳量，调整渣料的量。保持稳定的留钢量和留渣量，对于泡沫渣的操作有积极的意义。

5.6.6.4　自耗式氧枪吹炼时炉渣乳化现象出现以后的消除

炉渣的乳化现象的基本特征是：

（1）炉渣视觉黏度低，吹炼时炉渣大量从炉门溢出。

（2）无明显的脱碳反应，表现在冶炼时烟道无明显的炭火。特别说明的是，即使是大量喷吹炭粉，所产生的炭火在烟道内也表现得飘忽无力，而脱碳反应产生的炭火在烟道内比较强劲有力。

（3）自耗式氧枪枪管消耗很快，冶炼进程不容易控制。

（4）炉渣从炉门溢出时伴随有明显的金属铁液滴的火花。

炉渣的乳化现象的主要危害有：

（1）容易造成碳高磷高，延长了冶炼周期。

（2）乳化渣形成后阻碍了脱碳反应的进行，熔池传热效果差，所以渣温较高，对于炉衬和水冷盘的侵蚀与损害比较明显，在70t和110t电弧炉中的大量实践证明，穿炉衬和水冷盘漏水70%以上与炉渣的乳化有直接和间接的关系。

（3）乳化现象发生后，有大量的金属铁随炉渣流入渣坑，降低了金属收得率。

（4）自耗式氧枪的枪管损耗太快，发生乳化现象后，自耗式氧枪很难控制冶炼的进程。

（5）冶炼时间的延长不容易控制温度，容易形成高温钢。

产生乳化现象后的主要消除手段有：

（1）炉渣碱度足够，乳化现象刚刚出现时，可以减小输入电能的功率或者停止送电，停止喷吹炭粉，将自耗式氧枪的枪头距离炉渣 $2 \sim 10cm$ 吹渣操作，氧气保持中低流量。有脱碳反应的炭火出现，或者炉渣熔化良好时再进行正常的操作。

（2）乳化现象发生的后期，由于炉渣大量的溢出，为了保证脱磷，不宜再进行放渣操作。

（3）乳化现象发生后，镇静完毕后吹炼要使氧枪吹炼角度与熔池钢液面保持30°，或者为了快速脱碳，氧枪吹炼角度与熔池钢液面保持在45°~60°之间，并且及时将枪管进入熔池钢渣界面，防止枪管不够后吊吹，形成二次乳化或者发生大沸腾事故。

（4）炉渣碱度在1.5左右产生的乳化现象很严重时，应该立即停电停止吹氧，将炉体向出渣方向倾动倒出部分乳化渣后铺平炉体，镇静2min后再继续冶炼操作，一般情况下乳化现象会得到消除或缓解。

（5）对于炉渣碱度过低的炉渣出现乳化以后，不论是自耗式氧枪还是超声速氧枪吹炼，除了补加石灰，或者在不补加石灰的条件下，只有降低供氧强度，减缓脱碳速度以外，没有其他更好的处理方法。

5.6.6.5　碳高脱碳时的泡沫渣操作

自耗式氧枪操作下的脱碳反应大多数是以间接氧化为主的，即通过渣钢之间的传质反应进行的。碳高以后的泡沫渣操作要注意以下两点：

（1）脱碳反应和脱磷反应要兼顾，避免脱碳反应结束后磷高，也要避免炉渣乳化后引起的各种不良后果。

（2）在临界碳含量范围内要注意防止大沸腾事故的发生。所以，冶炼中出现碳高以后的泡沫渣操作，以控制好温度和调整碳含量为主进行操作。在临界碳含量以上时，可以降低或者停止送电的功率，自耗式氧枪枪头距离炉渣液面 5~10cm 进行吹炼 1~5min 左右，先进行脱磷的吹渣脱磷操作。当脱碳反应开始后根据脱碳反应的程度及时地倾动炉体，调整吹氧角度，为了提高脱碳反应的速度，喷炭量可以做动态调整，减少或者间歇性地喷炭。当熔池中的碳含量在临界碳含量范围（0.2%~0.8%）以内时，为了增加碳向反应界面的扩散，防止大沸腾事故，最好是通电操作。吹氧时必须喷吹炭粉，调节渣中氧化铁含量，防止氧化铁富集，吹氧角度和炉体的倾动必须紧密配合，吹氧角度或者是通电操作下的 30°角吹炼，或者非通电条件下的大角度吹氧，并且及时地进枪。

5.6.7　超声速氧枪控制下的泡沫渣技术

5.6.7.1　超声速氧枪吹炼条件下泡沫渣控制的特点

大多数超声速碳氧枪是布置在炉门，也有的是安装在炉壁进行冶炼操作的。超声速氧枪的氧气射流对于熔池具有较大的冲击动能，较强的穿透钢渣界面的能力，脱碳能力较强，其反应可以认为有部分氧气直接进入钢液参与脱碳，脱碳速度大于自耗式氧枪的脱碳速度，实际测量最快可以达到 0.12%/min。控制良好的泡沫渣，渣中的氧化铁含量在15% 左右，远远低于自耗式氧枪控制的泡沫渣的渣中氧化铁的含量。可以提高铁水的热装比例和配加生铁的比例，以及其他的配碳用的原料，以降低铁耗。超声速氧枪吹炼，脱碳反应没有开始时，主要是硅、锰、磷和铁的氧化，石灰的溶解也在进行，如果初渣中的氧化铁含量较高，初渣的传质反应也比较慢，所以在炉渣没有形成覆盖住熔池的时候，一般采用低的供氧强度进行吹氧，采用高的供氧强度，会增加钢铁料的吹损损失。目前超声速氧枪的吹炼一般设有 2~5 个挡位或者吹氧模式，有的厂家为了规范操作，将吹氧模式与送电的输入功率连锁，在不同的电耗阶段，有不同的吹氧模式或者挡位，以不同的供氧强度进行供氧吹炼操作。

超声速氧枪吹炼时的负面影响主要表现在：

（1）超声速射流冲击作用造成枪体的结钢渣现象时有发生，严重时钢渣的飞溅在烟道附近大量聚集，将水冷壁与上炉盖粘在一起，影响了旋开炉盖加料操作的顺利进行。

（2）配碳量较高时，炉渣返干现象普遍。在脱碳速度最大的时候，泡沫渣容易发泡，甚至从护壁或 EBT 附近溢出。冶炼后期熔池碳含量较低时，泡沫渣的高度不足，不能满足长弧高功率输入的要求。喷吹炭粉控制不好时，一罐炭粉（1500kg 左右）会出现不够冶炼一炉钢的现象，给冶炼造成被动。炭粉喷空以后需要二次充填或者需要人工从炉门加发泡剂炭粉。

（3）渣料加入量过大时，加入的渣料不容易充分的熔化，石灰和白云石的利用率较低，在一些炉次，渣料在氧枪射流的作用下，聚集在 EBT 冷区，影响 EBT 的填料操作。渣料加入量过小时，容易出现乳化现象。典型的超声速氧枪吹炼的泡沫渣渣样分析见表 5-16。

表 5-16　超声速氧枪吹炼的泡沫渣渣样成分分析　　　　　　（%）

成　分	SiO$_2$	CaO	MgO	FeO	碱度
1	13.22	41.95	1.44	10.28	3.2
2	13.95	36.65	2.02	13.08	2.6
3	12.44	40.17	2.46	11.88	3.2
4	12.57	34.41		20.85	2.7
5	13.45	35.37	0.01	17.1	2.6

（4）在炉渣碱度合适的情况下，有部分炉次，脱碳任务完成以后，脱磷的任务仍然没有完成，需要进一步的脱磷操作，给冶炼造成被动。

超声速氧枪的泡沫渣操作一般分为全废钢冶炼和热装铁水的冶炼两种。

5.6.7.2　全废钢冶炼时泡沫渣的控制

全废钢冶炼时的泡沫渣的操作主要体现在：

（1）炉料的配碳量要合理。推荐的配碳量在 1.0% ~ 2.6% 之间。不能超过上限，超过上限后，会增加脱碳的操作时间；配碳量也不能过低，配碳过低，虽然可以通过减少供氧强度和增加喷炭量实现调节，但是配碳过低会增加吹损，终点碳含量过低的几率也会增加，导致出现水渣。配碳量的大小要根据废钢铁料中的硅、锰、磷的含量决定，这些元素含量较高的时候，就要减少配碳量，增加石灰的加入量。

（2）冶炼时，生铁等含碳量较高的配碳原料 60% 以上加在第一批料，吹氧操作要在一批料熔化到接近熔清前，熔池有明显的脱碳反应出现最好，这主要体现在烟道和炉盖四周有炭火出现。

（3）由于脱碳反应和石灰的溶解分别是两个串联反应，所以超声速氧枪吹炼全废钢的一个主要的原则就是，如果氧枪吹炼的热点区出现局部熔池，就要进行喷炭操作，以降低渣中氧化铁含量，使其保持在 25% 以下，这样会促进石灰的溶解，增加局部熔池的埋弧升温和传质反应，从而改善冶炼的进程，待炉渣充分泡沫化后，根据炉渣的情况，进行吹氧和喷炭，送电的调整。

（4）造好全废钢冶炼的泡沫渣的另外一个原则就是掌握好留钢留渣量。合理的留钢留渣会提高吹氧的利用率，提高化学热的利用，对于废钢的及早熔化，造好泡沫渣有着积极的意义。

（5）渣中的氧化铁含量对于渣料的熔化起着决定性的作用。熔化期的后期，熔池的初渣中一般氧化铁含量较高，这是因为此时熔池内的温度较低，脱碳反应没有开始时，铁的氧化量最大，加入的渣料没有完全熔化，氧枪吹炼时产生的大量氧化铁会进入到炉渣中，渣中氧化铁过高，炉渣的密度增加，传质反应的能力减弱，所以熔化期的后期，只要有炉渣形成，就要较早喷炭，以减少渣中氧化铁的含量，以促使炉渣提高发泡能力和未能溶解的石灰进行进一步溶解。

（6）在脱碳反应开始后，要控制好喷吹炭粉的流量，调剂泡沫渣的高度。经验认为，熔池碳含量在0.3%以上时，可以减少喷吹炭粉。全废钢冶炼时，始终以合适的流量喷吹炭粉，对于稳定的控制炉内的反应气氛，减少吹损还是比较有利的。

（7）放渣的操作一般在冶炼的中期开始适量的放渣，即熔池碳含量在0.3%~0.6%之间，放渣比较容易，在熔池碳含量较低，炉渣碱度偏低时，炉渣不容易从炉门排出，会增加出钢下渣的几率。

（8）单纯的超声速氧枪吹炼，泡沫渣的全面控制有一定的难度，采用复合吹炼方式，泡沫渣的控制会更好。例如，炉壁超声速氧枪和炉门自耗式氧枪复合吹炼，炉门超声速氧枪联合炉壁集束氧枪吹炼，或者联合使用具有化渣和脱碳功能的多功能烧嘴。

（9）炉渣的最佳碱度控制在2.0~3.0之间，对于全废钢冶炼的泡沫渣控制比较有利。

5.6.7.3 热装铁水冶炼时泡沫渣的控制

热装铁水冶炼时，泡沫渣的控制必须与脱碳反应、通电升温有机地结合起来，脱碳的任务必须提前在熔池的温度达到出钢温度要求以前1~5min完成。控制好热装铁水泡沫渣的关键在于：

（1）熔化初期，将炉体向出渣方向倾动，以炉门不溢出钢渣为原则，这样对于炉门式的水冷超声速氧枪或者炉壁水冷超声速氧枪的操作都是比较有利的。在冶炼前期，将吹氧化渣，脱磷放在首位，控制氧枪的枪位，使氧枪的枪头离开熔池有9~50cm的距离吹氧，吹氧的流量保持在中挡左右，使射流以亚声速冲击钢渣界面，重点进行化渣、脱磷。脱碳任务在炉渣充分泡沫化后进行、脱碳的效率会比较高。实际操作中，枪位的控制以炉顶电极孔处飞溅物不严重为标准。

（2）在脱碳反应开始后，要根据脱碳反应的情况和炉渣的状况进行控制喷吹炭粉的操作，一般来讲，在临界碳含量范围中上限的时候（0.5%~0.8%），如果炉渣泡沫化的高度可以满足埋弧的要求，可以减少或者停止喷吹炭粉的操作，因为喷吹炭粉在钢渣中的还原反应属于吸热反应，会影响熔池的升温，增加冶炼周期。在临界碳含量中下限范围（0.2%~0.5%），要降低"枪位"，即把氧枪向熔池内移动，进行喷吹炭粉的操作，这样可以减少渣中氧化铁含量。增加金属收得率，降低剧烈沸腾的几率。炭氧枪的进枪长度，根据反应的特征，主要是根据烟道的炭火大小，以及熔池的沸腾程度，做机动调整。脱碳反应剧烈时，适当退枪，以维持碳氧反应的正常进行为准。脱碳反应减弱时，进行进枪，使得氧枪的枪头尽可能地靠近熔池吹氧。

（3）实践证明，增加吹氧化渣时间是解决超声速氧枪吹炼条件下钢渣飞溅损失的有效手段，而且化渣这段时间也是促使钢中的硅、锰、磷氧化的有利时机，为泡沫渣的控制和脱碳的顺利进行创造了有利条件，脱碳反应又推动了炉渣泡沫化的优化控制，实现了操作的良性循环。

（4）热装铁水的送电操作，前期以最大的功率送电，使熔池的温度尽可能达到脱碳反应需要的温度范围，然后根据泡沫渣的埋弧情况，综合脱碳反应的程度，决定送电的挡位。实际生产中，超声速氧枪在脱碳速度最快的时候，泡沫渣的埋弧效果并不好，中低挡位送电是合适的，只有在脱碳任务快结束时，渣中氧化铁含量合适时，泡沫渣的埋弧效果才会理想，这时候大功率送电提温也比较符合冶炼的程序。

（5）有关文献介绍，熔池含碳量在 0.3% 以上时，不必喷吹炭粉进行泡沫渣的操作，这在电弧炉高比例热装铁水生产时，是很必要的。

（6）高比例兑加铁水（热装铁水的比例大于 30%）冶炼时，配加直接还原铁或者氧化铁皮，对于优化泡沫渣的操作有积极的作用。

（7）热装铁水时，炉渣的最佳碱度控制在 2.2～3.0 之间是合理的。

5.6.7.4　超声速氧枪吹炼条件下炉渣乳化以后的操作

超声速氧枪吹炼过程中，乳化现象的出现大部分是碳高引起的。在熔化期结束时，炉渣跟熔池影响脱碳反应进行的元素含量较高时，由于选择氧化的作用，脱碳反应被抑制。氧气流股冲击熔池，引起熔池的金属小铁珠大量弥散在炉渣中，造成这种钢渣不分层的乳化现象。这种现象会导致脱碳困难和磷高，吹损会大幅度上升，而且炉役后期会增加炉衬的危险性。所以，解决乳化渣的方法主要有：

（1）减低吹氧量，把氧枪从炉内向外退出一段距离，进行吹渣，宜到炉渣大部分熔化后，再增加吹氧量进行脱碳操作和泡沫渣的控制。事实上，当吹渣操作进行到炉渣大部分熔化后，熔池就会出现脱碳反应，乳化现象就会减轻或消除。在这种情况下，强行高强度供氧，只会引起钢水和炉渣从炉门大量溢出，脱碳反应不一定就能够及时出现。

（2）炉渣碱度较低，出现较严重的乳化渣后，不要急于吹炼，可以将冶炼稍微停顿。停止吹氧和送电，待炉渣和熔池镇静后再继续冶炼，重新冶炼时应该以中低供氧强度吹钢渣界面，待出现脱碳反应后增加供氧强度。效果会比继续冶炼好。

（3）如果镇静后重新冶炼，炉渣仍然出现乳化现象，可以继续镇静，并且炉体向出渣方向倾动，倒出少部分的低碱度乳化渣。倒渣结束后，炉渣处于镇静状态，再继续冶炼，效果会进一步改善，如果继续乳化，则继续倒渣镇静处理，再继续冶炼。是唯一处理炉渣碱度较低的乳化现象和消除大沸腾现象的一个有效的方法。

（4）出现乳化现象后，要注意出钢量的控制，出钢量要比正常少 3%～10%。

（5）炉渣碱度低引起的乳化现象，就要考虑下一炉次的冶炼时，增加渣料的加入量，降低炉料的配碳量，或者改变废钢铁料的料型结构。如果电弧炉具有通过高位料仓加渣料的条件，低碱度炉渣出现的乳化现象，可以通过补加石灰以后，进行合理的吹渣操作来消除，操作难度会降低。

5.6.7.5　渣中氧化铁过高引起的相间起弧

相间起弧主要有两种：

（1）超声速氧枪具有较强的脱碳反应能力，脱碳反应速度较快，如果熔池内的碳含量较低时，渣中的氧化铁含量就会急剧上升，当氧化铁含量超过 35% 以后，炉渣就会出现水渣现象，钢液内部的溶解氧超过 0.07% 时（定氧仪测定的结果），向熔池大量的喷吹炭粉，渣中的碳氧反应会很迅速，产生大量的二氧化碳气体，迅速从炉渣内排出，导致交流电弧炉三相电极间的气体电离起弧。

（2）脱碳速度过快，脱碳速度在 0.07%/min 以上时，脱碳反应的气体主要是一氧化碳，也会导致相间起弧。

发生相间起弧后，提升电极，也很难进行断电操作，因为此时高压负载处于负荷状态，只有降低送电功率。它的危害主要体现在：

（1）相间起弧会损害电极和小炉盖的使用寿命。

（2）输入的电能50%以上是无效的，增加了冶炼电耗。

（3）有可能导致断电极事故的发生。

所以防止相间起弧是影响冶炼的一个关键环节，具体方法如下：

（1）冶炼时要注意有合理的配碳量，脱碳量应该控制在0.95% ~ 1.85%之间。

（2）配碳量较低，配碳量在1.0%左右，如果出现了有炉渣覆盖的局部熔池，就进行喷炭操作，在脱碳反应趋于减弱时，增加喷吹炭粉的流量，或者减小吹氧量。

（3）炉料的配碳较高，脱碳速度较快时，降低送电挡位，或者暂时停止送电。

（4）在连续冶炼两炉以上，出现相间起弧后，可以适当地增加炉渣碱度，炉渣碱度增加后，脱碳反应的气体排出的速度会减慢，这种情况会得到改善。

（5）出现相间起弧以后，停止吹氧和喷炭，可以在短时间内达到消除相间起弧的现象。

5.6.8 超声速集束氧枪吹炼条件下的泡沫渣控制

超声速集束氧枪吹炼一般采用3~4个吹氧点，实行多点喷吹炭粉。由于吹氧量比较大，一般吨钢氧耗为40~55m³/t，所以渣中氧化铁含量较高。泡沫渣的控制在配碳量合适，炉渣碱度合适的条件下，泡沫渣比较容易发泡。但是存在的问题也会很多，炉渣乳化的几率增加，炉门跑钢水的次数增多，钢铁料的吹损量增加，炉沿黏结钢渣以后上涨。这些现象都要求在解决脱磷脱碳问题的同时兼顾，泡沫渣的控制特点主要有：

（1）保持合适的炉型尺寸，炉底过深时，及时修补炉底，保证吹炼时氧气的利用率。

（2）炉渣的二元碱度合理的范围在2.2~3.5之间。

（3）采用较大的留钢留渣量，以提高吹氧的效率，促进泡沫渣及早形成。

（4）采用高氧（或者叫高焰）脱碳时，最好的时机在炉渣泡沫化较好的时候进行，有利于减少吹损和飞溅。

（5）炉渣高度满足冶炼埋弧要求时，要控制喷吹炭粉的流量，加以调剂泡沫渣的高度。泡沫渣高度过高，从炉沿以及其他密封不好的部位流渣，对于仪表的测温线和设备水冷管路的威胁比较大。

（6）装入量要合理，稳定在一个合适的范围，这对于泡沫渣的操作的稳定，减少人为干预的次数有利。

（7）由于超声速集束氧枪的吹炼特点和选择氧化的作用，脱磷的反应效果没有自耗式氧枪吹炼时的好，所以放渣操作要在温度接近出钢温度前5min，测温取样的操作结束以后进行。

（8）对于采用热兑铁水比例大于40%的电弧炉，脱碳反应开始以后，控制好一定的脱碳速度，对于防止炉门跑钢水很有效。

（9）炉渣碱度合适时，发生乳化以后，如果炉门区还处于冷区状态，即炉门废钢还没有化开，可以以较大的氧气流量喷吹，在脱碳反应开始进行以后，乳化现象就会缓解或者消失。如果乳化现象发生后，炉门区有钢渣大量溢出，要及时地采用低氧或者中氧吹炼处理，以减少炉门跑钢水的量。炉渣碱度较低发生乳化现象以后，降低供氧强度进行冶炼是操作的首要选择。

（10）超声速集束氧枪的枪位和吹氧角度是固定的，吹渣操作可以通过调整供氧强度来调节射流的长度，并且倾动炉体，使选择化渣的氧枪射流能够吹在钢渣界面上，实现吹渣操作。超声速集束氧枪的吹渣时间不能太长，否则会引起大沸腾事故。

5.6.9　不同类型泡沫渣的冶炼效果分析

5.6.9.1　理想的泡沫渣

实践中得出的最佳碱度在 2.0 ~ 3.0 之间（自耗式氧枪吹炼为 2.0 ~ 2.5，超声速氧枪吹炼在 2.0 ~ 3.0 之间），渣中氧化铁含量在 11% ~ 20% 之间，渣中氧化镁含量控制在 4% ~ 10% 之间，这种状况下的炉渣不仅可以满足埋弧升温的需要，还可以轻松地完成电弧炉的成分控制，可以通过控制配碳量和吹氧量来人为调整泡沫渣的高度，顺利实现流渣放渣的操作，为测温取样创造条件。而且这种炉渣对于覆盖钢液、减少吹损有着重要的意义，冶炼的钢中夹杂物和气体含量普遍低。表 5-17 是比较理想的渣样分析（70t 直流电弧炉自耗式氧枪吹炼）。

表 5-17　70t 直流电弧炉冶炼优质弹簧钢时的炉渣渣样分析　　　　　（%）

冶炼钢种	石灰/kg	SiO_2	CaO	MgO	Fe	Al_2O_3	P_2O_5	碱度
60Si2Mn	4000	12.33	29.54	0.15	27.35	3.88	1.03	2.408
60Si2Mn	4200	17.85	39.92	1.04	19.36	3.63	0.82	2.295
60Si2Mn	4200	14.72	34.08	0.13	24.65	3.12	0.76	2.372
60Si2Mn	4000	16.8	38.3	0.11	19.98	3.11	0.91	2.286
60Si2Mn	4000	12.42	37.14	0.12	27.15	2.76	0.65	3.000
60Si2Cr	4000	11.06	33.15	0.12	30.96	2.85	0.67	3.008
60Si2Cr	4000	13.38	28.94	1.72	28.92	3.51	0.62	2.291
60Si2Cr	4000	17.87	39.92	1.04	19.36	3.63	0.71	2.292
60Si2Cr	4000	13.23	35.06	0.11	26.54	3.12	0.76	2.658

5.6.9.2　低碱度泡沫渣

炉渣的流动是层流，而钢液的流动是湍流，这是对于炉渣碱度和成分都比较理想的炉渣而言的。对于低碱度的炉渣来讲，炉渣的流动是处于湍流与层流两种状态，实践中得出的结论和理论分析是极其吻合的。炉渣碱度低于 1.8 以后，炉渣的流动性变差，物化反应能力减弱，炉渣对于钢水的覆盖作用减弱，冶炼时的飞溅严重，炉壁炉沿结渣严重，不仅影响了冶炼结束以后进行炉盖旋转出去以后的加料操作，而且金属收得率降低，无法正确确定金属的收得率，导致出钢下渣，钢中的夹杂物含量和气体含量明显地高于正常炉次。表 5-18 是典型的泡沫渣质量较差的渣样分析。从表 5-18 中可以看出，较差的泡沫渣一是碱度不够，二是渣中全铁含量高，渣中氧化镁含量低。

表 5-18　70t 电弧炉自耗式氧枪吹炼较差的泡沫渣渣样分析　　　　（%）

石灰/kg	白云石	SiO_2	Al_2O_3	CaO	MgO	Fe	P_2O_5	碱度
3500	200	17.03	3.89	21.08	1.37	23.8	0.6	1.318262
3500	200	20.32	4.08	23.25	2.88	17.08	0.65	1.285925
3500	200	17.34	3.52	23.15	1.83	23.39	0.65	1.4406
3500	200	17.34	3.44	23.3	2.1	22.9	0.63	1.464821
3500	200	19.17	3.85	22.86	3.94	18.32	0.54	1.398018
3500	200	15.58	3.57	21.01	1.43	27	0.43	1.440308
3500	200	16.26	3.64	21.57	1.68	25.67	0.48	1.429889
3800	200	17.18	3.02	26.77	0.001	22.04	0.74	1.558265
3800	200	10.83	3.05	22.76	0.001	35.26	0.48	2.101662
3800	200	12.13	2.89	24.9	0.001	32.44	0.52	2.052844
3800	200	12.69	3.25	24.31	0.001	32.19	0.55	1.91576
3600	300	12.91	3.17	23.97	0.001	34.14	0.52	1.856778
3800	200	13.76	3.17	23.96	0.001	33.83	0.51	1.741352
3800	200	16.07	3.28	26.11	0.001	25.08	0.56	1.624829

5.6.9.3　高氧化铁含量的泡沫渣

泡沫渣氧化铁含量过高，炉渣出现水渣，这时会出现两种情况：

（1）炉渣的密度增加，喷吹炭粉时，炉渣大量地从炉门流出，造成铁耗增加，自耗式氧枪的枪管在不停地消耗，碳高时脱碳反应不能够进行，或者脱碳反应的速度较慢，这是由于熔池碳在 0.2%~0.8% 之间，脱碳反应取决于熔池碳向钢渣界面的传递速度造成的。在这种情况下还会出现大沸腾事故。

（2）熔池中碳含量较低，熔池中钢液溶解氧含量高，喷吹炭粉和渣中的氧化铁产生还原反应，此反应为典型的吸热反应，还会造成反应气体与电弧在远离熔池的地方起弧，形成电极之间的相间起弧现象，起不了加热钢液的作用，浪费了电能，而且不利于消除电弧炉冷区的冷钢，所以造高氧化铁的泡沫渣危害性是多方面的。

5.6.9.4　高氧化镁含量的泡沫渣

泡沫渣渣中氧化镁含量超过 8%，碱度大于 2.8 以后，炉渣的黏度会随渣中氧化镁含量的增加而增加。炉渣会淤积在炉门区，增加了清理炉门的工作。合理地喷炭与吹氧对于调整炉渣的黏度会起到一个积极的作用。合理地调整石灰和白云石的加入量，可以解决好这种矛盾。

5.6.9.5　泡沫渣乳化以后的冶炼效果

泡沫渣乳化后会影响石灰的溶解，增加操作的难度，物理化学反应能力减弱。实践中常常遇到这样的情况，一样的料型结构，一样的渣料加入量，有的班次操作的炉渣渣样分析碱度始终偏低，渣况较稀，究其原因，就是因为没有解决好炉渣的乳化现象，炉渣乳化后最直接的是金属的收得率大幅度降低。解决乳化现象的关键在于合理地加入石灰，冶炼初期，要注意吹渣操作和控制合理的供氧量以及喷吹炭粉量。

5.6.10　氧化铁皮、泡沫渣改进剂在泡沫渣工艺中的应用

5.6.10.1　破碎镁炭砖在泡沫渣操作中的应用

电弧炉生产线因为炉衬退役和钢包拆修后产生大量的废弃镁炭砖，每年有上千吨的废弃镁炭砖，有的作为生产电弧炉炉门快补料的原料，有的作为垃圾丢弃处理。由于熔渣中的 $2CaO \cdot SiO_2 \cdot MgO$、$MgO \cdot SiO_2$ 等含 MgO 的稳定化合物是泡沫渣发泡的悬浮物质点，是保持泡沫渣稳定性的关键。所以，把废弃的镁炭砖进行破碎处理，作为泡沫渣的稳定剂加入，粒度保持在 5～10mm 之间，随渣料一起加入，每炉钢加入 400kg，对于泡沫渣的操作和炉衬的维护有积极的意义。

一般破碎镁炭砖的加入可以分为两种方式：

（1）没有采用包装的，通过高位料仓的加料系统直接加在料篮里或者电弧炉内，这样不影响冶炼的操作。

（2）采用袋装的，行车用链条直接吊起，加在炉内。这种方式可以使破碎镁炭砖加在炉材侵蚀较快的区域，对于炉衬的寿命也是有利的。这种方式耗时 1～3min。

破碎镁炭砖在一座 70t 的电弧炉应用以后，效果比较明显，主要体现在：

（1）电弧炉炉渣改进前炉渣中的 MgO 含量为 0.586%，改进后每炉钢加入 400kg 破碎镁炭砖将渣中的 MgO 含量提高至 1.16%，提高了炉渣的稳定性。降低了炉衬侵蚀速度。电弧炉在前 500 炉不进行补炉操作的前提下，仍然使电弧炉全废钢炉衬寿命稳定在 600炉，小炉盖平均寿命为 724 炉，降低了电弧炉的耐火材料消耗。

（2）添加破碎镁炭砖以后，每炉冶炼的通电时间比没有添加的炉次减少 0.79min 表明电炉的电能利用率有了极大的提高，降低了冶炼电耗，提高了电弧炉的产能。

（3）加入破碎镁炭砖后加快了化渣速度，并改善了渣系的流动性，钢渣界面的物化反应能力有了显著的增加。不仅显著提高了泡沫渣埋弧效果，而且对于成分的控制有了明显的进步，脱磷率提高了 10%～15%。

（4）减少了渣料中轻烧白云石的加入量，降低了渣料的消耗。

添加破碎镁炭砖前后的渣样分析见表 5-19 和表 5-20。

表 5-19　电弧炉加破碎镁炭砖前渣样分析　　　　　　　　　（%）

成分	SiO_2	CaO	MgO	Fe	S	P_2O_5	Al_2O_3	碱度
1	18.4	21.53	0.45	19.9	0.03	0.45	3.75	1.19
2	19.7	24.23	1.38	17.34	0.03	0.48	3.72	1.3
3	17	21.36	0.4	23.24	0.03	0.42	3.64	1.28
4	17.4	22.87	0.38	22.42	0.03	0.51	3.46	1.34
5	17.8	20.6	0.32	20.49	0.03	0.4	3.72	1.18

表 5-20 电弧炉加破碎镁炭砖后渣样分析 （%）

成 分	SiO₂	CaO	MgO	Fe	Al₂O₃	S	P₂O₅	碱度
1	18.4	28.94	1.06	20.04	3.36	0.046	0.85	2.08
2	19.7	25.17	1.25	19.77	3.57	0.046	0.62	2.01
3	17	30.24	1.3	18.3	3.82	0.035	0.77	1.76
4	17.4	28.94	1.72	21.92	3.51	0.051	0.62	2.29

5.6.10.2 氧化铁皮在泡沫渣操作中的应用

在炼钢过程中，石灰的溶解、脱磷脱碳反应都与氧化铁有关，在炉渣中如果有氧化铁原料的加入，会降低氧气的消耗。生产过程中，在炼钢的后道工序，连铸和轧钢会产生数量可观的氧化铁，它们作为化渣剂也会提高泡沫渣的成渣速度，来自轧钢的氧化铁皮黏附有油污和水分，生产优质钢时使用，会增加钢中氢的含量，所以使用前要经过烘烤处理，连铸工序产生的氧化铁皮可以烘干后直接加入使用。氧化铁皮的使用量每炉加入 500~4000kg。

使用方法为：

（1）全废钢冶炼时一般不加氧化铁，否则，冶炼电耗会明显上升，影响冶炼周期热装比例在 20% 以上加入使用，应用的综合效果比较好。

（2）第一批料熔清后加入第二批料，石灰和氧化铁加在第二批料的料篮底部。加在第一批料，对于冶炼的操作有不利的影响。

（3）针对氧化铁是渣料的辅助溶剂这一特点，将氧化铁皮应用于热装铁水生产低磷优质钢的熔剂，在 [C]、[P] 高时，随着萤石、石灰一起加入，作为留碳脱磷的脱磷剂。

加入后前期按正常工艺路线操作，后期按实际的冶炼钢种选择吹氧的供氧模式，控制供氧强度。由于脱磷操作是钢渣界面的反应，脱碳反应的主要部分也是在钢渣界面进行的，所以这种使用氧化铁皮的方式产生了积极的意义，既节省了吹氧量，又可达到顺利控制成分的目的。使用效果如下：

（1）加入氧化铁皮后，炉渣的成渣速度比以前提高了 1~5min，脱碳速度比以前有了明显的提高。

（2）脱磷速度比以前有了明显的提高，脱磷和脱碳效率分别上升 20%~40% 和 5%~20%，优化了工艺操作，降低了操作难度。

（3）铁水的热装比例也大幅度上升，比以前提高了 5%。

由于氧化铁的还原反应是吸热反应，所以导致冶炼电耗的上升。使用效果见表 5-21。实际表明，氧化铁皮是一种优良的造泡沫渣的辅助材料。

表 5-21 电弧炉使用氧化铁皮后的冶炼效果

电耗/kW·h·t⁻¹	氧耗/m³·t⁻¹	脱磷率/%	成渣时间/min
+2~5	-1~3	+10~30	-3

5.6.10.3 电弧炉除尘灰在泡沫渣操作中的应用

电弧炉除尘灰一般的全铁含量在 53% 左右（氧化铁在 7% 左右），并且含有 1.5%~

2.8% 的二氧化硅，5%~9% 的氧化钙，1.8%~3.5% 的锌和铅，3% 左右的氧化锰。由于含有锌，所以不适合大批量的造球后应用于高炉炼铁，原因是高炉原料锌含量较高以后，影响了高炉炉缸内的热循环，影响料层的透气性。如果不加处理，直接在废钢加料车间用电磁盘吸起加入料篮，应用于电弧炉炼钢，会被防尘系统迅速抽走，不仅收得率低，而且加重了除尘的负担，生产实践表明，即加入较大量的除尘灰（每炉 3000~5000kg），除尘系统的排灰量也相应增加，所以电弧炉产生的除尘灰，目前已经被用于批量的烧结造球，或者添加石灰、石油焦、沥青焦油以后造球，应用于电弧炉造泡沫渣。加入的方法和使用渣料一样，通过给料篮配加渣料的高位料仓加入料篮，或者通过炉前的高位料仓直接加入电弧炉内。由于含有含碳的成分，所以在电弧炉的泡沫渣操作中，会促进电弧炉的泡沫渣发泡。

5.6.10.4　泡沫渣改进剂的使用

在一些情况下，泡沫渣中的氧化铁含量大，会给钢水质量和炉衬带来危害，还会影响炉渣发泡的高度，增加快耗，所以除了增加配碳量和喷炭量以外，泡沫渣改进剂的使用也是一种很好的解决途径。这种改进剂通常是由炉顶加料系统加入，也可以喷吹。这种改进剂制造的主要思路如下：

（1）以还原剂电石为主要的基体原料。

（2）添加部分的石油焦或者沥青焦为辅助添加材料，用来还原渣中的氧化铁。

（3）添加少量的白云石，用来增加炉渣中的氧化镁含量，增加发泡指数。

（4）添加少量的萤石，用来提高改进剂的快速溶解。

这种改进剂的使用，可以通过降低炉渣中氧化铁的含量，从而达到降低熔渣中氧含量的目的。喷吹炭粉的载流气体可使熔池溶解气体的含量增加，泡沫渣改进剂则可以减少熔池吸气的可能性。加入方式是通过电弧炉炉前加渣料的高位料仓加入电弧炉的。

5.7　电弧炉冶炼过程脱碳留碳操作技术

5.7.1　脱碳反应的作用和配碳量的确定

脱碳反应是电弧炉炼钢过程中最重要的化学反应，脱碳反应在炼钢过程中主要有以下的作用：

（1）脱碳反应的热效应是最主要的化学反应热，为电弧炉炼钢提供了必要的化学热。

（2）脱碳反应在熔池进行后，提供了冶金反应的主要动力学条件，可以搅动熔池传热，加速冶金反应的传质速度，成倍地提高反应速度，对于消除电弧炉炼钢的冷区起着决定性的作用。

（3）配碳可以降低铁素体的熔点，促使熔池尽快形成，对于缩短冶炼周期有积极的意义。

（4）碳优先于铁和氧反应，采用合适的配碳以后，脱碳反应有利于降低铁的吹损，有利于提高金属收得率。

（5）熔池内部脱碳反应产生的一氧化碳气泡是电弧炉脱除氢、氮的最经济、最有效的手段。

（6）脱碳反应是搅动熔池运动，促使熔池内大颗粒夹杂物上浮被炉渣吸收去除，提高粗炼钢水质量的保证。

（7）脱碳反应产生的气体是超高功率电弧炉泡沫渣操作的主要气源。

所以超高功率电弧炉冶炼过程中的配碳和脱碳是电弧炉炼钢最重要的环节之一，也是冶炼纯净钢的必需手段。配碳量一般控制在 0.6% ~ 2.8% 之间，配碳量的大小主要根据以下几个方面综合考虑：

（1）冶炼钢种。优质中高碳钢配碳偏中上限，以保证有足够的脱碳沸腾量，以保证去除夹杂物和气体。冶炼普通钢一般在中下限，保证有一定的沸腾量即可，以降低因为利用生铁或者铁水、焦炭来配碳所带来的成本上升和增加。

（2）变压器容量。目前提高电弧炉产能水平是超高功率电弧炉的一个显著的特点，也是电弧炉赢得竞争的出路。变压器容量较大的电弧炉，采取配碳量控制在中下限，以减少脱碳时间，利用电能快速提温，以达到缩短冶炼周期的目的。

（3）供氧强度。供氧强度较大的电弧炉，配碳量偏上限，反之亦然。

（4）氧枪的形式。由于自耗式氧枪和超声速氧枪的脱碳方式以及速度是不同的，超声速氧枪的脱碳速度比自耗式氧枪的脱碳速度快 20% ~ 50%，所以超声速氧枪冶炼的配碳量比自耗式氧枪的要大。超声速集束氧枪的多点吹氧，脱碳速度更快，配碳量最高可以达到 2.8% 以上。

（5）其他特殊考虑。例如采取 DPP（底吹气）技术的可以允许调整配碳，采用炉壁辅助能源输入手段的，也可以考虑减少或者增加配碳量。

此外，配碳量还要根据配碳原料的情况综合考虑，以达到配碳、脱碳、成本、质量、操作五者之间有一个平衡点，原则是送电升温时间与脱碳时间相匹配。配碳量过高或过低，不利于生产。

配碳量过低，会有以下的负面影响：

（1）钢铁料的吹损将会增加，金属收得率降低。

（2）由于脱碳反应的沸腾作用减弱，电弧炉冷区残留冷钢的几率加大。

（3）冶炼过程的软熔现象增加，取样分析波动大。

（4）冶炼过程的泡沫渣不容易控制。

（5）由于脱碳反应的化学热减少，所以冶炼电耗增加。

（6）粗炼钢水的质量得不到保证，粗炼钢水中的氢、氮含量以及夹杂物的数量偏高。

（7）由于电耗的增加，导致通电时间延长，冶炼周期也随之增加。

（8）通电时间的延长导致电极消耗增加。

（9）渣中氧化铁增加，会给炉衬带来负面影响。

配碳量过高将会带来以下的负面影响：

（1）脱碳时间增加，延长冶炼周期。

（2）炉渣熔化时间延长，由于成渣速度慢，造成吹损增加。吹氧脱碳的反应会增加钢渣乳化现象发生的几率，增加炉渣中的全铁量，导致金属收得率降低。

（3）熔池中碳含量较高，渣中氧化铁含量将会降低，从而影响脱磷反应，容易造成碳磷高的现象。

（4）操作不容易控制，容易出高温钢。

（5）长时间剧烈的脱碳反应会加剧钢水对于炉衬的物理冲刷，影响炉衬寿命，在炉衬使用的中后期，脱碳反应剧烈和高温钢是导致炉体穿钢的主要因素。

5.7.2　配碳方式分析

配碳主要原料是含碳量较高的原料，主要有冷生铁、直接还原铁、焦炭、热兑铁水、脱碳粒铁等，各种配碳原料的优缺点如下：

（1）冷生铁配碳。目前随着炼钢原料的紧缺，冷生铁的供给量有限，有的冷生铁成分多数是不适合转炉炼钢的废品生铁铸造的。

冷生铁配碳的优点有：

1）块度特别适合电弧炉炼钢的原料要求，可以改变料型结构，减少压料时间。

2）金属铁含量高，可以提高金属收得率，保证出钢量。

3）冷生铁里面的有害重金属含量较低，可以稀释钢水里面有害重金属元素的含量，如铬、镍、铜。

4）原料比较容易获得，容易储存和运输。

5）配碳量比较稳定，容易计算控制，在冶炼中高碳钢时，可以实现留碳出钢的目的。

冷生铁配碳的缺点有：

1）配碳的成本较高。

2）大多数冷生铁是高炉的废品生铁。如硅高、硫高后转炉不能利用而铸造后的生铁，这类生铁配碳后容易造成磷、硫含量较高。

3）生铁的铸造过程带入的水分和铁锈会增加粗炼钢水中的气体含量。

4）冷生铁不容易熔化，出钢温度不合适时，会导致出钢以后成分偏差较大。

（2）热兑铁水配碳。热兑铁水是理想的配碳原料之一，除了具有上述生铁配碳的优点外，还带入大量的物理热与化学热，减少了带入的氢的含量，特别有利于缩短冶炼周期和留碳操作。

（3）直接还原铁配碳。有的直接还原铁中含碳量不高，有的含碳量适中。

直接还原铁配碳的优点有：

1）含碳量在 0.3%～2% 之间的直接还原铁，可以适量地加入配碳。

2）直接还原铁里的有害重金属含量较低，有害的气体含量小，可以稀释钢水里的有害重金属元素的含量，是冶炼优质钢水的理想原料。

3）原料中磷、硫含量较低，有利于脱除磷、硫的操作。

直接还原铁配碳的缺点有：

1）目前国内产量较少，不容易获得，部分钢厂从国外进口。

2）金属化率没有生铁高。

3）原料内非金属原料含量较高，主要是脉石，增加了炼钢过程渣料的使用量，影响冶炼电耗。

4）容易形成冷区，不利于快速熔化。

5）氧化铁含量高的直接还原铁，会导致冶炼电耗上升。

6）直接还原铁中碳含量不稳定，不容易计算控制。

（4）脱碳粒铁的配碳。脱碳粒铁的碳含量介于冷生铁和直接还原铁之间，所以利用脱碳粒铁的配碳的优缺点介于生铁与直接还原铁之间。

（5）焦炭配碳。焦炭配碳的优点有：

1）原料比较容易获得，配碳成本相比而言比较低。

2）容易储存，便于生产的储备。

焦炭配碳的缺点有：

1）利用焦炭配碳时，碳的回收不稳定，配碳量不容易控制。

2）焦炭中的灰分带入的杂质较多，会引起钢中硫含量的升高。

3）焦炭配碳带入熔池的气体含量比较高。

5.7.3　工艺条件对脱碳反应的影响

5.7.3.1　熔池成分对脱碳反应速度的影响

在电弧炉的冶炼过程中，有熔池形成就可能有脱碳反应的进行。由于不同的原料带入熔池的成分也是千差万别。熔池成分中影响脱碳反应的主要元素是金属活动顺序在碳元素以前的元素，常见的有 ［Si］、［Mn］、［P］等。它们在不同的温度条件下与氧结合的能力，在不同的条件下有时候比碳元素强。它们在熔池中的存在，限制了氧在熔池中的溶解，现在许多教科书给出了不同温度下它们的氧势图，即［O］–［Si］平衡图、 ［Mn］ –［O］平衡图。它们的含量直接决定了脱碳反应的进行。由于氧与［Si］、［Mn］、［P］的氧化反应在一定温度的影响下，具有氧化反应的优先选择性，其中［Si］的作用尤其明显，C 与 Si 的选择氧化可以由下式决定：

$$(SiO_2)+2[C] === 2CO+[Si] \tag{5-44}$$

理论上计算的碳开始氧化反应的温度为 1368℃，熔池温度升高到 1480℃以后开始剧烈反应。

5.7.3.2　温度对脱碳速度的影响

一般来讲，温度越高，钢液的内能越高，越利于脱碳反应。实际上，电弧炉炼钢过程中，只有熔池形成后，脱碳反应才有可能进行，判断脱碳反应开始的简单依据就是看熔池的沸腾状况或者看电极孔或者除尘弯管里是否有炭火出现。熔池平均温度大于 1540℃以后，由于熔池温度高，炉渣的结构将会向有利于脱碳反应的方向改变。主要是温度过高后，炉渣黏度降低，氧化铁有利于向脱碳反应区扩散，脱碳反应优先于脱磷等其他反应进行。

5.7.3.3　炉渣性质对脱碳反应的影响

炉渣对于脱碳反应的影响主要包括炉渣的物理化学状况，包括碱度、黏度、渣量、渣中氧化铁含量、炉渣的温度等。可以从以下几点分析：

（1）炉渣的碱度。炉渣的碱度对于脱碳有着决定性的作用。由于炉渣的二元碱度在大于 1.5 呈碱性时，有利于脱除抑制碳氧反应元素的进行，包括脱磷、脱硅和锰元素的氧化，炉渣的离子结构对于脱碳反应气体的排出有利。而且有利于渣中氧化铁的扩散，促使钢渣界面脱碳反应的进行。碱度小于 1.0 时，炉渣的结构会出现玻璃体，不仅不利于脱除抑制碳氧反应元素的进行，包括脱磷、脱硅和锰元素的氧化。而且脱碳反应气体 CO、CO_2 气泡的析出，会使炉渣和钢液不容易分层，恶化了钢渣间的反应能力，从而影响了脱碳反应的进行。并且炉渣渣中的氧化铁向反应界面迁移的速度受到限制，容易造成富集，引发脱碳反应过程中大沸腾现象的发生。

（2）炉渣的黏度。炉渣黏度过大，渣中氧化铁的扩散速度会减弱，会减慢脱碳反应的进行。炉渣的黏度过低，吹炼时，钢渣的飞溅现象严重，炉渣吸附氧化物的能力较差，也会影响脱碳反应的进行。

（3）渣量对于脱碳反应的影响。渣量过大，在同等的供氧条件下，渣中氧化铁含量相应的比较低，减少了炉渣与钢液界面间的氧化铁扩散量和脱碳反应的量，影响了脱碳速度。并且在超声速氧枪吹炼时，阻碍了射流冲击钢渣界面的能力，影响了射流进入熔池内部进行脱碳反应的能力。

（4）渣中氧化铁含量。渣中氧化铁是石灰溶解的溶剂，可以解离炉渣以硅酸钙为主的"渣系基体"，氧化铁偏大偏小都不利于脱碳反应的进行。渣中氧化铁的含量过大是引起大沸腾的基本因素，而且氧化铁含量过高，炉渣的比重增加，炉渣的泡沫化程度会受到影响，弱化了钢渣界面的脱碳反应。实际生产中，自耗式氧枪吹炼时，渣中氧化铁含量在 12%～35% 之间，超声速氧枪吹炼时，渣中氧化铁含量在 10%～35% 之间是正常的。渣中氧化铁含量过高，可以通过喷入发泡剂炭粉，降低供氧强度，调整吹氧角度或者吹炼方式，增加喷炭来解决。渣中氧化铁含量过低可以通过增加供氧强度，减少喷吹炭粉的流量，调整吹氧角度，包括增加吹渣时间，吹炼方式来解决。

5.7.3.4　吹炼方式对脱碳反应的影响

超高功率电弧炉的吹炼采用炉门自耗式氧枪、超声速氧枪、超声速集束氧枪，或者集烧嘴氧枪于一体的氧燃烧嘴进行脱碳脱磷的操作。脱碳反应主要方式有两种：一种是主要通过钢渣界面进行；另一种是以氧气射流直接冲击熔池，进入钢液内部进行脱碳。自耗式氧枪主要是前者占大多数，后者占少数，超声速氧枪则是二者兼有，依靠炉渣脱碳的数量和氧气射流进入钢液内部脱碳的数量要根据吹炼的方式决定，总体来讲，超声速氧枪吹炼时的脱碳量，依靠炉渣在钢渣界面脱碳的数量占大多数。

5.7.3.5　供氧压力对脱碳的影响

一般情况下，氧气的压力增加，对于自耗式氧枪来讲，氧气的流量增加，出口的压力增加，用于破碎钢渣界面以及冲击钢液内部的动能增加，有利于增加氧气的利用率，增加脱碳速度；对于超声速氧枪来讲同样增加了射流长度，有利于脱碳反应。当然，氧气的压力不是越大越好，氧气的压力保持在一个合理的水平，对于冶炼是有益的，否则会产生负面的影响，如脱碳反应速度过于剧烈，炉门翻钢水和钢铁料的吹损增加，氧气压力过低，会导致氧气利用率低，脱碳反应速度低，渣中氧化铁的富集，还会导致大沸腾事故的发生。所以氧气的流量或者压力要保持在一个合理的范围，既能够破碎钢渣界面增加渣中氧化铁的含量，又能够使部分的氧气射流冲击到钢液内部，在钢液内部进行部分的脱碳反应，搅动钢液，促进熔池内的碳向钢渣反应界面扩散，促进脱碳反应处在一个良性循环的过程中进行。氧气压力与氧气利用率的关系如图 5-39 所示。

5.7.3.6 复合吹炼对脱碳的影响

任何的一种氧枪吹炼方式都有优点和缺点，采用复合吹炼就可以优势互补，优化操作。对于自耗式氧枪来讲，可以比较容易进行化渣操作和脱磷，还可以比较准确地进行留碳操作；超声速氧枪的脱碳速度较快，通过控制枪位也能够进行化渣操作和脱磷；超声速集束氧枪脱碳速度最快，但是脱磷操作没有自耗式氧枪和超声速氧枪好，而且不容易实现留碳操作。几种主要的复合吹炼方式对于脱碳的影响分析如下：

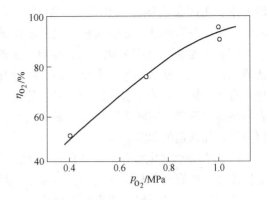

图 5-39 氧气压力与氧气利用率的关系

（1）炉门超声速炭氧枪和炉壁超声速集束氧枪复合吹炼。这种吹炼方式在熔化期采用炉门超声速氧枪化渣脱磷，在氧化期联合使用两种氧枪强化脱碳，脱碳结束后，可以停止一种吹氧方式或者减弱吹氧强度。这种方式特别适合于冶炼低碳钢。

（2）炉门自耗式氧枪和炉壁超声速氧枪复合吹炼。这种吹炼方式对于脱碳、脱磷都比较有利，可以实现留碳操作。炉门自耗式氧枪可以解决炉渣熔化速度慢的问题，消除炉门冷区的存在带来的负面影响，更主要的是炉门自耗式氧枪可以预防和消除炉渣的轻度乳化现象，诱发脱碳反应在钢渣界面及早进行。实验证实，在炉壁超声速氧枪吹炼过程中，脱碳反应缓慢时，利用炉门自耗式氧枪在炉门区吹渣 3min 左右，脱碳反应的速度就会明显增加，炉渣碱度合适时，短时间的吹渣操作，没有危险的因素，炉渣碱度较低时，会产生钢水从炉门剧烈溢出的大沸腾现象，炉门自耗式氧枪枪管进入熔池较长时，脱碳反应会更快。

（3）炉门自耗式氧枪和超声速集束氧枪复合吹炼。这种吹炼方式可以认为是最有利于脱碳操作的复合吹炼方式，有利于高比例热兑铁水条件下的生产。

实践的结果表明，钢渣界面的脱碳是最主要的脱碳反应方式。

5.7.4 电弧炉生产中提高脱碳速度的方法

在实际生产中，冶炼高质量的钢种，提高配碳量是保证质量的前提，提高脱碳速度是缩短冶炼周期的主要限制环节。在实际生产中，提高脱碳速度的主要方法有：

（1）合适的留钢和留渣量。由于电弧炉出钢以后的留钢和留渣中，一般氧含量比较高，增加留钢量和留渣量，对于早期脱除废钢炉料内影响脱碳反应进行的元素比较有利，也可以提高吹氧的效率，增加脱碳反应的速度。

（2）合理地搭配炉料。一炉钢的冶炼进程，有 50% 以上的因素取决于配料。在配碳量较高的冶炼炉次，调整废钢的搭配、减少硅锰含量较高的废钢，对于简化脱碳反应是很必要的。

（3）采用分段脱碳。在全废钢冶炼时，将配碳的原料，如生铁，在第一批料的时候，把 60% 以上的加在第一批料。如果是热兑铁水，则可以在第一批料加入后，全部加入。这样在第一批料内（通常热兑铁水也算在第一批料内）的碳含量较高，吹氧的操作以强化脱碳为主。在硅锰大部分氧化以后，脱碳反应很容易进行。这种操作可以在熔化期脱除20%～50%左右的碳，能够减轻氧化期脱碳量较大的负担。

（4）配加部分含有氧化铁的金属料。配加部分含有氧化铁的原料，如氧化铁皮、直接还原铁，在兑加铁水的生产中是一种有效的方法。这种方法可以增加炉渣中的氧化铁的含量，有利于提高成渣和脱碳速度。配加的量要根据铁水的配加比例决定，加入量过大，会影响熔池的升温，影响脱碳反应。氧化铁皮和直接还原铁的加入量，实际生产中的推荐数值为铁水加入量的20%～50%。

（5）合理的送电操作。冶炼前以最大的功率送电，提高熔池的温度。使熔池温度尽可能快地达到最有利于脱碳反应进行的温度区间。脱碳反应开始以后，根据具体情况，调整送电的挡位，或者停电，依靠脱碳反应升温。在温度接近或者已经达到出钢温度的时候，脱碳反应仍然没有结束，合理地以较小功率送电，电弧的冲击作用，可以增加熔池内部钢液的运动，促进脱碳反应的进行。这一点在直流电弧炉的应用效果是比较明显的。

（6）调整好炉渣碱度。二元碱度在2.0～3.0之间的泡沫渣，特别有利于脱碳反应的进行，有利于自耗式氧枪枪管上的裹渣，减少枪管的消耗，优化脱碳操作。

（7）采用复合吹炼。超声速集束氧枪的射流在钢液内部脱碳的能力比较强，在钢渣界面的氧化反应能力较弱，相应弱化了钢渣界面的脱碳和脱磷的能力，采用复合吹炼二者可以兼顾，有利于提高脱碳速度。

（8）保持合理的炉型结构。合理的炉型结构，对于钢液的循环运动、氧气破碎钢渣界面的能力都很有利，炉底过深，负面影响会加剧，脱碳反应就会受到影响。在生产实践中，炉役后期脱碳比较困难，是一个普遍的问题，及时地修补炉底，对于脱碳反应是有利的。

（9）合理地保持炉体的倾动。冶炼过程中，不断保持合理的炉体来回倾动，是促进熔池中的碳向反应区扩散的一种方法，比较有利于氧枪的吹炼。在冶炼前期，熔池面积很小，向出渣方向倾动，在冶炼中后期，脱碳反应开始以后，熔池的面积和高度会增加，向出钢方向倾动，在脱碳反应减弱以后，炉体来回前后倾动，对于提高脱碳反应速度是必要的。

（10）提高供氧强度。氧气的压力越大，氧气的利用率越高，越有利于提高脱碳反应的速度。

5.7.5　电弧炉冶炼过程的留碳操作技术

留碳操作技术是指冶炼中高碳合金钢时，通过操作工控制吹氧的量与吹氧的方式，在完成脱磷任务和足够的脱碳纯沸腾量以后，把粗炼钢水中的碳控制在出钢时，达到冶炼钢种要求的下限以下0.02%～0.06%左右的技术，这种技术在出钢过程中可少增碳或者不增碳。主要的原理是：根据熔池内部的碳含量在临界碳含量范围以内，脱碳反应取决于熔池内部的碳含量向钢渣反应界面的迁移能力，通过控制供氧强度和温度，渣中氧化铁的含量，使得熔池内部的化学反应以脱磷和造渣埋弧为主、抑制和减少脱碳反应的进行，实现留碳的目的。

目前超高功率电弧炉冶炼的一个特点就是采用 TPC（terminal process control）技术，也称不留碳技术。即通过提高供氧强度，把碳和磷氧化到一个较低的水平，使温度成分在同一时间内达到出钢要求，来缩短冶炼周期，TPC 技术的电弧炉出钢终点碳一般不大于 0.20%。所以与 TPC 技术相比，留碳操作技术具有以下优点：

（1）粗炼钢水出钢的终点碳可以控制在 0.20% ~ 0.80% 之间，可以减少出钢时，利用增碳剂炭粉进行增碳的使用量，减少了钢水由于增碳剂带入的气体和夹杂物。

（2）出钢前将粗炼钢水中的溶解氧浓度 [O] 可控制在 0.02% 以内，就可以将 [P] 脱除在 0.001% 以下，气体含量 [N] 的质量浓度控制在 0.006% 以下。

（3）由于钢中的 [O]、[C] 的积在一定的温度下是一个常数，所以留碳操作可以减少粗炼钢水中的溶解氧的含量，相应地减少了脱氧剂的使用量，提高了合金的回收率，降低了钢水中氧化物的总数，可以减轻后道工序脱氧的负担。

（4）不采用留碳技术生产的中高碳钢，钢中氧化物夹杂数量过多，实践统计中，在只有 LF 炉精炼的条件下，弹簧钢的抗疲劳强度的次数只有 2.5×10^6 次左右，采用留碳操作，弹簧钢的抗疲劳强度的次数会提高 30% 以上。

留碳操作的缺点在于冶炼时间比不留碳操作延长 3 ~ 12min，电耗有所增加。

5.8 电弧炉冶炼过程脱除有害杂质技术

5.8.1 脱磷操作技术

5.8.1.1 磷在钢中的作用

对于绝大多数钢种来讲，磷在钢中的存在是有害的，这主要体现在磷能够使钢产生"冷脆"现象。

由于磷元素能够完全溶解于铁素体，在浇铸过程中能够显著扩大两相区，使钢液凝固时的选择结晶进行得很充分，即先结晶的钢中磷的含量很低，而最后凝固在晶界处的磷含量很高，形成 Fe_2P 的脆性夹层，从而导致钢的塑性和冲击韧性大幅度地降低，这种现象在低温时的危害尤为明显，通常称为冷脆。试验表明，随着钢中碳、氧、氮含量的增加，磷的冷脆危害加剧。磷的含量还会使钢的焊接性能变坏，冷弯性能变差。目前超高功率电弧炉生产的钢种，一般的要求是钢种的磷含量小于 0.020%。

从另一方面讲，磷的存在对于钢的某些性能是有益的，这主要体现在：

（1）磷能够提高钢的强度和硬度，它的固溶强化作用仅次于碳，所以在一些特殊用途的钢中，磷是当做合金元素使用的。在一些低碳镀锡薄板中，磷的含量有的控制在 0.08% 左右。

（2）磷的存在可以提高钢的抗腐蚀能力。在一些耐候钢中，磷含量在 0.08% ~ 0.13%。为了抑制磷的冷脆危害，钢中加入一些特殊的元素，如 RE。

（3）磷的存在可以提高钢的切削能力。所以易切削钢中的磷含量较高，有的在 0.09% 左右。

（4）磷可以改善钢液的流动性。在一些铸造钢中，利用增加钢中的磷含量改善钢水的流动性是一种有效的手段。

（5）利用增加钢中的磷含量，来增加钢的冷脆性能，用来创造炮弹钢，可以提高杀伤力。

5.8.1.2 电弧炉冶炼过程的脱磷

目前电弧炉炼钢脱磷最有效的原料是 BaO，最常用的是 CaO、BaO+CaO 的联合使用，主要用于不锈钢的脱磷冶炼以及精炼过程的脱磷，CaO 普遍应用于大多数钢种的冶炼。一般情况下，电炉采用石灰和白云石作为脱磷使用的渣料。熔渣结构的分子理论认为，磷在渣钢间的分配系数和渣中的 FeO 和 CaO 的活度有直接的关系，渣中的 FeO 的作用是将磷氧化为 P_2O_5，是去磷的必要条件，渣中的 CaO 的作用是与 P_2O_5 结合生成稳定的磷酸盐固定在渣中，单方面地增加 FeO 或者 CaO 都会削弱对方的作用而影响脱磷的总体效果，二者之间存在着动态的平衡关系。

脱磷反应的常见基本表达式为：

$$2[P]+5(FeO)+4(CaO)=\!=\!=(4CaO \cdot P_2O_5)+5Fe \tag{5-45}$$

启普曼得出的脱磷反应的平衡常数和温度之间的关系式为：

$$\lg K_P = \frac{a_{(P_2O_5)}}{a_{[P]}^2 a_{(FeO)}^5 a_{(CaO)}^4} = \frac{40067}{T} - 15.06 \tag{5-46}$$

现代电弧炉的实际生产中，脱磷主要在熔化期和氧化期的前期完成。脱磷反应主要在钢渣界面进行，脱磷的产物在渣中以高熔点并且稳定性较好的磷酸三钙和较不稳定的磷酸四钙存在。现代电弧炉采用的强化供氧的措施，熔化期废钢熔化的速度比较快，在大部分废钢熔化以后，熔池形成进入氧化期的期间，熔池的升温速度比较快，影响电弧炉脱磷最常见的影响因素是相互影响的。在低温阶段，首先是熔池内包括磷在内的非金属元素的氧化，然后是金属活动顺序较强的元素依次氧化，在不同的温度阶段还存在着选择氧化的反应，所以不同的吹炼条件下，脱磷的效果也是不一样的。在相同的原料条件下，自耗式氧枪吹炼条件下的脱磷效果要好于超声速氧枪，超声速氧枪的脱磷效果又好于超声速集束氧枪的脱磷效果。

5.8.1.3 影响脱磷进行的因素

影响脱磷进行的因素包括：温度、石灰与白云石的理化指标与炉渣的碱度、钢中的硅和锰的含量、熔油内的碳含量、炉渣中 FeO 的含量以及炉渣的泡沫化程度和喷吹炭粉。

A 温度对脱磷影响的实验结果

脱磷反应是一个放热反应。大多数的文献介绍的脱磷的最佳温度是 1450 ~ 1550℃之间，实践中经过验证认为，在现代超高功率电炉的冶炼中，最佳的脱磷温度在 1360 ~ 1580℃之间。在 1360 ~ 1580℃之间，采用良好的操作、诱变反应的应用，也可以使冶炼达到满意的脱磷效果。温度低于 1550℃的脱磷操作较容易掌握，但是在此温度下，由于钢液的温度较大，存在着熔池中的磷向反应界面迁移速度较慢的问题，软熔现象也会导致第一次取样磷的成分合适，二次取样后磷的成分又超标的问题。所以，温度 1450 ~ 1550℃之间更适合于普通功率的电炉脱磷操作。在超高功率电炉冶炼的条件下，温度在 1540 ~ 1580℃之间的脱磷操作反应进行得比较彻底，在此温度期间，泡沫渣的马恩果尼效应最强，熔池中的碳氧反应会促使钢中的磷向反应界面转移，脱碳反应的同时伴随着脱磷反应的进行。温度在 1600 ~ 1720℃，电炉的脱磷操作会有难度，合理地控制操作的方法，脱磷反应也可以顺利地进行。在实际生产操作中，脱磷的温度最佳范围不是固定的，灵活性比较大。

B 石灰与白云石的理化指标与炉渣的碱度对脱磷的影响

现代电炉采用石灰和白云石作为脱磷使用的渣料。采用不同的生产方式生产的石灰，石灰的成分和活性度也不同，这导致了渣料的溶解速度和成渣速度也不相同，加上成分的差异（主要指有效氧化钙含量），会导致脱磷的速度也不相同。使用活性石灰，由于活性石灰中氧化钙含量高，活性度大，成渣速度快，应用于冶炼使操作中会降低脱磷的难度。白云石的加入有两个目的，一是由于镁钙橄榄石 $MgO \cdot CaO \cdot SiO_2$ 的熔点低，可以提高成渣速度；二是增加渣中氧化镁的含量，可以增加炉渣的新度，提高发泡指数，有利于泡沫渣的稳定，提高钢渣界面的反应能力，增强脱磷的效果。在一些厂家，采用镁钙石灰脱磷，效果就比较好。石灰的加入量在冶炼操作中按照二元碱度的计算方法计算加入，考虑到实际操作中的各种动态影响因素，理论计算碱度保持在 2.2 ~ 3.5 是适合生产需要的，也比较简单实用。有关文献介绍的三元碱度，即 $(CaO)/(SiO_2+P_2O_5)$，在废钢等原料缺少化学分析的情况下，利用三元碱度和炉渣磷容量来计算配加石灰的加入量，可以更加精确。从化学反应平衡移动的角度来讲，增加渣料有利于脱磷反应，这一点与提高炉渣的碱度是一个目的。不同碱度下脱磷的实测效果如图 5-40 所示。

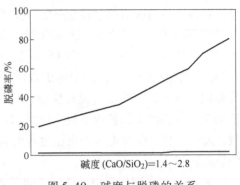

图 5-40 碱度与脱磷的关系

5.8.2 脱硫操作技术

5.8.2.1 硫在钢中的作用

硫在钢中的溶解有着巨大的差异，在液态中能够无限溶解，在固态铁中却溶解很少（溶解的范围在 0.015% ~ 0.020%），在钢液凝固时便析出 FeS，熔点为 1195℃，FeS 与 Fe 结合，会生成 Fe-FeS 的共晶体，其熔点为 988℃，沿晶界呈连续和不连续的网状分布。如果钢中氧化铁含量高，FeS 又会与 FeO 生成共晶，熔点为 940℃，由于选分结晶的结果，硫将会富集于最后的凝固部位，加剧了上述共晶化合物的形成。在钢坯热加工时，这些共晶化合物将会熔化，在压力的作用下开裂，形成热脆。在连铸过程中，硫含量较高时，也会表现在铸坯横向裂纹的直接出现。硫在钢中的其他危害主要有：

（1）硫和硫化物夹杂对于钢的力学性能和物理化学性能都有不良的影响，使钢材的横向力学性能，特别是冲击韧性显著降低。

（2）在耐候钢和耐腐蚀钢中，硫化物是引起点腐蚀的根源。

（3）在铁磁性材料中，硫提高铁损，降低了磁导率。

（4）在焊接过程中，硫化锰夹杂会引起焊缝热影响区的热撕裂，降低了钢的焊接性能。

钢中硫的来源主要是生铁、焦炭、铁合金以及渣料和废钢的带入。

5.8.2.2　电弧炉冶炼过程的脱硫

电弧炉钢水的脱硫一般有两种方式：一种是在氧化气氛下的离子交换形式进行脱除，在这种条件下脱除的量很少，总量在20%以下；另一种是在还原条件下脱除，为脱硫的主要方式。对于超高功率电弧炉来讲的脱硫就是出钢过程的脱硫。脱硫反应在钢—渣界面进行，限制环节为温度和反应的活化能，活化能取决于渣钢间的氧的分配系数。由于在一定的温度下，钢水中溶解的氧与碳的含量存在着以下线性关系：

$$[O][C] = 0.0025K_1 \tag{5-47}$$

$$[C][S] = 0.011K_2 \tag{5-48}$$

由此可以推出$[S] = 4K[O]$，其中K_1、K_2为温度系数；K为反应系数。通过以上的分析可以定性地认为脱氧的过程也一定伴随着脱硫反应的进行。

对超高功率电弧炉来讲，大氧气量的泡沫渣操作，脱硫的操作相对比较容易，面对硫高的操作，传统的处理方法是在LF内进行主要的脱硫操作。如果电弧炉出钢以后，精炼炉到站成分中的[S]过高，冶炼优质合金钢时，时间长，而且效果不能达到最优。冶炼低合金钢的时候，因为影响脱硫反应进行的活性元素[Si]和[Mn]的含量较低，造成脱硫操作时间长产生的各种事故。严重的炉次会导致脱硫操作时间长，连铸断钢水停机的事故。所以，目前强化电弧炉出钢过程的脱硫是一种节能降耗的有效手段。电弧炉出钢脱硫的优点在于：

（1）电弧炉出钢过程中，是钢渣间脱硫反应最好的时机。

（2）利用电弧炉出钢脱硫，良好的控制可以在2~5min的时间之间，脱除50%以上的硫，脱硫速度是精炼炉脱硫的数倍以上。

（3）可以减少精炼炉的压力，为钢水的精炼提供更大的缓冲力。

（4）电弧炉出钢过程的脱硫操作，可以促使钢中夹杂物及早地上浮排出，有利于提高钢水的质量。

电弧炉出钢过程的脱硫反应可以分为合金钢的脱硫以及低碳铝镇静钢的脱硫两种。

5.8.3　脱氮操作技术

5.8.3.1　氮在钢中的作用

短流程生产线与长流程生产线相比，一个主要的区别就是，短流程生产线的氮含量比长流程的要高0.003%以上。氮在钢中起着双重作用，既有有益的一面也有有害的一面，主要的负面影响有：

（1）应力时效。对于低碳钢，氮可以导致时效和蓝脆现象。时效现象通常是发生在100~200℃之间，但事实上当氮是以间隙状存在时，应力时效可在室温下进行。这种现象对要求有良好深冲性的薄板钢产生危害，也降低了冷轧结构钢的断裂韧性。氮在α铁中的溶解度在590℃时达到最大，约0.1%，在室温时则降至0.0015%以下。当将氮含量较高的钢自高温较快地冷却时，铁素体就会被氮"过饱和"。如果将此钢材在室温下静置，随着时间的延长，氮将逐渐以FeN的形式析出，将会引起晶格扭曲，这虽然能使钢的强度和硬度上升，但是塑性和韧性下降，这种现象称为时效，或者称为时效老化或者时效硬化。

钢中自由氮含量越高，时效现象越严重。

（2）降低钢的成形性。钢中的自由氮形成固熔体，造成固熔强化，加上时效作用，使钢的塑性和韧性降低，冷加工性能下降。为了减少氮的固熔硬化作用，需加入与氮结合能力强的元素 Ti、Al、B 或 V 形成氮化物。这种类型的典型钢种是 IF 钢。

（3）降低钢的高温韧性和塑性。氮含量影响着结构钢的生产。已经证实氮促进钢水连铸时铸坯开裂，这是由于 AlN 的析出是在奥氏体边界上，减少了连铸过程中产生的应力的释放。因为氮高造成的连铸裂纹可通过加入一定的钛来降低自由氮含量，可以得到良好的效果。降低钢中的残铝量是解决裂纹问题的方法之一，最好的途径是把铝和氮同时降下来。

（4）破坏钢材的焊接性能。氮对 HSLA 钢的焊接性能的影响比较大。在氩弧埋弧焊管线钢时，存在较大的焊接冲稀作用，影响焊接质量。焊缝的氮含量取决于母体的氮含量。母体的氮含量越高，焊缝的氮含量越高。即使氮在母体中以氮化物形式存在，氮的传递依然存在。氮含量越高，钢的脆性转变温度升高，韧性下降。韧性降低的原因是由于有益的针状铁素体数量随氮含量增加而减少造成的。因此，降低母材中的氮含量是提高钢的焊接性能的唯一办法。

此外，钢中的氮还会使镇静钢铸坯产生皮下气泡，降低磁导率、电导率，并且增加矫顽力和磁滞损失等。

氮在钢中的有益作用分别如下：

（1）增加强度。尽管氮在铁素体中的溶解度不高，但是氮能显著提高钢的屈服强度。氮的溶解度每增加 0.01%，钢的屈服强度增加 50MPa，远远比其他固溶强化剂（如 P、Mn）的效果好。

氮在奥氏体不锈钢中溶解度很大，钢的强化是由于生成氮化物而引起的沉淀强化。因此，氮可作为不锈钢的一种有价值的固熔硬化剂。在高铬钢中，氮的固熔强化作用能使钢的强度提高，塑性几乎没有降低。

（2）晶粒细化。晶粒细化是在热处理过程中由氮化物粒子提供的。正火钢中析出的细小 AlN，是非常有效的晶粒细化剂，它能够阻止奥氏体的长大。

（3）表面渗氮或碳氮共渗。渗氮或碳氮共渗的作用是增加耐磨性、硬度、疲劳强度、红硬性及抗腐蚀性。由于渗氮在钢件表面形成 ε 相（含氮 8.1% ~ 11.2% 的 Fe_2N），它硬度极高，耐磨、耐蚀性能好，其次是 $\varepsilon + \gamma$ 也具有良好的耐蚀性。在合金钢的氮化层表面除存在铁氮化合物外，还有一定数量的合金氮化物如 AlN、CrN、MoN、TiN 等。这些氮化物，特别是 AlN 具有较高的硬度，它们非常细小且分布在回火索氏体基体上，从而大大改善基体的表面性能。碳氮共渗的效果更好，处理时间更短。

（4）耐腐蚀性。氮在奥氏体不锈钢中有三大作用：耐高温性能增加、增加强度、抗腐蚀能力增加。氮含量增加，不锈钢抗点蚀的能力会增强。

所以，在一些钢中氮是作为合金元素加入的。

5.8.3.2 钢中氮的来源和存在形式

氮主要由以下形式进入钢液：

（1）铁水。铁水中通常含有 0.004 ~ 0.01% 的氮。这主要由于铁水氧含量低，高炉口处的氮气分压较高造成的。

（2）废钢带入。

（3）渣料和合金带入。它以溶解的形式或以空气组分（在缝隙和块料之间的空隙里含有的氮）带入的。

（4）焦炭带入。这在以焦炭为配碳原料的电弧炉特别明显。

目前开发的直接还原铁等新铁料含氮量较低，是稀释氮含量的良好原料。采用废钢预热的电弧炉，在预热阶段，一些含氮的化合物以及附着在钢铁料表面的含氮有机物和无机物，会在 200~800℃ 的高温条件下分解后随烟气排出，所以采用废钢预热的电弧炉脱氮比没有采用废钢预热的电弧炉要容易。

氮在液态钢水中的存在形式有两种：

（1）自由状态的氮原子 [N]。自由状态的氮原子 [N] 在液态钢水中由气体溶解进入或者电离后进入：

$$1/2N_2 \Longrightarrow [N] \tag{5-49}$$

影响自由氮原子在钢中溶解的因素有：气相氮分压、温度、钢中化学成分。氮在钢中的溶解是一种微弱的吸热反应，因此温度升高，氮在钢中的溶解度增加。在炼钢过程中温度的变化不大，因此氮在钢中的溶解因为温度的变化而变化的量较小，一般可以不用考虑，影响氮在钢中的溶解度的最大因素是氮的实际分压。实际分压与平衡分压的差距越大，氮的传质速率越大，所以电弧炉炼钢保持炉膛的微负压操作是防止钢液吸氮的一个主要措施。

（2）结合状态的氮离子（如 AlN、TiN）。这主要是由原料中以各种氮化物形式带入的。

5.8.3.3　电弧炉冶炼过程的脱氮

脱氮主要是利用脱碳反应过程在钢液内部产生的 CO 气泡上升来实现的，氮在钢液内部的分压很小，产生的 CO 气泡好比一个真空室，氮和氢遇到 CO 气泡后，就进入 CO 气泡内，随 CO 气泡的上升而上升去除。目前国内对于钢液脱氮的研究已经达到了一个很高的高度，研究认为，在钢中自由氧含量在 0.02% 以上，钢液基本上不吸氮，这是由于钢渣界面的氧化铁的作用阻碍了氮的扩散吸收。但是随着温度的升高，大于 1650℃ 以后，这种作用将会消失，钢液吸氮的作用将会明显。同时研究发现钢中硫含量在 0.035% 以上钢水基本上也不吸氮。这两点在实践中得到了充分的证实。目前电弧炉生产低氮钢主要是利用提高配碳量，增加熔池的沸腾量来实现的，从另一方面，利用含氮低的原料，如直接还原铁、碳化铁等来稀释原料中的氮含量。

操作过程的控制要点主要有：

（1）保证一定的脱碳量和脱碳速度。钢中氮含量和脱碳量的关系如图 5-41 所示。由图 5-41 可以看出，脱碳反应的量越大，钢液脱氮的效果越好。

（2）缩短冶炼周期。冶炼周期越长，钢液吸气的几率越大，这与冶炼时间长，送电时候的泡沫渣质量不好，脱碳反应速度慢，钢液裸露的几率大都有关系。

（3）冶炼过程中，尽可能地关闭炉门，保持炉内气氛呈现负压状态，减少从炉门进入炉膛的气体量。

（4）保持全程泡沫渣操作。因为熔池内碳含量大于 0.20%，钢液就有可能吸氮，良好的泡沫渣可以分割炉气和钢液的接触，减少电极区电极电离炉气导致钢液增加氮含量的可能。

（5）控制电弧炉的出钢温度，争取成分和温度一次同时命中。由于温度高，特别是在冶炼后期，钢中的氧含量在 0.03% 的时候，泡沫渣的质量下降，钢液吸氮的可能性增加，高温出钢，在出钢过程吸气的几率增加。

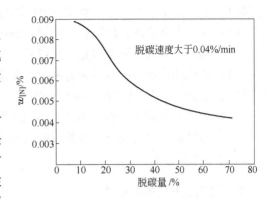

图 5-41 钢水终点的氮含量和脱碳量的关系

（6）在冶炼低氮钢的时候，喷吹炭粉的辅吹气体尽可能使用压缩空气，不采用氮气辅吹。

（7）出钢温度控制在 1600～1650℃，保证出钢后钢包内的温度在 1560℃ 左右，减少精炼炉送电提温的时间，减少精炼炉钢液吸氮的量。

（8）此外，在冶炼一些高合金钢时，为了减少合金带入的氮含量，可以采用合金预热的方式。这种预热可以用专用的设施或者预先把合金加在钢包内，出钢前在燃气烘烤器下烘烤来减少加合金增加氮的可能性，这在生产中很有效。

在合理的操作模式下，电弧炉出钢的权重可以达到 0.004% 左右，接近转炉生产钢种的氮含量。

5.8.4 脱氢操作技术

氢以间隙原子的形式固溶于钢中，在钢中的溶解度很小，并且随着温度的降低而降低，钢材中的氢溶解度很小。氢在钢中的存在会引起以下缺陷：

（1）氢会降低钢的塑性和韧性，易于脆断，引起氢脆。

（2）氢会在钢材内部产生显微型纹，破坏钢材基体的连续性。由氢造成的微裂纹有两种：在钢材试样横向酸蚀面上呈现放射状的细裂纹，在钢材断口上为银亮色的斑点；氢气泡和显微孔隙在加工时，沿轧制方向上被拉长而形成的微型纹，前者称为白点，后者称为发纹。

（3）造成铸坯形成皮下气泡。

钢中的氢来源主要有：

（1）潮湿的炉料带入，包括潮湿的钢铁料、容易吸水的渣料和脱氧剂，如石灰、电石等。

（2）油污严重的废钢铁料带入。这类废钢进入电炉以后，油污的裂解会带入一部分的氢。

（3）一些吸附氢能力较强的合金带入，典型的主要有镍铁。

（4）电炉冶炼过程中进入熔池的水，包括电极喷淋水、水冷盘渗漏的水。

（5）锈蚀严重的废钢含有氢氧化铁，也会带入熔池一定的氢。

电炉脱氢的原理与脱氮的原理基本一致，在冶炼一些对于氢含量要求严格的钢种时，增加脱碳量，保证全程的良好泡沫渣操作以外，在源头上杜绝氢的来源。主要措施有：

（1）不加入含有油污的废钢。废钢铁料中不能带入汽车轮胎等橡胶制品。

（2）锈蚀严重的废钢要尽量少加或者不加。

（3）冶炼前检查水冷盘是否有漏水，如果有漏水现象，必须处理好以后才能生产。冶炼过程中减少或停止电极喷淋水的使用量。

（4）加入的石灰和萤石必须是干燥的，没有储存过期。

（5）电弧炉出钢合金化过程使用的渣料、合金要保证没有受潮，如果能够烘烤合金，效果会进一步的改善。

5.8.5　脱铅、脱锌操作技术

作为原子量和密度大于铁的元素，铅和锌在钢中的存在将会破坏铁素体的基体和晶格结构，从而影响钢的力学性能。铅和锌还会沉降在炉底，对于底电极和炉底耐火材料造成破坏，所以铅和锌的危害是多方面的。铅和锌的脱除在冶炼操作工艺上也是比较困难的。

由于铅是一种低氧化值状态稳定的元素，在炼钢条件下能迅速蒸发，所以如果钢中铅氧化后，进入渣中，利用发泡剂炭粉能迅速还原并且蒸发，使其进入炉气内排出，达到脱除的目的。其过程可以表示为：

$$PbO_2 \rightarrow Pb^{2+} \rightarrow Pb \qquad\qquad (5-50)$$

所以在生产中熔清取样后发现［Pb］的成分超标后，首先停止喷炭的操作，增大吹氧的强度和角度，将钢水中的碳氧化在 0.10% 以下，并且剧烈搅拌钢水，提高钢水的温度，促使沉降在炉底的铅通过钢水中的溶解氧氧化后被炉渣捕集，此阶段的操作时间在 2~6min 之间。随后喷入发泡剂炭粉，铅的氧化物很快会被还原剂炭粉还原成铅蒸发进入炉气，达到脱除部分铅的目的。

由于锌的化学性质和物理性质，主要是氧化性和汽化温度与铅比较接近，所以锌的脱除操作与铅的脱除操作是基本一样的，脱除效果更加明显。

5.9　电弧炉出钢技术

5.9.1　留钢留渣操作技术

电弧炉冶炼过程中不把炉渣全部排出倒入渣坑，而是有意识合理地把一部分炉渣留在炉内，这称为"留渣"；出钢时根据装入量和收得率，只是把大部分钢水出掉，剩余部分钢水留在炉内，这称为"留钢"。"留渣留钢"的技术是近现代电弧炉炼钢采用的一门比较重要的实用技术，这项技术产生的意义和作用是多方面的。

5.9.1.1　留钢留渣的意义和作用

在直流电弧炉中，留钢是不能缺少的，留钢作为底电极的一部分，帮助导电起弧，在交流电弧炉中则是把出钢留钢留渣当做一门综合的技术来应用，其主要的作用有：

（1）留钢留渣对炉底和炉衬有积极的保护作用，既可以减少加料时候废钢对于炉底的冲击，还可以防止旋开炉盖后，炉膛温度迅速下降引起耐火材料的热稳定性的变化。通过恒定的留钢留渣量可以调整炼钢过程中熔池的液面，稳定渣线的位置，对于减少炉底的龟裂和提高炉衬的使用寿命有积极的意义。

（2）电弧炉冶炼周期 1/3 以上的时间是用在熔化期的，氧气与废钢反应有一定的温度要求，并且电弧炉炼钢过程中 50% 以上的能量是用来熔化废钢的，所以合适的留钢留渣在炉料入炉后，可以迅速使底部的冷料发红，有利于氧枪及早投入工作，对于提高吹氧效率、节省电耗、缩短冶炼周期都有积极的促进作用。留钢留渣技术可以使冶炼过程的化学热的利用率有显著的提高。实践表明，我们在全废钢冶炼时，合适的留钢留渣量可以缩短冶炼周期 3~5min，热兑铁水时缩短冶炼周期 2~6min，吨钢氧耗降低 1.5~4m³。

（3）由于留钢留渣在炉料入炉后可以预热废钢，所以可以加快电极穿井的速度，对于减少电极的消耗有明显的作用。同时穿井时的高分贝噪声持续时间也得到了减少。如果没有留钢，电弧炉穿井过程中，电极电弧辐射到炉底，将会加剧炉底耐火材料的侵蚀速度。

（4）由于 EBT 填料的自流率取决于填料上部高黏度液相出现的时间和中部烧结层的厚度，所以，合适的留钢留渣有利于提高 EBT 的自流率。

（5）由于留钢留渣中含有大量的氧化铁和溶解氧，在热兑铁水生产时，可以迅速氧化铁水中的硅、锰、磷、碳，增强石灰的溶解能力，加快成渣速度覆盖熔池表面，减少铁耗，减轻氧化期的脱磷任务效果非常地显著。同时，留渣可以起到替代部分渣料的作用。在冶炼操作中，对于留渣量较大的炉次，实践中将渣料的加入量减少 100~500kg 后，基本上不影响成分的控制和泡沫渣的成渣操作，主要原因是留钢留渣促进了石灰的溶解，石灰的利用率得到了提高，并且留渣参与了脱磷的反应。

（6）合适的留渣和合理的增大留钢量有利于出钢过程中减少出钢箱部位的钢水产生的涡流现象，对于减少出钢带渣的作用十分的明显。

（7）在高比例的热装铁水操作中，合适的留钢留渣对于熔化期的早期脱碳有积极的意义，可以减轻氧化期的脱碳任务。在超声速氧枪和超声速集束氧枪吹炼的过程中，炉底侵蚀加深后，由于射流达不到穿透钢渣界面，经常出现碳高，冶炼周期延长的事故，在不补炉底的条件下，增加留钢量，可以顺利地解决和弱化脱碳困难的矛盾。

（8）留钢留渣以后熔池内部始终有熔池存在，可以及早形成泡沫渣并且能保持较好的稳定性。

（9）有利于二次燃烧的及时实现。

5.9.1.2　留钢留渣的负面影响

留钢留渣的负面影响有：

（1）留渣量掌握不当时，在出钢口后期的时候，出钢结束回摇炉体时，容易造成大量的钢渣进入钢包。这种负面的影响可以通过及时地修补出钢口或者更换出钢口得到避免。

（2）留钢留渣过大，对于炉盖旋开加料形式的电弧炉来讲，热兑铁水时会导致炉门或者炉壁枪孔溢出钢渣的现象发生。这种情况下，兑加铁水需要格外小心，可以通过减少加铁水前的通电穿井时间，加铁水前少吹氧或者不吹氧来消除。对于连续加料的电弧炉和竖井式电弧炉来讲，通常铁水的加入是通过炉壁专用的加铁水流槽进行的，由于可以控制铁水的加入速度，情况会有所改善。

5.9.1.3　合理留钢量的确定

由于超高功率电弧炉的定义是单位功率大于 $0.7kV \cdot A/t$，电弧炉快速熔化废钢的速度是由其变压器的输出功率和装入废钢的量二者的关系决定的，对于留钢留渣量较大的炉次，装入量控制在电弧炉公称容量的中上限，留钢留渣带来的热量和留渣留钢以后化学热的较好利用，可以提高电弧炉的热效应，可以消除电弧炉因为增加装入量对于冶炼带来的影响。装入量的确定一般分为以下几种情况来决定：

（1）直流电弧炉一般的留钢量为公称容量的 8% ~ 40%，留渣量根据具体情况来决定，炉役前期，熔池较浅的时候，控制在中下限，炉役中后期，留钢量控制在中上限。

（2）交流电弧炉的留钢量一般控制在电弧炉公称容量的 5% ~ 40%，留渣量根据冶炼过程的具体情况决定，留钢留渣量的大小根据炉役的具体阶段决定。

（3）竖式电弧炉和连续加料式的 Consteel 电弧炉，留钢量和留渣量可以适当地予以增加，使得废钢铁料的加入始终在有熔池的情况下进行，可以极大地提高吹氧的效率，缩短冶炼周期。

（4）对于有铁水热装的电弧炉，留钢量可以适当地减小，增加留渣量，可以提高电弧炉的出钢量，增加台时产量。

（5）采用超声速集束氧枪吹炼的电弧炉，留钢量和留渣量要偏大一些，对于提高氧枪的利用率、早期造泡沫渣的操作比较有利。留钢量和留渣量偏小，氧气的利用率会下降，氧枪发生火焰发射的几率会增加，不利于冶炼的进行。

（6）对于采用炉盖旋开加料形式的电弧炉来讲，留钢量过大，加料的时候，容易发生废钢加入时的冲击作用，留钢从炉门溢出的事故，所以留钢量要比竖式电弧炉和连续加料式的 Consteel 电炉要小一些。

5.9.1.4　实现留钢留渣的操作方法

实现留钢留渣的操作方法包括：

（1）要保证炉型的合理，熔池与出钢口之间要有一定的坡度和高度，否则出钢时采用留钢留渣的操作以后，出钢结束炉体回正以后，钢水和炉渣容易从出钢口流出，影响填充 EBT 的操作，而且容易引起安全事故。

（2）留钢留渣的操作要从冶炼第一炉一开始就要实行，在第一炉冶炼的时候，装入量控制得偏大一些，出钢的时候考虑好吹损量、出钢量，决定留钢量。

（3）在冶炼中要保证炉渣有较合适的碱度，渣中氧化铁含量不能太高，否则会造成出钢下渣。

（4）电弧炉要实现留渣操作，利用留渣操作优化冶炼，炉渣的二元碱度要在 2.0 ~ 2.5 之间为最佳。如炉渣碱度过低，留渣以后的效果产生的负面影响比较大，还不如不留渣操作。

（5）出钢前炉渣较稀，渣中氧化铁含量较高时，在不吹氧的条件下，利用炭枪向液面喷吹一段时间炭粉，降解渣中的氧化铁，增加炉渣的黏度，有利于实现留渣的操作。

（6）冶炼过程中，渣料的加入量要保证，配碳量要合适，否则冶炼过程中由于低碱度炉渣造成的频繁沸腾、炉渣过稀和炉渣乳化，就很难实现留钢留渣的目的。

（7）连续生产的时候，要根据吹炼的情况决定出钢量，炉门出现跑钢，氧化期发生过大沸腾和炉渣乳化现象时，要酌情考虑减少出钢量，保证留钢量。

（8）采用较大的留钢量和留渣量，要保证电弧炉的配碳量和脱碳量，出钢温度要合适，配碳量过低，出钢温度不合适，会有大块废钢没有熔化沉积在炉底，出钢时容易造成下渣，并且这一炉次的留钢留渣产生的效果就会受到削弱。留渣的碱度要合适，较高强度的炉渣在下一炉次的冶炼中，产生的效果比较明显。

5.9.1.5 全废钢冶炼时留钢留渣操作的关键环节技术

全废钢冶炼时，100t 交流电弧炉，把装入总量控制在公称加入量中上限之间（废钢+留钢）以确保功率水平不小于 0.7kV·A/t，然后按照不同的留钢留渣量进行分组分析（每组 20 炉），留钢量和留渣量越大，冶炼的综合效果越好，结果见表 5-22。

表 5-22 不同的留钢留渣量对冶炼周期的影响

留钢留渣量/t	≤10	15~20	15~25
冶炼周期/min	55	53	48
电耗/kW·h·t^{-1}	406	395	375
氧耗（标态）/m^3·t^{-1}	19~37	19~35	19~34
铁耗/kg·t^{-1}	1129.2	11342.4	1171.5

冶炼过程中关键的操作主要分为以下几点；

（1）全废钢冶炼时，留钢量控制在电弧炉总装入量的 8%~40% 之间；留渣量应该根据出钢口的大小、废钢的料况和成分等具体的情况决定，炉渣碱度较高的时候，大量留渣，并且适量地减少下一炉石灰的加入量，下一炉次冶炼时，炉渣碱度合适时，恢复正常的渣料加入量。

（2）配料的时候将轻薄料加在料篮的底部，配碳用的生铁加在轻薄料的上方，控制大块废钢的加入量，每次加入的大块废钢不超过 3 块，尽量加在电弧区的热点位置附近，对于尺寸偏小的大块废钢也可以加在炉门区的氧枪改炼的热点位置。

（3）吹炼的时候，自耗式氧枪的枪头伸入留钢留渣的局部熔池吹氧，尽量不采用切割废钢的操作，以减少吹炼时的飞溅损失。超声速水冷氧枪可以按照正常的工艺要求和步骤进行操作。熔化期的后期，对于炉门口的大块废钢，采用旋开炉门氧枪，用叉车将大块废钢装入熔池以后再继续吹炼。

（4）采用较大留钢量冶炼的炉次，第一批料一般熔化的速度比较快，在炉内废钢熔化大部分的时候，就要进行加第二批料的操作，防止熔池温度过高，加入第二批料的时候，从炉门跑钢水的事故。

（5）采用较大留钢量的时候，第一批废钢铁料的加入量占总的废钢加入量的 70% 左右，在第二批料加入以后，电极可以迅速地穿过并到达底部，加速废钢铁料的熔化，进入氧化期。

（6）氧化期将炉体向出钢的方向倾动在 2°～3°之间，不进行专门的流渣放渣操作，只有在炉渣碱度较低，熔池成分中磷含量较高时，才进行专门的放渣操作。渣量偏大的时候做专门的放渣操作。

（7）冶炼过程中要把控制炉渣的碱度作为首要的关键环节来控制，根据废钢铁料的情况动态地调整石灰和白云石的加入量，避免炉渣碱度过低，引起留渣留钢的操作难度；也要避免渣料加入过多，石灰如不能完全溶解，和废钢联结在一起形成的难熔冷区，影响冶炼的正常进行。

（8）电弧炉冶炼的中后期，严格地根据成分的需要控制吹氧量和喷炭量，防止钢水过氧化引起的出钢下渣。钢水过氧化以后，在出钢前向渣面喷吹一段时间的炭粉，待炉渣的黏度增加以后再进行出钢的操作。

（9）在炉役后期，炉底较深，冶炼过程中脱碳困难，冶炼周期较长的时候，增加留钢留渣量，最多达到 35t，弱化了脱碳的困难，缩短了冶炼周期。

5.9.1.6　热装铁水的留钢留渣操作

热装铁水的留钢留渣操作包括：

（1）热装铁水的冶炼过程中，铁水可以相当于留钢，但是不能等同于留钢的作用，这主要区别在它们对于冶炼过程中成分控制的影响有着较大的不同。

（2）热装铁水的正常生产中，铁水的热装比例为 10%～35%，最佳的留钢留渣量为总装入量的 8%～25%。铁水的热装比例小于 10%，留钢量和留渣量的控制可以参考全废钢冶炼过程中留钢留渣量的控制，炉役前期，留钢量适当减少，留渣量适当增加。

（3）铁水的热装比例大于 25% 以后，电弧炉的配料可以适当增加大块废钢和重型废钢的加入量，这样可以调整大块废钢的消化和控制熔池温度。

（4）采用较大的留钢量时，要调整废钢的加入速度，即缓慢打开料篮加入废钢，避免炉内的留钢受冲击飞溅，铁水要尽量提前加入。

（5）热装铁水的比例大于 25% 以上的生产时，增大留渣量和减少留钢量，对于增加出钢量、提高台时产量很有利，能够提高生产效率。需要注意的是留渣的碱度必须合适，保持在 2.0～3.0 之间比较有利于冶炼过程的控制，留渣的碱度过低，留渣的功能将会削弱，甚至会起到负面的影响作用。

（6）废钢铁料的配加控制，第一批料要保证配加的废钢铁料占全部废钢铁料的 70% 以上，大块废钢和重型废钢在第一批料全部加入，第二批料只加轻薄废钢和中型废钢，保证第二批料入炉以后，吹氧操作能够很快进入脱碳脱磷的操作阶段。

（7）采用超声速集束氧枪吹炼的电弧炉，可以大量留渣，少量留钢，采用高比例的兑加铁水、效果与增加了留钢量的效果差别不大。

（8）热装铁水冶炼过程中，氧枪的操作以吹熔池化渣脱碳脱磷为主，以提高氧气的利用率和减少脱碳脱磷的负担，缩短冶炼周期。

以下是在增加留渣留钢量以后，一座 110t 交流电弧炉和一座 70t 直流电弧炉（该直流电弧炉的设计冶炼周期为 47min），热装铁水生产情况的综合分析效果见表 5-23。从表中可以看出，由于合理地控制了留钢留渣的量，各项指标在预期的目标范围以内，收到了良好的效果。

表 5-23 留钢留渣量对热装铁水生产的影响（25%的热装比例）

留钢留渣量/t	≤10	5	10~25
冶炼周期/min	>47	46.7	45.6
脱碳命中率/%	90	96	97
电耗/kW·h·t^{-1}	310	274	2815
氧耗（标态）/m^3·t^{-1}	21~34	15~32	15~31.7
铁耗/kg·t^{-1}	1115	1121.2	1104

总的来说，留钢留渣的量需要进行动态的调整，以提高吹氧效率，满足电弧炉缩短冶炼周期的需要，才是追求的目的。

5.9.2 偏心炉底出钢技术——EBT 技术

5.9.2.1 EBT 技术简介

EBT（Eccentric Bottom Tapping）技术是由德国曼内斯曼·德马克公司（Mannecman Demag）和蒂森公司（Tbyssen）在1978年开发成功的技术，这项技术应用于电弧炉炼钢具有以下的优点：

（1）可以扩大炉壁水冷的范围。

（2）能够实现少渣甚至无渣出钢。

（3）提高了合金的回收率。

（4）节省了出钢的时间，缩短了冶炼周期。

（5）与传统的出钢槽出钢方式相比，降低了出钢温度，节省了出钢过程中能量的浪费。

（6）减少了炉衬和钢包的耐火材料的损失。

（7）减少出钢时的炉体倾动角度，减轻了机械设备的倾动负荷。一般 EBT 出钢炉体的倾动角度在-7°~15°之间。

（8）由于减少了炉体的出钢倾动角度，相应地减少了母线水冷电缆的长度，有利于减少短网的热损失，有利于提高功率因数，有利于节电。

EBT 技术是在炉体的后部靠近炉壁 20~60cm 的炉底增加了一个出钢口，出钢口分为两层，即座砖和出钢口通道砖（也叫出钢砖或者釉砖），出钢砖是装在座砖内的，座砖固定在出钢口部位，四周使用炉底捣打料和炉底耐火材料连接，最上部的称为 EBT 顶砖，最下部的称为尾砖。出钢口，上方设有一个填料孔，冶炼期间使用耐火材料封堵。出钢口在冶炼期间中间使用填充料填充，底部使用滑板封闭，出钢时将滑板拉开，填充料在重力和钢水静压力的作用下流出后，钢水可以流出实现出钢。有时候钢水不自流时，可以用在出钢口底部进行吹氧引流操作。滑板采用旋转式或者直线往复式两种机械方式封闭，有气动和液压两种提供动力的方式。EBT 填料应该具有以下的性质：

（1）冶炼期间，EBT 填料作为炉底耐火材料的一部分，必须保证冶炼期间的安全。

（2）应该具备合适的烧结性能，以便形成均匀而较薄的烧结层，使得烧结层既可以防止高温钢水向出钢口下部渗漏，又要保证填料不上浮。

（3）EBT 填料的粒度必须合适，颗粒不能太大，防止冶炼过程中钢水渗透进入填料的内部，出现危险。

（4）EBT 填料在冶炼期间应该分为三层：最上面为高黏度液相层，高黏度液相层下面为烧结层，最下面为松散层。

5.9.2.2　EBT 出钢的关键操作和控制

采用 EBT 出钢方式进行出钢，最主要的是提高出钢过程的自流率。

自流率影响电弧炉的作业率、能源消耗、原材料的消耗、安全以及钢水的质量。钢水不自流的危害主要有：

（1）增加了冶炼的辅助时间，延长了冶炼周期。

（2）烧氧操作会给操作工带来氧气回火的可能性，也可能造成烫伤的事故，增加了安全风险，增加了工人的劳动强度。

（3）烧氧的操作不利于出钢口砖延长使用寿命。

（4）不自流烧氧操作期间，钢包和炉内的温度都会降低，有时候需要通电吹氧提温，增加了热支出，相应增加了炼钢的成本。

（5）烧氧引流期间，钢水的吸气降温，甚至送电加热都会降低钢水的质量。

影响 EBT 出钢过程中钢水自流率的因素主要有：

（1）烧结层强度要足够低，烧结层的厚度要适宜。这是由填充料的自身性能决定的，包括出现液相的最低温度，冶炼过程中液相产生的速度和生成量，出现的液相的强度，填充料的粒度、导热能力。如果液相不能及时出现，或者及时出现了液相，但是生成的量少或者黏度低，上部填充料被卷走或者浮起，这将会使烧结层出现在出钢口内部或者烧结层加厚。

（2）有足够的破坏力，使出钢口上方的烧结层破坏。由于出钢口上方是一个冷区，如果有未溶解的废钢，或者出钢的温度不高，会导致破坏烧结层的力量减弱，影响自流率，所以目前在 EBT 冷区增加烧嘴是提高自流率的重要手段。冶炼过程中要有一段时间将炉体向后倾动，保证熔池内部的脱碳反应加速 EBT 冷区废钢铁料的溶解，出钢前将炉体向后倾动在一个较高的角度，一般在+3°左右，以增加自流的可能性，这一点也是出钢连锁条件的内容之一，炉体的倾动角度小于+3°，出钢口不能够被激活启动出钢的操作。

（3）下部松散料要顺利地流出，否则会成为烧结层的破碎阻力，影响自流。这一点在补出钢口的时候尤其重要，修补后要强调清理内腔和 EBT 尾砖。

（4）当冶炼周期较长时，液相不能及时出现，填料上部被卷走，烧结层出现在出钢口内，烧结层加厚，影响了钢水破坏烧结层。

（5）填料的粒度搭配不合理，导致钢液渗入填料内部，导致烧结层过厚。

（6）填料的材料组成成分搭配不合理，填充料的烧结温度过低，导致烧结层过厚，需要长时间的烧氧处理。

提高 EBT 的自流率主要从以下几个方面入手：

（1）提高和改善填充料的材料性质。EBT 填料通常有镁硅质、镁铝质、铬镁质、钙镁橄榄石质等几种。表 5-24 为两种常见的填料的化学成分和物理参数。

表 5-24 填料的化学成分和物理参数

类 别	成分/%					物 理 参 数	
	MgO	Al_2O_3	CaO	Fe_2O_3	SiO_2	堆密度/g·cm^{-3}	粒度/mm
填料一	88.47	0.98	2.4	6.0	0.91	1.74	2~5
填料二	41.85	0.46	0.6	7.7	39.1	1.7	2~5

在使用不同的填料条件下，EBT 的自流率是不同的，如果一种材料的填料自流率一直持续较低，就要考虑材料的配比是否合理，需要调整。

（2）完善填料操作。出钢口正常的填料操作是在出钢口滑板关闭以后，使用 EBT 填料将 EBT 的内腔填满，上方微微隆起，呈现馒头状，这样可以保证 EBT 填料在出现高黏度液相层以后，形成的烧结层厚度比较合适，以利于自流率的提高。如果 EBT 内腔没有填满，烧结层出现在 EDT 内腔，烧结层会加厚，就会影响出钢时的自流，有时候填料过少，甚至会发生出钢口被钢水烧穿的事故。

（3）EBT 填料操作结束时，填料的粒度较大的时候，应该使用钢钎将 EBT 填料捣实，防止钢液渗透到 EBT 填料的内部。

（4）冶炼时间的影响。如果冶炼时间过长，出钢口填料的烧结层就会加厚。一般情况下，为了解决烧结层加厚的问题，通常是提高出钢温度，在高温情况下，烧结层会转化一部分为高黏度液相层，有利于自流或者引流。冶炼时间较长或者停炉时间较长，开炉后出钢的合理温度为 1630~1650℃。

（5）温度的影响。在一些情况下，测温取样后温度接近或者低于出钢温度的下限，为了争取时间，不继续升温出钢的情况下，EBT 出现引流的情况比较多。在生产中要注意超高功率电弧炉的升温速度是很快的，如果为了节省 2min 低温出钢或许会浪费 20min，所以在冶炼过程中要把握出钢的合理温度，避免出低温钢，出钢前还要观察 EBT 及炉内的冷钢是否完全化完，要保证炉内熔清，提高自流率和成分的命中就十分必要。

（6）合适的留钢量会促使合适的烧结层的出现，有利于自流率的提高。

5.9.2.3 EBT 出钢的操作

电弧炉采用 EBT 出钢见图 5-42，EBT 出钢主要有以下的操作要求：

（1）出钢时温度要满足工艺要求，防止和杜绝低温出钢。

（2）出钢时要确保出钢车在出钢位。一般来讲，出钢车与出钢条件是相互连锁的，即出钢车不在出钢位，出钢滑板是不允许打开的。在一些特殊的条件下，出钢口是有手动操作模式的，手动打开滑板模式可以绕开连锁条件打开滑板，钢包车不在出钢位手动打开滑板出钢，会导致钢水出在出钢坑内，造成事故。

图 5-42 电弧炉 EBT 出钢

（3）出钢时要保证炉体的倾动速度合适，炉体倾动的角度要与装入量和出钢的吨位密切配合，出钢箱内的钢水液位不能过高，防止钢水从 EBT 填料孔溢出或者烧坏水冷盘。

（4）出钢时出钢箱的钢水液位也不能过低，防止钢水液位过低，出钢时的涡流现象卷渣进入钢包。

（5）EBT 出钢时，在没有合金和脱氧剂进入钢包前，不能进行增碳的操作，防止增碳时的碳氧反应造成钢水溢出钢包。

（6）EBT 出钢要有一定的出钢时间，防止出钢时间太短，合金和渣料，脱氧剂没有加完，钢水已经出完，造成钢包内因为脱氧程度不够引起的钢包内翻钢水事故。正常的出钢时间在 2~5min。

一般来讲，装入量在 50~150t 的电弧炉，出钢时，在炉衬维护良好，出钢口良好时，炉体倾动角度和出钢吨位之间的关系大致如下：

+5°	15~35t
+6°	25~50t
+7°	35~65t
+8°	45~70t
+9°	55~95t
+10°	70~100t
+12°	80~145t

5.9.2.4　EBT 填料操作

A　EBT 填料操作程序

EBT 的填料操作是在电弧炉出钢结束以后，炉体回摇在出渣方向以后进行的，主要的操作程序如下：

（1）电弧炉出钢以后，炉体回摆到出渣方向的 -7° 左右，无钢渣流出时，炼钢工助手将钢包车开出出钢位，炉前工人一人在 EBT 维修平台小车上清理 EBT 下部，将黏结在 EBT 底部的冷钢和渣子清理干净。清理工作一般采用钢管或者钢管前面焊有铁铲的工具捣掉。在 EBT 底部冷钢黏结严重，出钢口后期不好清理时，采用吹氧清理。

（2）炉前操作工一人上到 EBT 填料的平台，揭开 EBT 填料孔的盖板，观察 EBT 内腔是否干净，如果 EBT 有冷钢存在或者出钢口内腔堵塞有冷钢，影响填料，采用烧氧操作进行清理，清理结束以后，通知炼钢工助手关闭滑板，炼钢工助手在确认 EBT 底部清理干净以后，关闭滑板，通知进行填料操作。

（3）负责填料的操作工人，在确认 EBT 滑板已经关闭的情况下，从 EBT 填料孔将填料用漏斗或者流槽填入出钢口内腔，直到填料微微隆起，呈现馒头状即可。

（4）在 EBT 填料颗粒较大的时候，填料结束以后，必须用钢管或者钢钎将填料捣实，EBT 填料颗粒合适时，这一过程可以省略。

（5）填料结束以后，用 EBT 填料孔专用盖板盖好填料孔，填料孔与盖板之间应该密封良好。盖好盖板以后，通知炼钢工助手填料已经结束，可以倾动炉体进行下一步的冶炼加料操作。

（6）炼钢工助手进一步向负责清理 EBT 底部的炉前工人确认滑板的密封情况，确认没有问题以后，通知炼钢工执行加料的操作。

填料操作过程中的关键一点是 EBT 有钢渣流出的时候，填料操作要等钢渣不流，出钢口内腔干净以后才能够进行，否则，关闭滑板以后，钢渣有可能将滑板与 EBT 底部粘死，发生滑板打不开的事故。炉内留渣较多，出钢结束以后，如果有大量的炉渣从出钢口流出，可以考虑将炉体向出钢方向倾动，将炉内留渣排出一部分流到出钢坑，然后向出渣方向倾动炉体，待出钢口不流炉渣时，再清理出钢口，进行填料操作，下一炉次的冶炼要注意减少冶炼的留渣量。在出钢口有少量的流渣时，也可以根据具体情况，从填料口使用冷的炉渣或者填料堵住流渣，也是一种事故状态的应急措施。其他复杂情况的处理，前面已经做了介绍。

B　提高 EBT 填料操作速度的方法

要提高 EBT 填料操作的速度，主要有以下几点：

（1）工欲善其事，必先利其器。工器具准备要充分，清理 EBT 底部的铁铲、吹氧管，填料平台上的撬棒、榔头、流槽、铁锹、吹氧管等工具要事先准备齐全。有的厂家在出钢口区上部平台装有填料的旋转漏斗，填料时拉开漏斗底部的插板用漏斗直接填料。漏斗内的填料用完以后，在填料结束以后进行补充。

（2）EBT 底部的清理工作要迅速。钢包车开出以后就要迅速清理 EBT 底部的黏结的钢渣，EBT 底部的黏结的钢渣在红热状态下很容易清理，如果 EBT 底部黏结的钢渣变冷发黑以后，就不容易清理了。

（3）EBT 填料的包装重量要合适，在 10～15kg/袋左右，包装重量过大，不易于工人搬运。

（4）填料操作由两人执行，一人填料，一人配合，可以提高填料的速度，两人的相互确认，能够保证填料操作的安全。

复习思考题

5-1　简述碱性电弧炉炼钢前应该注意哪些操作。
5-2　如何装料才是合理的？
5-3　补炉时应该遵循哪些要求？
5-4　熔化期的提前造渣的目的是什么？
5-5　熔化期的任务和目的是什么？
5-6　氧化期的任务是什么？
5-7　氧化期吹氧脱碳的目的是什么？
5-8　泡沫渣的评判标准是什么？
5-9　还原期的任务是什么？
5-10　合金化的原则是什么？
5-11　名词解释：水渣；玻璃渣；乳化渣；泡沫渣；元素脱格。

配料计算和合金钢冶炼

6.1 装料前的配料计算

6.1.1 装料前的配料方法

配料根据冶炼方法不同，可以分为氧化法配料、返回吹氧法配料和不氧化法配料。

6.1.1.1 氧化法冶炼配料

氧化法冶炼炉料主要是废钢和生铁，炉料中汤道钢和中注管废钢的配入量一般不超过炉料总量的10%。为了保证氧化期的良好沸腾和冶炼的正常进行，对炉料中的主要元素含量有一定的要求。

碳：炉料中的含碳量应该保证氧化期有足够量的碳进行氧化反应，达到去气、去杂物的目的。配碳量根据熔化期碳的烧损、氧化期的脱碳量和还原期增碳量这3个因素来确定，要求炉料熔清时钢中碳量高出成品规格下限0.3%~0.4%。因此，当熔化期吹氧助熔时，配碳量应该高出规格下限0.65%。但配碳量也不能过高，否则延长氧化时间并使钢液过热。

硅：通常硅不人为配入，而是由炉料带入，一般不大于0.8%，炉料含硅量过高会延缓钢液的沸腾。

锰：一般钢种配料时对锰可以不考虑，通常熔清后锰含量小于0.3%，否则也会延缓熔池沸腾。

磷和硫原则上是越低越好。通常熔清后的磷含量应小于0.05%，一般不超过0.08%。

此外，对于一般钢种，炉料全熔后，钢液中铬、镍、铜的含量不得大于钢的规格要求。对于含铬的合金钢，炉料中的铬也不能配得过高。否则铬的大量氧化会使炉渣黏度增加，阻碍脱磷和脱碳反应的正常进行。

氧化法配料，炉料的综合收得率一般按95%~97%计算。

6.1.1.2 不氧化法冶炼配料

不氧化法冶炼时，炉料应该由清洁少锈、干燥的本钢种返回料、类似本钢种的返回料、碳素钢以及软铁组成。炉料中磷应该确保比成品规格低0.005%以上；碳比成品规格低0.03%~0.06%；配入合金元素应接近成品规格的中下限。通常，炉料的综合收得率按98%计算。

6.1.1.3 返回吹氧法冶炼配料

返回吹氧法的炉料是由返回钢、碳素钢、铁合金以及软铁等组成，其中返回废钢约占

40% ~80% 。如果需用生铁配碳时，应该用低磷、硫生铁，其用量不超过炉料的 10% 。

炉料中的碳量应保证全熔后能吹氧脱碳 0.20% ~0.40% 。磷配得愈低愈好，至少要比规格低 0.005% 。某些钢种为了升温及减少合金元素的烧损，还需配入一定数量的硅和锰。

返回吹氧法炉料综合收得率通常按 95% ~97% 计算。

6.1.2 配料计算

6.1.2.1 配料计算步骤及公式

第一步，确定出钢量：

出钢量 =（钢锭单重×钢锭支数+每块锭盘汤道及中注管质量×锭盘数+注余质量）

$$×相对密度系数 \tag{6-1}$$

式中 注余质量——为出钢量的 0.5% ~1.0% （炉容量小可取上限）；

相对密度系数——以 45 号钢的密度 （7.81t/m³） 为标注密度，依次换算出不同钢种的相对密度系数 （见表6-1），对出钢量进行校正。

第二步，计算炉料装入量：

$$装入量 = \frac{出钢量 - 矿石进入纯铁量 - 添加铁合金量}{钢铁料综合收得率} \tag{6-2}$$

其中：矿石进入钢液纯铁量=每吨钢加矿量×钢水量×矿石含铁量×收得率

$$添加铁合金量 = \frac{出钢量 ×（控制含量 - 炉内含量）}{铁合金成分 - 收得率} \tag{6-3}$$

氧化法冶炼每吨钢加矿石 15kg （矿氧结合） 或加矿 40kg （不吹氧），矿石含铁量约 60% ，铁的收得率可按 80% 计算。

第三步，算出各种炉料的配入量：

$$各种炉料配入量=装入量 × 各种料的配比 \tag{6-4}$$

氧化法冶炼时，通常要使用大量的生铁来配碳，以确保氧化期有足够的脱碳量。因此，在配料计算中必须确定生铁的配入量，生铁配入量可用下式估算。

$$配生铁量 = \frac{装入量 ×（配碳量 - 废钢含碳量）}{生铁平均含碳量 - 废钢含碳量} \tag{6-5}$$

生铁平均含碳量为 4% ，废钢平均含碳量根据来源而定，通常为 0.25% 左右。

有时配料中用废电极块来配碳，以减少低磷、硫生铁用量。电极块配入量用下式估算：

$$电极块配入量 = \frac{废钢配料质量 ×所需增碳量}{电极块成分 × 收得率} \tag{6-6}$$

电极块成分含碳约 99% ，收得率可按 80% 计算。

6.1.2.2 氧化法配料计算举例

例 6-1 氧化法冶炼 45 号钢，用下注法浇铸 2t 重方锭 8 根，汤道及中注管重 200kg，注余重 150kg，炉料由 50% 的外来废钢，返回废钢及低磷硫生铁组成。使用的铁合金料为：Fe-Mn 含锰量 70% ，收得率为 98% ；Fe-Si 含硅量 75% ，收得率 90% 。求配料量及炉料组成？

表 6-1　各种钢类相对 45 号钢的密度系数

钢　种		相对密度 /t·m⁻³	钢　种		相对密度 /t·m⁻³
	38CrMoAl55～60Si2Mn	0.9859		Cr25Mo3Ti，1～4Cr13，Cr5Mo	0.9859
	20～30CrMnSi	0.9923		Cr3Si4，15Cr14MoV，CrMoAl55	0.9923
结构	45，15～70，15～65Mn，10～50Mn2，27SiMn，35SiMn，15～50Cr，55CrMn，20～50CrV，30～35CrMo，12CrMoV，18CrNiW，GCr6，GCr9，GCr15	1.0000	不锈钢	4Cr3Si4，15Cr14MoV，Cr18Mn10Ni2Si2N	1.0115
	10，20MnV，16Mo，12～35CrMoV，50CrNi，40CrNiMo	1.0051		1Cr18Ni9（Ti），Cr18Ni18Mo2Cu2Ti，Cr18Ni12Mo2Ti，Cr23Ni18	1.0243
	08F，08，F40CrNi	1.0077		1～4Cr14Ni14W2Mo，3Cr19Ni9W2Mo	1.0435
				Cr12MoV	0.9858
				Cr12MoV，T7～T12，9SiCr，Cr2，W，W2	1.0000
	0～1Cr25Al5，Cr20Al5Co2	0.9090		Mo9Cr4V2	1.0077
				4～6CrW2Si	1.0115
				W2Mo9Cr4V	1.0243
不锈钢			工具钢	W6Mo5Cr4V2，CrW5	1.0435
	0～1Cr17Al15，Cr8Al5	0.9212		W9Cr4V2	1.0627
	Cr12Al4，Cr8Al5	0.9347		3Cr2W8V	1.0691
	4Cr9Si2，4Cr10Si2Mo，Cr20Si3，Cr24Al2Si，Cr25Si2，Cr25Ti2，Cr17Mo2Ti	0.9730		W12Cr4V4Mo	1.0930
	Cr6SiMo，Cr13Si3，Cr17Al4Si，Cr28Si2，9Cr18，Cr17（Ti）	0.9859		W18Cr4V	1.1139

解： 出钢量 =（2000×8+200×1+150）×1.0 = 16350（kg）

矿石进入纯铁量 =（16350×15/1000）×60%×80% = 118（kg）

添加量 Fe-Si = $\dfrac{16350×(0.26\%-0.03\%)}{75\%×90\%}$ = 56（kg）

添加量 Fe-Mn = $\dfrac{16350×(0.65\%-0.10\%)}{70\%×98\%}$ = 131（kg）

装入量 = $\dfrac{16350-118-(131+56)}{95\%}$ = 16890（kg）

外来废钢 = 16890×50% = 8445（kg）

配生铁量 = $\dfrac{16890×(1.05\%-0.25\%)}{4\%-0.25\%}$ = 3603（kg）

返回废钢量 $=16890-8445-3603=4842(\text{kg})$

计算结果为：炉料由返回废钢 4842 kg，外来废钢 8445kg 及生铁 3603kg 组成。

6.1.2.3 高合金钢配料计算举例

高合金钢的配料计算要比低合金钢复杂，实际生成中有多种配算法，现介绍最基本的配料方法。配料公式变为：

$$装入量 = 总进炉量 - 还原期补加合金总量 \tag{6-7}$$

$$总进炉量 = \frac{出钢量}{综合收得率} \tag{6-8}$$

$$还原期补加合金量 = \sum \frac{出钢量 \times 控制成分 - 装入量 \times 配料成分 \times 熔清收得率}{合金成分 \times 收得率}$$

根据上面公式可得出：

$$装入量 = 出钢量 \times \left[\frac{\dfrac{1}{综合收得率} - \sum\left(\dfrac{控制成分}{合金成分 \times 收得率}\right)}{1 - \sum\left(\dfrac{配料成分 \times 熔清收得率}{合金成分 \times 收得率}\right)} \right] \tag{6-9}$$

例6-2 采用返回吹氧法冶炼 1Cr18Ni9Ti，出钢量为 16400kg，炉料综合收得率为 95%，其他计算数据如下：

（质量分数/%）

合金元素	C	Cr	Ni	Mn	Si	Ti	P
控制成分	0.06	18	9.8	1.5	0.65	0.5	≤0.025
配料成分	0.35	9	10.0	1.0	0.8		≤0.020
合金中元素含量	60	99.9	98	75	30		
熔清收得率	80	98	50	20			
还原期收得率	96	98	98	90	60		

炉料由 GCr15 切头、本钢种返回料、镍板、硅铁及软铁等组成。

解：

$$装入量 = 16400 \times \left[\frac{\dfrac{1}{95\%} - \left(\dfrac{18\%}{60\% \times 96\%} + \dfrac{9.8\%}{99.9\% \times 98\%} + \dfrac{1.5\%}{98\% \times 98\%} + \dfrac{0.65\%}{75\% \times 90\%} + \dfrac{0.5\%}{30\% \times 60\%}\right)}{1 - \left(\dfrac{9\% \times 80\%}{60\% \times 96\%} + \dfrac{10\% \times 98\%}{99.9\% \times 98\%} + \dfrac{1.0\% \times 50\%}{98\% \times 98\%} + \dfrac{0.8\% \times 20\%}{75\% \times 90\%}\right)} \right]$$

$$\approx 16400 \times 0.765 = 12546 (\text{kg})$$

如炉料配入 GCr15 切头 3000kg，本钢种返回料配入量为：

$$\frac{12546 \times 9\% - 3000 \times 1.5\%}{18\%} = 6023 (\text{kg})$$

配入镍板量为：

$$\frac{12546 \times 10\% - 6023 \times 9.8\%}{99.9\%} = 665 (\text{kg})$$

配入 Fe-Si 量为：

$$\frac{12546 \times 0.8\% - (6023 \times 0.65\% + 3000 \times 0.26\%)}{75\%} = 71(\text{kg})$$

其余炉料由软铁配足，软铁用量为：

$$12546 - 3000 - 6023 - 665 - 71 - 13 = 2774(\text{kg})$$

配碳电极块量为：

$$\frac{12546 \times 0.35\% - (3000 \times 1.0\% + 6023 \times 0.06\%)}{99\% \times 80\%} = 13(\text{kg})$$

验算炉料中磷含量是否符合要求，炉料中磷含量为：

$$\frac{3000 \times 0.015\% + 6023 \times 0.025\% + 2774 \times 0.01\%}{12546} = 0.0178\%$$

验算结果符合要求。

所以炉料由本钢种返回料 6023kg，GCr15 切头 3000kg，镍板 665kg，Fe-Si 71kg，软铁 2774kg 和电极块 13kg 组成。

6.2　熔化期的配料计算

熔化期造渣主要是控制石灰加入量。石灰加入量计算的基本方法是：首先根据炉料中的含硅量，算出炉渣中（SiO_2）的含量，再根据熔化期炉渣所需的碱度 R 计算需要多少石灰（CaO）。

6.2.1　每吨钢的垫底石灰加入量计算法

硅在熔化期有 90% 氧化成 SiO_2 进入炉渣，SiO_2 质量应为：

$$[Si] + 2[FeO] =\!=\!=\!= (SiO_2) + 2[Fe]$$

$$28 \qquad\qquad 60$$

$$1000 \times w_{[Si]} \times 90\% \qquad\qquad x$$

渣中 SiO_2 的质量为：

$$x = 1000 \times w_{[Si]} \times 90\% \times 60/28$$

碱度为：

$$R = \frac{(CaO)}{(SiO_2)} = \frac{CaO\ 质量/渣量}{SiO_2\ 质量/渣量} = \frac{CaO}{SiO_2}$$

所以：

$$CaO = SiO_2 \times R$$

每吨钢加入垫底石灰量（kg/t）为：

$$石灰量 = \frac{1000 \times [Si] \times 90\% \times R \times 60}{石灰中\ CaO\ 含量\% \times 28}$$

例如：冶炼 45 钢，炉料含硅为 0.45%，熔化渣控制碱度 $R = 1.7$，石灰含 $w(CaO) = 85\%$，则每吨钢应加垫底石灰量为：

$$石灰量 = \frac{1000 \times 0.45\% \times 90\% \times 1.7 \times 60}{85\% \times 28} = 17.4(\text{kg/t})$$

或者说是占料重的 1.7%。

从石灰加入量的计算可知，如果炉料含硅量高，垫底石灰或熔化期石灰要多加些。

6.2.2 加矿后补加石灰量计算

熔化期如果往炉内加矿石，由于矿石含 SiO_2，所以要补加一些石灰，石灰补加量根据矿石所含 SiO_2 而定。

向炉内加入每公斤矿石需补加石灰量为：

$$石灰补加量 = \frac{R \times 矿石中含 w_{[SiO_2]}}{石灰中含 w(CaO)} \qquad (6-10)$$

例如：上例中如熔化期往炉内加入矿石每吨钢 5kg（矿石含 $w(SiO_2)$ 为 7%），则每公斤矿石还需补加的石灰量为：

$$\frac{1.7 \times 7\%}{85\%} = 0.14(kg) \qquad (6-11)$$

即每公斤矿石须补加 0.14kg 石灰，每吨钢水补加石灰为 $0.14 \times 5 = 0.7kg$。

综上所述：熔化期的主要任务是快速熔化固体炉料和降低炉料中的磷含量。因此，要求料在炉内合理分布；快速补炉和装料；采用合理的配电操作，根据变压器的条件，供给最大功率，使用高电压、大电流，防止短路跳闸，适时使用电抗器；及时吹氧助熔；注意造好熔化渣，控制渣量。在熔化期，要做好主次各项工作，达到快速熔化，降低电耗，增大脱磷量。同时应避免在熔化期大量脱碳，为氧化期碳氧反应创造条件。

6.3 氧化期进行配料计算

矿石的加入量必须适当，如果加入矿石过多，氧化末期钢中碳会降得过低，剩余氧量过多，给还原期操作带来麻烦，而且浪费矿石、延长冶炼时间。相反，如果矿石加入量过少，脱碳量就不够，达不到去除气体及夹杂物而纯洁钢液的目的，从而影响钢的质量。

为此，对铁矿石的加入量要有一个大致的估算，将炉前矿加入量的经验数据结合起来，再根据具体炉况酌量增减，就可以做到"胸中有数"。

下面介绍铁矿石的计算方法：

铁矿石加入炉内经过分解反应，以 FeO 形式提供氧使元素氧化。因此，铁矿石的加入量主要是根据下列几方面需要 FeO 的数量而计算得出的：

（1）渣中 FeO 在氧化末期要求达到的含量（15% ~ 20%）；

（2）氧化钢中元素（C，Si，Mn，P）需要 FeO；

（3）氧化末期钢中含氧量 $w_{[O]} \approx 0.03\%$ 所需要的 FeO。

计算条件为：使用含 $w(Fe_2O_3) = 90\%$ 的赤铁矿石，氧化末期，钢中氧量 $w_{[O]} = 0.03\%$，渣中 $w(FeO)$ 含量保持 20%，渣量按 5% 控制。

计算步骤与方法：

第一步，计算 1kg 赤铁矿石提供的（FeO）量或提供的氧量：

$$Fe_2O_3 + Fe =\!=\!= 3FeO$$

160 216

$1 \times 90\%$ x

$160 : 216 = 0.9 : x$

$x = 216 \times 0.9 / 160 = 1.215(kg)$

1kg 赤铁矿石可以提供 1.215kg FeO。

$$(FeO) = 5[Fe] + [O]$$

$$72 \qquad\qquad 16$$

$$1.215 \qquad\qquad x$$

$$72 : 16 = 1.215 : x$$

$$x = 16 \times 1.215 / 72 = 0.27 (kg)$$

第二步，计算为保持渣中 $w(FeO) = 20\%$，1t 钢所需要的矿石量。

已知渣量为 5%，则 1t 钢的渣量为：

$$1000 \times 5\% = 50 (kg)$$

渣中 FeO 质量为：

$$50 \times 20\% = 10 (kg)$$

使渣中保持 10kg FeO 所需要的矿石质量为：

$$10 / 1.215 = 8.2 (kg)$$

为保持渣中 $w(FeO) = 20\%$，1t 钢需要 8.2kg 铁矿石。

第三步，计算氧化钢中元素 1.0% 时，1t 钢所需要的铁矿石，即 1t 钢氧化 10kg 元素时所需要的铁矿石。

氧化 $w(Si) = 1\%$：

$$[Si] + 2(FeO) = (SiO_2) + 2[Fe]$$

$$28 \qquad 144$$

$$10 \qquad x$$

$$28 : 144 = 10 : x$$

$$x = 144 \times 10 / 28 = 51.5 (kg/t)$$

氧化 $w(Si) = 1\%$ 时 1t 钢需要 51.5kg FeO，折算成铁矿石为：

$$51.5 / 1.215 = 42.4 (kg/t)$$

氧化 $w(Mn) = 1\%$ 时：

$$[Mn] + (FeO) = (MnO) + [Fe]$$

$$55 \qquad 72 \qquad\qquad\qquad 55 : 72 = 10 : x$$

$$10 \qquad x$$

$$x = 72 \times 10 / 55 = 13 (kg/t)$$

折算成铁矿石为：

$$13 / 1.215 = 10.7 (kg/t)$$

氧化 $w(Mn) = 1\%$ 时，1t 钢需要 10.7kg 铁矿石。

氧化 $w(P) = 1\%$ 时：

$$2[P] + 5(FeO) = (P_2O_5) + 5[Fe]$$

$$62 \qquad 360$$

$$10 \qquad x$$

$$62 : 360 = 10 : x$$

$$x = 360 \times 10 / 62 = 58 (kg/t)$$

折算成铁矿石为：

$$58/1.215 = 47.7(kg/t)$$

氧化 $w(P) = 1\%$ 时，1t 钢需要 47.7kg 铁矿石。

氧化 $w(C) = 1\%$ 时：

$$[C] + (FeO) = (CO) + [Fe]$$
$$12 \qquad 72$$
$$10 \qquad x$$
$$12 : 72 = 10 : x$$
$$x = 72 \times 10/12 = 60(kg/t)$$

折算成铁矿石为：

$$60/1.215 = 49.3(kg/t)$$

氧化 $w(C) = 1\%$ 时，1t 钢需要 49.3kg 铁矿石。

第四步，计算为提供氧化末期钢中 $w_{[O]} = 0.03\%$，1t 钢所消耗的铁矿石量。1t 钢含量为 $1000 \times 0.03\% = 0.3(kg)$。

折算成铁矿石为：

$$0.3/0.27 = 1.1(kg)$$

为提供氧化终点 $w_{[O]} = 0.03\%$，1t 钢消耗 1.1kg 铁矿石。

综合以上计算可以得出 1t 钢水所需要铁矿石量（kg/t）计算公式：

$$铁矿石量 = 8.2 + 42.4[\Delta Si] + 10.7[\Delta Mn] + 47.7[\Delta P] + 49.3[\Delta C] + 1.1$$

式中，ΔSi、Mn、ΔP、ΔC 是被氧化去除的含量,%。

计算举例：

例 6-3 某一电炉钢水量为 36.5t，自熔化期到氧化期总共被氧化掉的硅、锰、磷，分别为 $w_{[\Delta Si]} = 0.07\%$，$w_{[\Delta Mn]} = 0.10\%$，$w_{[\Delta P]} = 0.02\%$，$w_{[\Delta C]} = 0.30\%$，试计算该炉钢的矿石需要量？

解：1t 钢水需要矿石为：

$$8.2 + 42.4 \times 0.07 + 10.7 \times 0.10 + 47.7 \times 0.02 + 49.3 \times 0.30 + 1.1 = 29.08 （kg）$$

氧化期总的铁矿石加入量为：

$$36.5 \times 29.08 = 1601.5(kg)$$

答：该炉钢的铁矿石需要量为 1601.5kg。

但必须指出，这是按平衡条件计算的理论值，实际上供氧量要远大于平衡值。通常实际生产中，氧化 $w(C) = 0.01\%$，按 1t 钢加入 1～1.5kg 矿石进行计算。

6.4 还原期进行配料计算

只有正确地计算合金加入量，才能顺利地控制钢的化学成分，才能合理地使用合金料，所以必须掌握合金加入量的计算方法。

6.4.1 合金加入量的计算

6.4.1.1 钢水量的校核

在实际生产中，由于计量不准，炉料质量波动大或操作的因素（如吹氧铁损、大沸腾跑钢、加铁矿等），会出现钢液的实际质量与计划质量不符，给化学成分的控制及钢的浇铸造成困难。因此，校核钢液的实际重量是正确计算合金加入量的基础。

首先找一个在合金钢中收得率比较稳定的元素，根据其分析增量和计算增量来校对钢液量。计算公式为：

$$P\Delta M = P_0\Delta M_0 \text{ 或 } P = P_0\frac{\Delta M_0}{\Delta M} \tag{6-12}$$

式中　P——钢液的实际质量，kg；

　　　P_0——原计划的钢液质量，kg；

　　　M_0——取样分析校核的元素增量和按 P_0 计算校核的元素增量，% 。

公式中用镍和钼作为校核元素最为准确，对于不含镍和钼钢液，也可以用锰元素来校核还原期钢水质量，因为锰受冶炼温度及钢中氧、硫含量的影响较大，所以在氧化过程中或还原初期用锰校核的准确性较差。氧化期钢液的质量校核主要凭借经验。

例 6-4　原计划钢液质量为 30t，加钼前钼的含量为 0.12%，加钼后计算钼的含量为 0.26%，实际分析为 0.25% 。求钢液的实际质量。

解： $P = \dfrac{30000\times(0.26-0.12)\%}{(0.25-0.12)\%} = 32307(\text{kg})$

由本例可以看出，钢中钼的含量仅差 0.10%，钢液的实际质量就与原计划质量相差 2300kg。然而化学分析往往出现 ±(0.01% ~0.03%) 的偏差，这对准确校核钢液质量带来困难。因此，式（6-12）只适用于理论上的计算。而实际生产中钢液质量的校核一般采用下式计算：

$$P = \frac{GC}{\Delta M} \tag{6-13}$$

式中　P——钢液的实际质量，kg；

　　　G——校核元素铁合金补加量，kg；

　　　C——校核元素铁合金的成分，% ；

　　　ΔM——取样分析校核元素的增量，% 。

例 6-5　往炉中加入钼铁 15kg，钢液中的钼含量由 0.20% 增加到 0.25%，已知钼铁中钼的成分为 60% 。求炉中钢液的实际质量？

解： $P = \dfrac{15\times60\%}{(0.25-0.20)\%} = 18000(\text{kg})$

例 6-6　冶炼 20CrNiA 钢，因电子秤临时出故障，装入的钢铁料没有称量，由装料工估算装料。试求炉中钢液质量。

解： 往炉中加入镍板 100kg，钢液中的镍含量由 0.90% 增加 1.20%，已知镍板的成分为 99%，则：

$$P = \frac{100\times99\%}{(1.20-0.90)\%} = 33000(\text{kg})$$

例 6-7　电炉炼钢计划钢液量为 50000kg，还原期加锰铁前，钢液含锰 0.25%，加锰铁后，计算含锰量为 0.50%，实际分析含锰为 0.45%，求实际钢液质量。

解： $P = \dfrac{50000\times(0.50-0.25)\%}{(0.45-0.25)\%} = 62500(\text{kg})$

6.4.1.2　碳钢、低合金钢的合金加入量计算

设已知钢水质量为 P kg，合金加入量为 G kg，合金成分为 $c\%$，合金收得率为 $\eta\%$，炉内钢水分析成分为 $b\%$，则合金加入量的成分 $a\%$ 可用下式表示：

$$a = \frac{Pb + Gc\eta}{P + G\eta} \qquad\qquad (6\text{-}14)$$

由式（6-14）可得：

$$G = \frac{P(a - b)}{(c - a)\eta} \qquad\qquad (6\text{-}15)$$

碳钢和低合金钢由于合金元素含量低，合金加入量少，合金用量对钢液总质量的影响可以忽略不计。合金加入量一般采用式（6-16）近似计算：

$$G = \frac{P(a - b)}{c\eta} \qquad\qquad (6\text{-}16)$$

式中　G ——合金加入量，kg；

$\quad\quad P$ ——钢液质量，kg；

$\quad\quad a$ ——合金元素控制成分，%；

$\quad\quad b$ ——炉内元素分析成分，%；

$\quad\quad c$ ——铁合金中的元素成分，%；

$\quad\quad \eta$ ——合金元素的收得率，%。

例 6-8　冶炼 45 钢，出钢量为 25800kg，炉内分析锰为 0.15%，要求将锰配到 0.65%，求需要加入多少含锰为 68% 的锰铁（锰的收得率按 98% 计算）？

解：锰铁加入量

$$G = \frac{25800 \times (0.65 - 0.15)\%}{68\% \times 98\%} = 193.6\,(\text{kg})$$

验算：

$$w_{[\text{Mn}]} = \frac{25800 \times 0.15\% + 193.6 \times 68\% \times 98\%}{25800 + 193.6} \times 100\% = 0.65\%$$

例 6-9　电弧炉氧化法冶炼 20CrMnTi 钢，炉料装入量为 18.8t，炉料综合收得率为 97%，有关计算数据如下，计算锰铁、铬铁、钛铁、硅铁的加入量。

元素名称	Mn	Si	Cr	Ti
控制成分/%	0.95	0.27	1.15	0.07
分析成分/%	0.60	0.10	0.50	
合金成分/%	65	75	68	30
元素收得率/%	95	95	95	60

解：炉内钢水量：

$$P = 18800 \times 97\% = 18236\,(\text{kg})$$

合金加入量：

$$G_{\text{Fe-Mn}} = \frac{18236 \times (0.95 - 0.60)\%}{65\% \times 95\%} = 103\,(\text{kg})$$

$$G_{\text{Fe-Si}} = \frac{18236 \times (0.27 - 0.10)\%}{75\% \times 95\%} = 44\,(\text{kg})$$

$$G_{\text{Fe-Cr}} = \frac{18236 \times (1.15 - 0.50)\%}{68\% \times 95\%} = 183(\text{kg})$$

$$G_{\text{Fe-Ti}} = \frac{18236 \times 0.07\%}{30\% \times 60\%} = 71(\text{kg})$$

验算：

钢水总量　　$P = 18236 + 103 + 44 + 183 + 71 = 18637(\text{kg})$

$$w_{[\text{Mn}]} = \frac{18236 \times 0.60\% + 103 \times 65\% \times 95\%}{18637} \times 100\% = 0.93\%$$

$$w_{[\text{Si}]} = \frac{18236 \times 0.10\% + 44 \times 75\% \times 95\%}{18637} \times 100\% = 0.27\%$$

$$w_{[\text{Cr}]} = \frac{18236 \times 0.5\% + 183 \times 68\% \times 95\%}{18637} \times 100\% = 1.12\%$$

$$w_{[\text{Ti}]} = \frac{71 \times 30\% \times 60\%}{18637} \times 100\% = 0.07\%$$

由上两例的计算结果可以看出，当钢中加入的合金量不大时，计算结果与预定的成分控制相符，如果合金加入量大时会产生偏差。

实际生产中，往往使用高碳铁合金调整钢液成分，通常要首先计算钢水增碳量，然后再计算元素增加量。方法步骤如下：

第一步，根据允许增碳量来计算加入合金量：

$$G = \frac{P\Delta C}{C_G} \qquad (6\text{-}17)$$

式中　　G——铁合金加入量，kg；

　　　　P——钢水量，kg；

　　　ΔC——增碳量，%；

　　　C_G——铁合金含碳量，%。

第二步，根据第一步算出的铁合金加入量，计算出合金元素成分的增量：

$$\Delta M = \frac{Gc\eta}{P} \qquad (6\text{-}18)$$

式中　　G——铁合金加入量，kg；

　　　　P——钢水量，kg；

　　　ΔM——合金元素的增量，%；

　　　　c——铁合金中元素成分，%；

　　　　η——合金元素成分的收得率，%。

第三步，根据上述计算结果，如果元素含量仍低，则需用中、低碳合金补加；如果元素含量超过，说明铁合金加入过多，应按 $G = P(a+b)/c\eta$ 计算。

例 6-10　冶炼 45 钢，钢水量 50t，吹氧结束终点碳为 0.39%，锰为 0.05%，现用含锰 68%、含碳 7.0% 的高碳锰铁调整，锰元素收得率为 97%，试进行计算。

解：需增碳 0.06%，计算出高碳锰铁加入量：

$$G_{\text{Fe-Mn}} = \frac{50000 \times 0.06\%}{7.0\%} = 428.6(\text{kg})$$

计算锰元素的增量：

$$w(\Delta Mn) = \frac{428.6 \times 68\% \times 97\%}{50000 + 428.6} = 0.56\%$$

根据计算含锰量为 $(0.56 + 0.05)\% = 0.61\%$，45 钢中锰的标准成分为 0.50% ~ 0.80%，所以符合要求。

6.4.2　单元高合金钢合金加入量计算

高合金钢由于合金元素含量较高，控制元素成分需要补加较多的合金量，这对钢液的总质量有很大的影响。即使有时合金用量虽然不大，但对元素的控制成分也有影响，所以高合金钢的补加合金元素用公式 $G = P(a+b)/(c-a)\eta$ 计算。这里的高合金钢是指单元合金元素含量大于 3% 或加上其他合金元素含量的总和大于 3.5% 的钢种。

例 6-11　返回吹氧法冶炼 3Cr13 钢，已知装料量为 25t，炉料的综合收得率为 96%，炉内分析铬的含量为 8.5%，铬的控制规格成分为 13%，铬铁中铬的成分为 65%，铬的收得率为 95%。求铬铁补加量。

解：

$$G_{Fe\text{-}Cr} = \frac{25000 \times (13 - 8.5)\%}{(65\% - 13\%) \times 95\%} = 2186(kg)$$

验算：

$$w_{[Cr]} = \frac{25000 \times 96\% \times 8.5\% + 2186 \times 65\% \times 95\%}{25000 \times 96\% + 2186 \times 95\%} \times 100\% = 12.99\%$$

这种方法也称减本身法。由计算得出，铬铁的补加量为 2186kg，并通过验算，符合要求。

例 6-12　返回吹氧法冶炼 2Cr13 钢，已知钢液重量为 30t，炉种分析碳含量为 0.15%，铬含量为 11%，要求碳控制在 0.19%，铬控制在 13%。如库存铬铁只有高碳铬铁和低碳铬铁两种，其中高碳铬铁的含碳量为 7.0%、含铬为 63%，低碳铬铁的含碳为 0.50%、含铬为 67%，铬的收得率都是 95%。求这两种铬铁各加多少？

解：设高碳铬铁的补加量为 $x$kg，低碳铬铁的补加量为 $y$kg。

碳达到控制成分的平衡为：

$$0.19\% = \frac{30000 \times 0.15\% + x \times 7.0\% + y \times 0.5\%}{30000 + (x+y)}$$

铬达到控制成分的平衡为：

$$13\% = \frac{30000 \times 11\% + x \times 63\% \times 95\% + y \times 67\% \times 95\%}{30000 + (x+y)}$$

整理两式得：

$$\begin{cases} 6.81x + 0.31y = 1200 \\ 46.85x + 50.65y = 60000 \end{cases}$$

解联立方程得：

$$\begin{cases} x \approx 128 \\ y \approx 1067 \end{cases}$$

由计算可知，加入高碳铬铁 128kg，低碳铬铁 1067kg，可使钢中碳含量达到 0.19%，铬含量达 13%。

这种计算方法又称为纯含量计算法。

6.4.3　多元高合金钢合金加入量计算

这种钢类的特点是钢中元素的种类多，而且含量也高，所以每一种合金元素加入对其他元素在钢中的影响很大，用上述公式简单的分别计算是达不到要求的。现介绍几种计算方法。

6.4.3.1　补加系数法

补加系数即某种合金在钢液中所占的比分，所以也称为比分系数。补加系数是计算每加入100kg合金料，要配成合乎规格的钢液，需要配入的某种合金的量。

计算补加系数的方法如下：

$$各项合金占有 = 规格/合金成分 \times 100\%$$

$$纯钢水占有 = 100\% - 各项合金占有之和\%$$

$$补加系数 = 合金占有\% / 纯钢水占有\%$$

例 6-13　冶炼0Cr18Ni9Nb时，钢液重15000kg，钢的化学成分如下：

元素	C	Si	Mn	Cr	Ni	Nb
控制成分/%	0.06	0.65	1.50	19.00	9.50	0.50
分析成分/%	0.06	0.06	1.50	17.00	8.90	0.48

选用的合金成分及收得率如下：

合金名称	元素含量/%	收得率/%
电解镍	99.9	100
微碳铬铁	69.8	98
铌铁	49.6	95
金属锰	99.4	95
硅铁	44.5	90

解：第一步，求出合金补加系数。

各项合金占有：

$$w(\text{Fe-Cr}) = \frac{19\%}{69.8\%} \times 100\% = 27.22\%$$

$$w(\text{Ni}) = \frac{9.5\%}{99.9\%} \times 100\% = 9.51\%$$

$$w(\text{Fe-Nb}) = \frac{0.5\%}{49.6\%} \times 100\% = 1.01\%$$

$$w(\text{Mn}) = \frac{1.5\%}{99.4\%} \times 100\% = 1.51\%$$

$$w(\text{Fe-Si}) = \frac{0.65\%}{44.5\%} \times 100\% = 1.46\%$$

纯钢水占有：$100\% - (27.22 + 9.51 + 1.01 + 1.51 + 1.46)\% = 59.29\%$

各项合金补加系数：

$$Fe-Cr \quad 27.22/59.29 = 0.459$$
$$Ni \quad 9.51/59.29 = 0.16$$
$$Fe-Nb \quad 1.01/59.29 = 0.017$$
$$Mn \quad 1.51/59.29 = 0.025$$
$$Fe-Si \quad 1.46/59.29 = 0.0246$$

第二步，按照单一元素计算合金补加量：

$$Fe-Cr = \frac{15000 \times (19-17)\%}{69.8\% \times 98\%} = 439(kg)$$

$$Ni = \frac{15000 \times (9.5-8.9)\%}{99.9\% \times 100\%} = 90(kg)$$

$$Nb = \frac{15000 \times (0.5-0.48)\%}{49.6\% \times 95\%} = 6.4(kg)$$

$$Mn = \frac{15000 \times (1.5-1.5)\%}{99.4\% \times 95\%} = 0(kg)$$

$$Si = \frac{15000 \times (0.65-0.60)\%}{44.5\% \times 90\%} = 18.7(kg)$$

合计：

$$439 + 90 + 6.4 + 0 + 18.7 = 554.1(kg)$$

另外需配加：

Cr 554.1×0.459 = 254.3(kg)

Ni 554.1×0.16 = 88.7(kg)

Nb 554.1×0.017 = 9.4(kg)

Mn 554.1×0.025 = 13.9(kg)

Si 554.1×0.0246 = 13.6(kg)

共需补加合金：

Cr 439+254.3 = 693.3(kg)

Ni 90+88.7 = 178.7(kg)

Nb 6.4+9.4 = 15.8(kg)

Mn 0+13.9 = 13.9(kg)

Si 18.7+13.6 = 32.3(kg)

共加入合金料934kg。总的钢水量为：

$$15000 + 934 = 15934(kg)$$

验算：

$$w(Cr) = \frac{15000 \times 17\% + 693.3 \times 69.8\% \times 98\%}{15934} = 18.98\%$$

$$w(Ni) = \frac{15000 \times 8.9\% + 178.7 \times 99.9\%}{15934} = 9.5\%$$

$$w(\text{Nb}) = \frac{15000 \times 0.48\% + 15.8 \times 49.6\% \times 95\%}{15934} = 0.5\%$$

$$w(\text{Mn}) = \frac{15000 \times 1.50\% + 13.9 \times 99.4\% \times 95\%}{15934} = 1.49\%$$

$$w(\text{Si}) = \frac{15000 \times 0.60\% + 32.3 \times 44.5\% \times 90\%}{15934} = 0.65\%$$

验算结果符合要求。

在实际生产中，冶炼钢种的控制成分和所使用的合金料成分是已知的，所以补加系数在事先就计算好，炼钢工计算合金只要按第一步、第二步、第三步计算即可。所以补加系数法看起来复杂，实际计算时方便而精确，是十分有效的方法。

6.4.3.2　拉配法

拉配法原则上是用减本身法（$G = \dfrac{P(a-b)}{(c-a)\eta}$）计算，它又可分为多次补加法和反复拉补法两种。

A　多次补加法

用减本身法分别计算 A、B、C 合金的加入量，合金加入后使 A、B、C 等元素含量降低，所以分别计算 A、B、C 合金的补加量，补加合金加入后又使它们的含量降低，为此要再次分别计算合金的补加量……经过反复多次补加直至接近规格要求，所以称多次补加法。

例 6-14　电弧炉返回吹氧法冶炼 1Cr18Ni9Ti，钢水量为 17t，根据所给出的已知条件，用拉配法计算，需加入多少合金才能使成品达到要求？

已知数据如下：

元素	Cr	Ni	Mn	Ti
成品要求/%	17.6	10.2	1.1	0.5
分析成分/%	17.2	9.8	0.9	
合金成分/%	65	99	98	30
合金收得率/%	95	98	98	60

解： 首先计算各合金的初加量：

$$\text{Fe-Cr} = \frac{17000 \times (17.6 - 17.2)\%}{(65 - 17.2)\% \times 95\%} = 151(\text{kg})$$

$$\text{Ni} = \frac{17000 \times (10.2 - 9.8)\%}{(99 - 10.2)\% \times 98\%} = 78(\text{kg})$$

$$\text{Mn} = \frac{17000 \times (1.1 - 0.9)\%}{(98 - 1.1)\% \times 98\%} = 36(\text{kg})$$

$$\text{Fe-Ti} = \frac{17000 \times 0.5\%}{(30 - 0.5)\% \times 60\%} = 480(\text{kg})$$

第一次拉补，对加入镍、钛铁和金属锰后，补加铬铁：

$$\text{Fe-Cr} = \frac{(78 + 480 + 36) \times 17.6\%}{(65 - 17.6)\% \times 95\%} = 232(\text{kg})$$

对加入铬铁、钛铁和金属锰后，补加镍：

$$Ni = \frac{(151+480+36) \times 10.2\%}{(99-10.2)\% \times 98\%} = 78(kg)$$

对加入镍、铬铁和金属锰后，补加钛铁：

$$Fe\text{-}Ti = \frac{(151+78+36) \times 0.5\%}{(30-0.5)\% \times 60\%} = 8(kg)$$

对于加入铬铁、镍和钛铁后，补加金属锰：

$$Mn = \frac{(151+78+480) \times 1.1\%}{(98-1.1)\% \times 98\%} = 8(kg)$$

合金补加总量：

$$Fe\text{-}Cr = 151+232 = 383(kg)$$

$$Ni = 78+78 = 156(kg)$$

$$Fe\text{-}Ti = 480+8 = 488(kg)$$

$$Mn = 36+8 = 44(kg)$$

验算：

$$钢水总量 = 17000+383+156+488+44 = 18701(kg)$$

$$w_{[Cr]} = \frac{17000 \times 17.2\% + 383 \times 65\% \times 95\%}{18701} \times 100\% = 17.49\%$$

$$w_{[Ni]} = \frac{17000 \times 9.8\% + 156 \times 99\% \times 98\%}{18701} \times 100\% = 10.06\%$$

$$w_{[Ti]} = \frac{17000 \times 0 + 488 \times 30\% \times 60\%}{18701} \times 100\% = 0.49\%$$

$$w_{[Mn]} = \frac{17000 \times 0.9\% + 44 \times 98\% \times 98\%}{18701} \times 100\% = 1.08\%$$

验算结果与要求成分的误差为：

$$w(Cr) = 17.2\% - 17.49\% = 0.29\%$$

$$w(Ni) = 10.2\% - 10.06\% = 0.14\%$$

$$w(Ti) = 0.5\% - 0.49\% = 0.01\%$$

$$w(Mn) = 1.1\% - 1.08\% = 0.02\%$$

由计算可见，通过一次补加后，铬、镍与要求成分的误差较大，所以有必要进行二次补加。

第二次拉补，对补加镍、钛和金属锰后，第二次补加铬铁：

$$Fe\text{-}Cr = \frac{(78+8+8) \times 17.6\%}{(65-17.6)\% \times 95\%} = 37(kg)$$

对补加铬铁、钛铁和金属锰后，第二次补加镍：

$$Ni = \frac{(232+8+8) \times 10.2\%}{(99-10.2)\% \times 98\%} = 29(kg)$$

对补加镍、铬铁和金属锰后，第二次补钛铁：

$$Fe\text{-}Ti = \frac{(232+78+8) \times 0.5\%}{(30-0.5)\% \times 60\%} = 9(kg)$$

对补加铬铁、镍和钛铁后，第二次补金属锰：

$$Mn = \frac{(232+78+8) \times 1.1\%}{(98-1.1)\% \times 98\%} = 4(kg)$$

合金补加量：

$$Fe\text{-}Cr = 151 + 232 + 37 = 420(kg)$$

$$Ni = 78 + 78 + 29 = 185(kg)$$

$$Fe\text{-}Ti = 480 + 8 + 9 = 497(kg)$$

$$Mn = 36 + 8 + 4 = 48(kg)$$

验算：

$$钢水总量 = 17000 + 420 + 185 + 497 + 48 = 18150(kg)$$

$$w_{[Cr]} = \frac{17000 \times 17.2\% + 420 \times 65\% \times 95\%}{18150} \times 100\% = 17.54\%$$

$$w_{[Ni]} = \frac{17000 \times 9.8\% + 185 \times 99\% \times 98\%}{18150} \times 100\% = 10.17\%$$

$$w_{[Ti]} = \frac{17000 \times 0 + 497 \times 30\% \times 60\%}{18150} \times 100\% = 0.493\%$$

$$w_{[Mn]} = \frac{17000 \times 0.9\% + 48 \times 98\% \times 98\%}{18150} \times 100\% = 1.097\%$$

从验算结果可以看出，经过二次补加后，离目标值误差缩小，但仍不够理想，可以进行第三次补加。所以拉配法次数越多，越接近目标控制要求。通常经过 2 ~ 3 次拉配后，误差就不大了。

B　反复拉补法

首先计算 A 合金的补加量，A 合金加入后将使 B 元素含量降低，因此 B 元素补加合金，B 元素合金补加后又使 A 元素含量降低，则又补加 A 合金……这样反复拉补合金元素的计算称为反复拉补法。元素含量降低的计算公式为：

$$\Delta M = \frac{MG}{P+G} \times 100\% \tag{6-19}$$

式中　　ΔM——元素含量降低值，%；

　　　　M——元素含量炉内分析值，%；

　　　　G——其他元素合金加入量，kg；

　　　　P——钢液质量，kg。

例 6-15　冶炼 0Cr18Ni10，钢液质量为 24t，还原期炉内分析成分为：$w(Cr) = 16\%$、$w(Ni) = 10\%$；铁合金成分为：铬铁含 $w(Cr) = 65\%$、镍板含 $w(Ni) = 99\%$。钢的元素控制规格成分：$w(Cr) = 17.5\%$、$w(Ni) = 10.5\%$。为计算方便起见，铬、镍的收得率为 100%，要求用反复拉补法计算合金补加量。

解：铬铁第一次补加量计算：

$$Fe\text{-}Cr = \frac{24000 \times (17.5 - 16.0)\%}{(65 - 17.5)\%} = 757.89(kg)$$

补加 757.89kg 铬铁后，镍含量降低值：

$$w(\Delta Ni) = \frac{10\% \times 757.89}{24000 + 757.89} \times 100\% = 0.306\%$$

镍板第一次补加量：

$$Ni = \frac{(24000+757.89) \times [10.5-(10-0.306)]\%}{(99-10.5)\%} = 225.48(kg)$$

补加 225.48kg 镍板后，铬含量降低值：

$$w(\Delta Cr) = \frac{17.5\% \times 225.48}{24000+757.89+225.48} \times 100\% = 0.158\%$$

计算第二次铬铁补加量：

$$Fe-Cr = \frac{(24000+757.89+225.48) \times 0.158\%}{(65-17.5)\%} = 83.10(kg)$$

补加 83.10kg 铬铁后，镍含量第二次降低值：

$$w(\Delta Ni) = \frac{10.5\% \times 83.10}{24000+757.89+225.48+83.10} \times 100\% = 0.0348\%$$

计算镍板第二次加入量：

$$Ni = \frac{(24000+757.89+225.48+83.10) \times 0.0348\%}{(99-10.5)\%} = 9.86(kg)$$

因第二次镍板量较少，固对铬含量影响已较小，不再往下计算。所以得出：

铬铁补加总量为 757.89+83.10≈841(kg)

镍板补加总量为 225.48+9.86≈235(kg)

验算：

$$w_{[Cr]} = \frac{24000 \times 16\% + 841 \times 65\%}{24000+841+235} \times 100\% = 17.49\%$$

$$w_{[Ni]} = \frac{24000 \times 10\% + 235 \times 99\%}{24000+841+235} \times 100\% = 10.5\%$$

6.4.4　钢液分析成分高于计算成分时的计算

6.4.4.1　用补加铁合金或纯铁进行计算

钢中如果有一种或两种元素含量高出规格，而其他元素含量偏低时，可利用补加这些元素合金的总量进行计算。

例 6-16　返回吹氧法冶炼 W18Cr4V，已知钢液质量为 8610kg 炉内分析成分：碳 0.73%，硅 0.20%，锰 0.20%，钨 16%，铬 4.6%，钒 0.17%。铁合金成分：高碳锰铁含碳 8.1%，含锰 67%，硅铁中含硅 78%，钨铁中含钨 77%，钒铁中含钒 42%。为了计算方便元素收得率都为 100%。钢的控制成分：碳 0.74%，钨 18.1%，铬 4.23%，钒 1.2%，硅和锰均小于 0.40%。求将铬含量由 4.6% 降到 4.23% 时各种合金的补加量。

解：首先计算将钢中的铬含量由 4.6% 降到 4.23% 时，需补加各种铁合金的总量：

$$\Sigma G = \frac{8610 \times (4.6-4.23)\%}{4.23\%} = 753.12(kg)$$

用高碳锰铁调整碳含量：

$$G_{Fe-Mn} = \frac{8610 \times (0.74-0.73)\%}{(8.1-0.74)\%} = 11.7(kg)$$

钢中锰含量为：

$$w_{[Mn]} = 0.20\% + \frac{11.7 \times (67 - 0.20)\%}{8610} = 0.29\% < 0.4\%,符合要求$$

钨铁补加量：

$$G_{Fe-W} = \frac{8610 \times (18.1 - 16.0)\% + (753.12 + 11.7) \times 18.1\%}{77\%} = 414.6(kg)$$

钒铁的补加量：

$$G_{Fe-V} = \frac{8610 \times (1.2 - 0.17)\% + (753.12 + 11.7 + 414.6) \times 1.2\%}{42\%} = 244.85(kg)$$

钨铁的第二次补加量：

$$G_{Fe-W} = \frac{244.85 \times 18.1\%}{(77 - 18.1)\%} = 75.24(kg)$$

钒铁的第二次补加量：

$$G_{Fe-V} = \frac{75.24 \times 1.2\%}{(42 - 1.2)\%} = 2.21(kg)$$

现钢中碳、锰、钨、钒含量已符合规格要求，它们补加的总量为：

$$11.7 + 414.6 + 244.85 + 75.24 + 2.21 = 748.6(kg)$$

这一数值与降铬需补加的合金总量还差 4.52kg，考虑到钢中硅含量不高，可用硅铁补加。补加后钢中的硅含量为：

$$w_{[Si]} = 0.20\% + \frac{4.52 \times (78 - 0.20)\%}{8610 + 753.12} = 0.26\% < 0.4\%,符合要求$$

如果硅含量超过规格，可改用纯铁。

通过计算可得知，为了使钢中铬降到要求的含量，应补加的铁合金及其数量为：

　　高碳锰铁：11.7kg

　　硅铁：4.5kg

　　钨铁：489.84kg

　　钒铁：247.06kg

6.4.4.2　正负调差法

钢中某些合金元素含量高于规格要求，某些合金元素成分低于规格要求，除了上述方法外，采用正负调差法有其独特的优点。

这种方法适用于化学成分规格范围较窄的多元素高合金钢及精密合金等。计算精确简便，易于掌握。

例 6-17　冶炼 4J29 合金，钢水量为 4000kg，合金化采用纯镍、纯钴、纯锰、金属铬和纯铁。成分情况如下：

元素	Ni	Co	Mn	Cr
控制要求/%	29.1	17.3	0.25	0.13
还原分析/%	29.55	17.0	0.20	0.08

进行成分调整，计算合金补加量。

解：从所给条件看出，合金中的镍含量已超出规格要求，现进行正负调差。

合金调差：

$$Ni \quad 4000×(29.1-29.55)\% =-18(kg)$$
$$Mn \quad 4000×(0.25-0.20)\% =2(kg)$$
$$Co \quad 4000×(17.3-17)\% =12(kg)$$
$$Cr \quad 4000×(0.13-0.08)\% =2(kg)$$

炉内平衡：假想取出18kg镍，再加上18kg所需合金，即加入12kg钴，2kg金属铬，2kg锰，所缺可加2kg纯铁，达到假想平衡。

炉外平衡：由于炉内纯镍不可能取出，可假想在炉外为18kg纯镍配制4J29钢，其钢液量为18/29.1%=62kg。其中需要：

$$Co=62×17.3\% =10.7(kg)$$
$$Fe=62-18-10.7=33.3(kg)$$

锰、铬因含量很低可不考虑。

合金配料平衡如表6-2所示。

表6-2 合金配料平衡表

元 素	炉内平衡/kg	炉外平衡/kg	总加入量/kg
Ni	-18	18	0
Co	12	10.7	22.7
Mn	2	0	2
Cr	2	0	2
Fe	2	33.3	35.3
Σ	0	62	62

验算：

$$出钢量=4000+62=4062(kg)$$
$$w(Ni)=(4000×29.55\%)/4062×100\% =29.1\%$$
$$w(Co)=(4000×17\% +22.7×100\%)/4062×100\% =17.3\%$$

6.5 合金钢的冶炼和操作

6.5.1 合金结构钢的冶炼

合金结构钢是工农业生产中应用最广泛的一类钢，机械制造、汽车、拖拉机、航空、造船以及建筑部门用合金结构钢来制造承受各种载荷的构件。其品种多，产量高，据统计目前世界上合金结构钢的产量已接近钢总产量的10%，并占合金钢产量的45%以上。这说明合金结构钢在发展工农业中占有相当重要的地位。

6.5.1.1 含钛合金结构钢

以20CrMnTi为例。20CrMnTi是含钛合金结构钢的一种。铬锰钛钢经渗碳和适当热处理后，可获得良好的力学性能，构件表面硬而耐磨，中心强度高而韧性好，并具有变形量小及加工性能良好等优点，所以可用来制造形状复杂的零件，如汽车、拖拉机上的齿轮和轴。又因为不含贵重元素，能够代替某些铬镍钢和铬镍铂钢，所以得到广泛的应用。如表6-3 所示。

表 6-3　20CrMnTi 的化学成分和控制成分　　　　　　　　　　（%）

元素	C	Mn	Si	Cr	Ti	S	P	Ni	Cu
标准成分	0.17/ 0.24	0.80/ 1.10	0.20/ 0.40	1.00/ 1.30	0.06/ 0.12	≤0.040	≤0.040	≤0.35	≤0.30
控制成分	0.18/ 0.20	0.85/ 0.95	0.20/ 0.28	1.10/ 1.20	0.07/ 0.09	尽量低	尽量低		

A　操作要点

本钢种含钛，重点应在钛的合金化上，同时也要充分考虑脱碳除气和成分的搭配。

冶炼 20CrMnTi 一定要在炉体情况良好的条件下，采用氧化法冶炼，其要点如下：

（1）氧化期。氧化加矿温度不低于 1550℃，采用矿氧结合脱碳，脱碳量应大于 0.30%，脱碳速度要大于 0.01% C/min，并要做到高温均匀沸腾，自动流渣，使能充分脱磷、去气和去除杂质。由于该钢种的含碳量较低，应防止"过氧化"，净沸腾时间应大于 10min，并保持钢中锰含量大于 0.20%，达到部分预脱氧的目的。

（2）还原期：

1）扒渣条件。扒渣温度为 1600～1620℃，$w_{[P]} \leq 0.015\%$，其他元素符合要求。

2）脱氧还原。在裸露的钢液面上加 Ca-Si 块 0.5kg/t，进行预脱氧，稀薄渣下插铝 0.5～1.0kg/t，并用碳粉、Fe-Si 粉扩散脱氧，白渣时间应大于 30min。还原期使用的脱氧剂必须充分的干燥，颗粒细小、品位要高。圆杯样钢液收缩情况要好，$w(FeO) \leq 0.4\%$。

3）合金化。锰铁应在稀薄渣下加入，铬铁应在还原初期加入，钛铁应在出钢前 5～10min 加入。加钛铁前向钢液插铝 0.8kg/t。

4）出钢温度。通常为 1600～1640℃。

B　冶炼工艺分析

20CrMnTi 的冶炼温度较高，钢液中的磷含量尽量要低。氧化渣要扒除干净，以防止在还原期回磷，引起冲击韧性降低。磷对钢的冲击韧性影响较大，如图 6-1 所示。

a　合金成分对性能的影响

20CrMnTi 一类的钢，其力学性能与化学成分有很大关系，特别是钢中碳和钛的含量。图 6-2 及图 6-3 是碳和钛对力学性能影响的关系图。

从图 6-2 及图 6-3 可以明显地看出，钛的含量对力学性能影响是较大的。随着含碳量的增

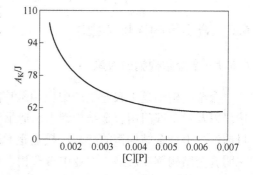

图 6-1　20CrMnTi 钢中含量对冲击功的影响

加，强度极限 σ_b 增高，而断面收缩率 ψ、伸长率 δ 及冲击功 A_K 却降低。随着含钛量的增加，σ_b 降低，而 ψ、δ 及 A_K 值却增高。为了取得良好的综合力学性能。这就需要合理地控制钢中碳及钛的含量。

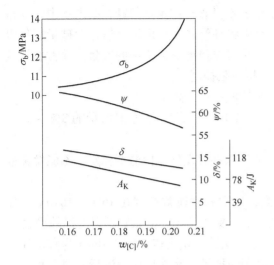

图 6-2　碳对铬锰铁钢力学性能的影响

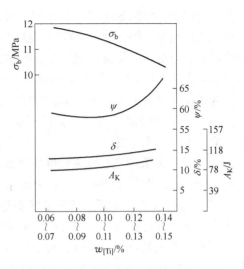

图 6-3　碳对铬锰钛钢力学性能的影响

近来有人提出"碳钛差"的概念，认为钢中含碳量减去含钛量的值在 0.10% ± 0.020% 时能够获得较好的综合力学性能。当"碳钛差"低($w([C]-[Ti])<0.1\%$，即碳低钛高）时，钢中容易形成较多钛的复合碳化物，这种碳化物在一般淬火温度下很难溶于固溶体中，于是造成淬火钢基体的含碳量与合金元素含量减少，使钢的强度降低。同时，由于数量较多的难溶碳化物，阻碍了奥氏体晶粒长大，影响淬透性，增加了钢中铁素体量，使塑性和韧性略有改善。但钛含量过高，溶入铁素体中的钛含量增加，将使塑性降低。当"碳钛差"高（$w([C]-[Ti])>0.12\%$，即碳高钛低）时，钢的强度提高，而塑性和韧性都降低。这是因为钛含量低时，钢中形成的钛的复合碳化物就少，基体中固溶碳和合金元素相应增加，因而淬火后硬度就高。同时，由于钛的复合碳化物质点少，淬火加热时，晶粒容易长大，组织变粗，结果使钢的韧性和塑性降低。只有"碳钛差"在 0.10% ±0.02% 时，钢中能形成适度的弥散复合碳化物质点，既能保证钢的淬透性，又能获得较细的淬火组织，因而能获得理想的综合力学性能。

控制一定的"碳钛差"还可以获得较好的低倍组织，减少铁偏析。

铬、锰是主加元素，起到提高基体强度和增加淬透性的作用。而钛的加入使钢中晶粒细化，防止渗碳时的晶粒长大倾向，并提高了钢的强度和韧性。

铬的含量要与碳及钛密切配合，即中下限的碳和钛配入中下限的铬（1.10% ~ 1.12%），上限的碳和钛，需配入上限的铬（1.21% ~1.30%），只有这样才能获得良好的综合力学性能。

铬与氧的亲和力比铁与氧的亲和力大，也就是铬比铁容易氧化。如果在熔化期和氧化期加入铬铁，会被氧化，不仅造成合金元素的损失，而且使炉渣变得黏稠，影响去磷和冶炼操作，所以铬铁要在还原初期加入。加入后，如炉渣变成绿色，说明炉渣脱氧不良，必须加强还原，把渣中的氧化铬还原，还原良好后，炉渣仍变成白色。

　　b　钛的合金化

加钛前要插铝 0.8kg/t，目的是进一步脱氧固氮。加入钛铁后，由于钛和氧的亲和力很强，使得炉渣中的 SiO_2 进一步还原，再加上钛铁本身含有一定量的硅，结果钢中含硅量必将大大地增加。因而含硅量控制不能过高，否则将导致硅的高出格。但是含硅量控制也不能过低，过低将使钢液脱氧不良，增加钛的氧化损失和钢中夹杂物的数量。通常加钛铁后"回硅"0.1%左右，所以钢中含硅量一般都按下限控制。

为了保证钛铁回收率的稳定，加钛铁前，必须做到4个固定：

（1）渣量和碱度要固定。炉渣不能过稀，整个还原期的渣量为钢水量的 3% ~ 4% ，碱度应控制在 3.5 左右。

（2）炉渣的流动性和脱氧程度要固定。炉渣流动性要良好，白渣要稳定，不能发黄或发灰。同时必须做到 $w(FeO)$ ≤0.4% 。

（3）钢液温度要固定。钢液温度要足够高，出钢温度通常控制在 1600 ~ 1640℃ ，比相同含碳量的钢要稍高一些。这是因为钛铁加入后，钢水发黏，夹杂物难以上浮的缘故。

（4）钛铁的块度和加入的方法、时间要固定。钛铁的块度以 50 ~ 150mm 为宜，如过大或呈粉末状均对回收率有影响。加钛铁前，必须先插铝，钛铁加入熔池后需要用耙子敲打钛铁，将其压入钢液中，减少氧化烧损。同时，可用少量硅铁粉还原，在加钛铁后的 5 ~ 10min 内必须出钢，出钢前应充分搅拌钢液，做到钢渣同出，回收率一般为 40% ~ 60% 。

C　主要质量问题

低倍夹杂是 20CrMnTi 钢的常见缺陷之一，俗称"钛空隙"。它的成因是由于钢中的 TiO_2 和 TiN 的聚集。钢液脱氧不良，钛铁加入钢液后易生成 TiO_2 和 TiN ，在镇静过程中未能充分上浮而存在于钢内。在出钢过程中，二次氧化也会生成 TiO_2 和 TiN 而存在于钢内。于是，形成"钛空隙"。

消除"钛空隙"的有效途径，主要是加强钢液的脱氧固氮操作，其次是要保证钛铁的全熔，避免钛铁在出钢过程中燃烧。钢渣必须同出，严禁散流，减少钢液的二次氧化。出钢温度也要合适，保证钢液有一定的镇静时间，以利于夹杂物上浮。

力学性能不合格主要是冲击功 A_K 值达不到要求，这与钢的化学成分控制有极大关系。在冶炼过程中，就应该按要求控制好化学成分。

综上所述，为了保证 20CrMnTi 钢有较高的综合力学性能，碳应控制在 0.18% ~ 0.20% 范围内，钛需在 0.07% ~ 0.09% ，含锰量应在中上限，含铬量应在中下限，硫和磷应尽量降低。

6.5.1.2　含硼合金结构钢

以 50BA 为例。硼是我国蕴藏量非常丰富的元素之一，它与氧、氮的亲和力很强，仅次于铝和钛，与碳能形成碳硼化合物。经实践证明，钢中加入微量的硼，能够代替部分铬、镍、铂的作用，大大提高钢的淬透性。但是只有以固溶状态存在的硼才能提高钢的淬透性，当钢液脱氧去氮不良时，会形成氧化硼和氮化硼，使这部分硼成为不能提高淬透性的无效硼。因此，冶炼硼钢的关键是最大限度地降低钢中氧和氮的含量。硼钢主要用于制造汽车、飞机和轻武器的零部件。50BA 钢是硼钢的一个典型钢种，其化学成分和控制成分如表6-4所示。

表 6-4　50BA 的化学成分和控制成分　　　　　　　　　　　　（%）

元素	C	Mn	Si	Cr	Ti	S	P	Ni	B	Cu
标准成分	0.47/0.54	0.50/0.90	0.17/0.37	≤0.25	<0.05	≤0.030	≤0.035	≤0.25	0.001/0.004	≤0.25
控制成分	中下限	中上限	中限	≤0.25	>0.03	尽量低	尽量低	≤0.25	下限	≤0.25

A　操作要点

采用氧化法冶炼，重点是硼的合金化，冶炼工艺要点如下：

氧化期：脱碳量应该大于 0.30%，真正做到高温均匀沸腾，以便除气（特别是氮气）。净沸腾调锰至 0.20%。

还原期：稀薄渣下插铝 1kg/t，渣量要合适，一般采用硅铁粉，碳粉还原（含钛的硼钢，则采用硅钙粉还原）白渣保持时间为 40min，$w(FeO)$ ≤0.4%，最后脱氧固氮保硼的操作按 Al-Ti-B 的次序进行，即插铝 1.2kg/t 左右，加钛铁 0.06%~0.08%（不计烧损），硼铁按 0.0035%~0.005% 加入，出钢温度为 1580~1600℃。

B　冶炼工艺分析

a　脱氧固氮保硼

还原后期需要进行插铝加钛铁加硼铁的操作，而铝、钛、硼均为易氧化元素，与氧和氮的亲和力很强，所以氧化期必须做到高温均匀沸腾，达到除气的目的。还原期脱氧工作应十分认真，不然会影响硼的回收率，从而造成化学元素的低出格。该操作一般有两种方法。

一种是先插铝 1.2kg/t 左右，进行沉淀脱氧，搅拌后加入 0.06%~0.08% 的钛铁，用以固氮。再一次充分搅拌后，停电向钢液插入用铝皮包好的 0.0035%~0.005% 的硼铁。随后立即搅拌出钢（约 1~2min 内出钢），硼的回收率一般为 30%~50%。硼铁的块度以 50mm 为宜，太大、太小都会影响硼的回收率。此方法目前较常用。

另一种是硼铁加入盛钢桶内。方法如下：摇炉出钢时，采用挡渣出钢，钢液倒出三分之一时，将硼铁随钢流加入盛钢桶内，然后钢渣同出，回收率一般为 40%~60%。但用此法操作不易掌握。由于硼铁加入时，不容易随钢流进入盛钢桶，故波动较大，偏析也大。此法目前较少采用。

出钢时，能用氩气保护更好。

b　控制合适的出钢温度

50BA 钢应是中温快速浇铸，因为 50BA 钢含有一定量的钛和硼，它们是易氧化元素，所以出钢温度不宜过高。但温度过低，不能保证足够的镇静时间，夹杂物上浮排除就困难。因而出钢温度为 1580~1600℃ 为宜。

C　主要质量问题

硼回收率不稳定。影响硼回收率的因素很多，主要是冶炼过程中的除气和脱氧固氮操作。由于操作不当，有时回收率仅达 10%，这样就无法控制合适的加硼量。为此，必须严格按照工艺要求操作。实践证明，$w_{[Ti]}$ >0.03% 时，硼的回收率就大为提高，如表 6-5 所示。

表 6-5　钢中残余钛对 50BA 钢淬透性的影响

残余钛含量（质量分数）/%	<0.020	0.020 ~ 0.029	0.030 ~ 0.039	≥0.040
检验批数	25	137	97	36
一次合格数	16	125	94	35
一次合格率/%	64	91.24	96.9	97.2

目前 50BA 钢的标准成分中硼的含量是在 0.001% ~ 0.004% 之间，但根据国外报道和国内许多钢厂的科研结果，并经生产实践证明，硼的最佳含量应在 0.0005% ~ 0.002% 之间，（指浇钢时，圆杯样的"酸溶硼"）。由此看来，硼钢标准成分中所要求的硼含量有降低的趋势（除一些特殊性能的硼钢外）。由图 6-4 所示的淬透系数中，可以明显地看出，当硼含量大于 0.001% 时不再提高钢的淬透性。

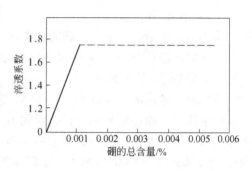

图 6-4　硼对中碳钢淬透系数的影响

力学性能不稳定。从目前情况来看，淬透性一般不存在问题，只要有微量的硼，即可保证淬透性合格。但冲击功 A_K 值往往出现波动，这与钢中的含碳量和含硼量有关。随着钢中含碳量和含硼量的增多，特别当 $w_{[B]} > 0.003\%$ 时，碳硼化合物沿着奥氏体晶界析出，形成断续的网状，导致钢材的冲击韧性下降（称为"硼脆"现象）。

钢中含硼量偏高时，可采用预先正火（900 ~ 950℃）处理来改善钢材的综合力学性能，但 A_K 值仍不如含硼量低的硼钢高。

综上所述，根据目前的部颁标准，为获得 50BA 的良好综合性能，化学成分的控制应如下：

C：中下限；Mn：中上限；Ti：0.03% ~ 0.05%；B：下限。

6.5.1.3　含铝合金结构钢

以 38CrMoAl 为例。含铝合金结构钢是一种氮化钢，经渗氮化学处理后，钢的氮化层中形成氮化铝（AlN），依靠 AlN 的弥散硬化作用来提高表面的硬度和强度。同时，形成的氮化物热稳定性也很高，一般在 600 ~ 650℃时仍能保持一定的硬度。经氮化的零件经久耐用，性能较好，缺点是氮化处理操作复杂，成本较高，通常用来制造有特殊要求的零部件。典型钢种 38CrMoAl 常用来制造汽缸套、齿轮、高压阀门、蜗杆和磨床主轴等。

铬、钼在 38CrMoAl 钢中能防止含铝钢晶粒粗大倾向及提高钢的强度和淬透性。铬能改善钢表面氧化膜的致密性，防止钢材表面的继续氧化。钼能改善钢表面氮化层的组织，使钢具有耐热性，并消除钢在氮化过程中的回火脆性。38CrMoAl 钢的化学成分如表 6-6 所示。

表 6-6　38CrMoAl 钢的标准化学成分　　　　　（%）

元素	C	Mn	Si	Cr	Mo	Al	P、S	Ni	Cu
标准成分	0.35/ 0.42	0.30/ 0.60	0.20/ 0.40	1.35/ 1.65	0.15/ 0.25	0.70/ 1.10	≤0.040	≤0.35	≤0.30

A　操作要点

本钢种含铝，重点应在铝合金化上，通常采用氧化法冶炼。

氧化期：应做到高温均匀激烈沸腾，脱碳量应大于0.30%，而且要有一定的脱碳速度，以利充分去除钢液中的气体和夹杂，这对减少点状偏析极为重要。净沸腾调锰至0.20%，扒渣时［P］为0.01%。

还原期：稀薄渣下插铝1kg/t进行预脱氧。因为加铝后回硅量较多，所以稀薄渣料不能采用火砖块和硅石，只能用石灰和萤石造渣，保证炉渣有较高的碱度，配比为石灰∶萤石=2∶(0.8~1.0)，渣量一般为料重的3%左右。

还原期造白渣或弱电石渣。在$w(FeO) \leq 0.4\%$及调整好合金元素成分（除铝外）后，扒除全部还原渣。但因扒渣后钢液的热量损失很大，所以扒渣前温度必须足够高（不小于1610℃）。实际操作中，为了减少钢液热量的损失和气体的吸收，有些厂也采用扒除80%左右的还原渣。扒渣后，尽快加入铝锭，回收率按70%~85%计算。铝锭全部加入后，边用耙子敲打铝锭边用小块石灰和适量萤石造新渣，并搅拌钢液，渣量约为料重的2.5%。也可用Al_2O_3粉和少量小块石灰造渣。炉渣形成后，可用铝粉还原，使炉内保持良好的还原气氛。加铝后7~10min内出钢，倒钢速度要比一般钢种快，渣钢必须同出，以便减少二次氧化和减少铝在出钢过程中的烧损。

B　冶炼工艺分析

a　铝的合金化

冶炼38CrMoAl时，化学成分中的铝和硅是比较难控制的，由于铝是极易氧化的元素，加入炉内后，除本身损失外，还会将炉渣中的SiO_2还原，使钢液增硅。一般情况下，铝加入后增硅在0.10%左右，因而在加铝前，钢液中的含硅量不能太高，过高容易造成硅高脱格报废，以控制在下限为宜。加铝前钢液脱氧不良，将使铝大量烧损，造成铝的回收率不稳定，同时产生大量铝的氧化物夹杂，造成严重的低倍缺陷。

加铝前必须做到$w(FeO) \leq 0.35\%$，并按规定扒除还原渣，以便稳定铝的回收率。

b　加铝后对工艺的影响

铝加入钢中后使得钢的一系列性能得到改善，但在出钢及浇铸过程中钢液与空气接触时，铝易被氧化成Al_2O_3使钢液变得黏稠，使夹杂物难于上浮而存在于钢中。为此，要有适当高的出钢温度，以保证钢液在盛钢桶内有足够的镇静时间。

为了提高38CrMoAl钢的质量，冶炼中应努力降低钢中气体的含量（主要是氢气）。使用清洁、干燥的炉料，原材料必须经烘烤后使用，氧化期应进行良好沸腾去气，还原期时间不宜过长，扒渣加铝的操作应准确、快速，尽量减少裸露钢水的时间，保证钢液有足够的镇静时间。

6.5.2　滚动轴承钢的冶炼

6.5.2.1　滚动轴承钢的用途及性能要求

轴承是现代各种机械设备、仪表和交通工具必不可少的重要部件之一，各种机械的转动部分都少不了它。随着工农业生产发展，机械化和自动化程度不断地提高，各行各业对轴承的数量和质量提出越来越高的要求。

滚动轴承钢主要用来制造滚动轴承的滚珠、滚柱、滚筒、滚针及内外套圈，少部分用来制造油泵、油嘴及其他工具、模具等。

轴承在运转的过程中，工作条件十分复杂。当轴承高速运转时，滚动体和轴承套圈的表面各点都交替地承受着载荷，力的变化由零增加到最大，再由最大减小到零，如此周期性地变化着。滚动体和套圈之间的接触面积很小，而所承受的交变负荷就极大，据计算，轴承在高速运转时可达 5000MPa。除了受交变载荷外，还受到由离心力引起的负荷使滚动体和套圈产生弹性变形。另外，轴承在工作时还受到水分、杂质及润滑油的侵蚀。

在上述几种因素的作用下，轴承常常表现为接触疲劳破坏和磨损破坏两种破坏方式。

鉴于上述种种原因，人们对滚动轴承钢提出许多特殊的性能要求：

（1）保证轴承有高的抗疲劳强度，尤其是抗接触疲劳强度，高的弹性极限，高的耐磨性和一定的冲击韧性。

（2）保证轴承有高的淬硬性和淬透性、良好的尺寸稳定性和一定的抗腐蚀性能。

目前常用的高碳铬钢基本上能满足上述要求，1901 年高碳轴承钢问世以来，世界各国轴承钢的成分大致相同，80 多年来，轴承钢的化学成分无多大变化。其中用量最大的是相当于我国 GCr15 类型的轴承钢，这种类型的钢种目前各国均占轴承钢总产量的 80% 以上。随着当前航空及尖端科学技术的发展，轴承钢正向微型、耐高温、耐腐蚀等特殊要求方向发展。

6.5.2.2　轴承钢中主要合金元素的作用

碳：铬轴承钢中的碳含量一般为 0.90% ~ 1.15%。碳与铬形成细小的粒状碳化物。一般说来，含碳 0.5% ~ 0.6% 的马氏体基体上分布着 6% ~ 8% 过剩碳化物时，轴承的强度、硬度、抗疲劳性、耐磨性都较好。含碳量太少，过剩碳化物也少，则耐磨性差。含碳量太高，增加钢的脆性，引起严重的碳化物偏析，甚至造成大块碳化物，影响轴承的使用寿命。

铬：铬是碳化物的形成元素之一，在含碳量 1% 的过共析钢中，形成含铬合金渗碳体 $(Fe, Cr)_3C$，它在退火时比较稳定，不易集聚长大，碳化物颗粒比较细小均匀，保证了钢的硬度、强度、耐磨性及抗疲劳性能。铬还能提高钢的淬透性，有益于提高轴承钢的抗腐蚀性能。

锰：作为合金元素，由于它部分地溶于铁素体，增加了铁素体的强度和硬度。锰还能显著提高钢的淬透性，此外钢中加入锰还能消除和减弱硫的危害性。

硅：钢中含有硅，能提高铝的脱氧能力。硅在钢中形成碳化物，它能提高固溶体的强度，钢中含有适量的硅能提高弹性极限、屈服强度和疲劳强度。

在铬钢或铬锰钢中加入硅，能显著提高钢的淬透性，因此大截面的轴承采用含硅锰较高的 GCr15SiMn 钢制造。

高碳铬轴承钢的化学成分如表 6-7 所示。

表 6-7　高碳铬轴承钢的标准化学成分　　　　　　　　　　（质量分数/%）

元素钢号	C	Mn	Si	Cr	S	P	Ni	Cu
GCr6	1.05/1.15	0.20/0.40	0.15/0.35	0.40/0.70	≤0.02	≤0.027	≤0.30	≤0.25

元素钢号	C	Mn	Si	Cr	S	P	Ni	Cu
GCr9	1.00/1.10	0.20/0.40	0.15/0.35	0.90/1.20	≤0.02	≤0.027	≤0.30	≤0.25
GCr9SiMn	1.00/1.10	0.90/1.20	0.40/0.70	0.90/1.20	≤0.02	≤0.027	≤0.30	≤0.25
GCr15	0.95/1.05	0.20/0.40	0.15/0.35	1.30/1.65	≤0.02	≤0.027	≤0.30	≤0.25
GCr15SiMn	0.95/1.05	0.90/1.20	0.45/0.65	1.30/1.65	≤0.02	≤0.027	≤0.30	≤0.25

注：$w(\text{Ni+Cu}) \leqslant 0.5\%$。

6.5.2.3　操作要点

目前各厂滚动轴承钢的冶炼方法主要采用氧化法，冶炼的任务是获得尽可能纯洁的钢材。

A　对炉体、炉料及原材料的要求

冶炼滚动轴承钢要求炉体情况良好，因此一般都安排在中期炉龄的炉子里冶炼。炉料必须由清洁少锈、干燥的低硫、磷废钢和生铁组成。同时所使用的原材料必须严格烘烤。

B　氧化期

氧化温度应大于1580℃，采用矿石、氧气综合氧化法。氧化期必须做到高温均匀激烈沸腾，脱碳量应大于0.40%，脱碳速度 $V_C \geqslant 0.01\ \%/\text{min}$，但也不宜过大。

净沸腾时间不少于10min，并调锰至0.30%。扒渣条件为：

（1）氧化末期终点碳合适，尽量做到扒渣后不用碳粉增碳，以免碳粉中的灰分直接进入钢液而增加钢中夹杂；

（2）$w_{[P]} \leqslant 0.010\%$；

（3）扒渣温度应控制在1580～1600℃。

C　还原期

稀薄渣下，插铝1kg/t进行预脱氧，再用碳粉、硅粉还原造白渣。白渣保持时间不少于40min，$w(\text{FeO}) < 0.50\%$。$w_{[Si]} \geqslant 0.10\%$ 时，调整化学成分。待合金全熔后，终脱氧插铝 1～2kg/t。出钢温度应控制在1580℃左右。

6.5.2.4　冶炼工艺分析

滚动轴承钢是属于"白点"敏感的钢种，对夹杂物要求又极为严格，所以采用氧化法冶炼。

A　钢液中的含磷、硫量必须严格控制

滚动轴承钢的磷、硫含量比一般钢种低，在冶炼过程中，应特别注意去除。熔化期必须严格控制钢液的含磷量（不大于0.010%），还原期要更多地创造去硫条件。

B　终脱氧插铝量对氧化夹杂物的影响

冶炼轴承钢一般是在出钢前用 1～1.2kg/t 的铝量来使钢液强制脱氧，生成脱氧产物 Al_2O_3，虽然其熔点高，颗粒细小，但是具有云雾状聚集特性，同时它在钢液中表面张力较大，所以能够顺利地排除。即使残留在钢中的 Al_2O_3 因颗粒细小，分布均匀，也能保证钢的质量。

从图 6-5 可知，合适的残余铝量应为 0.035% ~ 0.045%，铝收得率按 40% 计算，则终脱氧的插铝量应为 1 ~ 2kg/t。

此外，表 6-8 所列的数据也可说明，终脱氧插铝量少于 1kg/t 时，钢中氧化物夹杂评级及含量随着插铝量的增加而降低。因此，为了减少钢中氧化物夹杂，终脱氧的插铝量为 1 ~ 1.2kg/t 是比较合理的。但是，我国有关单位对国外轴承进行了定量化学分析，残余铝量仅仅为 0.002%，虽然钢材夹杂物含量并不特别低，但轴承的使用寿命却相当长。为此，国内也进行减少插铝量和不插铝的试验或选用新的终脱氧剂降低钢中残余铝量，改变钢中夹杂物的类型，从而提高轴承使用寿命。此外，为了降低钢中氧含量和非金属夹杂物的含量，轴承钢的炉外精炼将是发展方向。

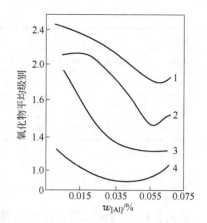

图 6-5　钢中残余铝对氧化物的影响

1—3t 锭轧成 80 ~ 100mm 材；2—3t 锭轧成 55 ~ 75mm 材；3—3t 锭轧成 35 ~ 55mm 材；

4—3t 锭轧成不大于 30mm 材

表 6-8　终脱氧插铝量对轴承钢夹杂的影响

终插铝量/kg·t⁻¹	炉 数	试片数	氧化物平均级别	点状夹杂平均级别	氧化物夹杂总量/%
0.22	16	298	1.96	2.26	0.110
0.45	20	456	1.65	2.06	0.096
1.00	32	608	1.44	1.35	0.0060
2.00	47	356	1.62	1.57	0.0048

C　出钢前（FeO）含量对氧化夹杂物的影响

渣中 FeO 含量可以反映钢液的脱氧程度，含 FeO 不高的炉渣与钢液同出时，炉渣对钢液才有一定的洗涤作用。如果（FeO）含量过高时，钢液的二次氧化就会严重，钢中的非金属夹杂物也随之增加，所以出钢前（FeO）含量应小于一定值。有资料认为，（FeO）≤ 0.3% 为佳。

D　控制合理的温度制度

温度的高低直接影响冶金反应进行的程度和速度、钢液对耐火材料的侵蚀以及钢锭凝固过程中元素的偏析等。总之，对轴承钢来说，后期温度过高是有害无益的，合理的温度应是：

（1）高温沸腾，大于 1580℃ 有利去气排除夹杂；

（2）高温精炼，逐步降温，以利脱氧脱硫；

（3）中温出钢，一般为 1580℃ 左右，使出钢后有足够的镇静时间偏低温度浇铸（1520 ~ 1540℃），有助于改善碳化物不均匀性。

E　出钢前钢中的硅含量

出钢前硅含量通常控制在规格下限，根据某厂生产经验认为，钢液通过炉渣增硅比用硅铁直接加入钢液中增硅要好，因为前者的钢中夹杂物数量相对于后者要少。从图 6-6 可看出，钢中夹杂物含量随出钢前钢中硅含量的增加而降低，当 $w_{[Si]}$ 为 0.25% 时降到最低值。所以还原期应尽量用硅粉造白渣使钢液通过炉渣增硅，出钢前钢液含硅量应在 0.15% ~0.20% 为佳（含硅钢号应在 0.20% ~0.30%）。

6.5.2.5 目前存在的主要质量问题及改善方法

A 非金属夹杂物

钢中有脆性夹杂物和球状不变形夹杂物存在时，由于轴承工作的温度和所受应力的变化，造成夹杂物和基体的变形量不同。在夹杂物与基体之间产生疲劳显微裂纹（肉眼不易看到），并在应力集中的作用下逐渐扩大变成宏观裂纹（肉眼能够看出），最后导致钢在该地区开裂或剥落，使轴承无法继续使用，严重地影响轴承的寿命。钢中这类夹杂物数量越多，造成开裂或剥落的几率就越大，轴承的寿命也就越短。从图 6-7 可明显看出，氧化物夹杂及球状夹杂物数量增加时轴承寿命急剧下降，而硫化物塑性较好，对轴承寿命影响不大，并且一定量的硫化物存在时可以包在氧化物外围减轻氧化物的危害作用。

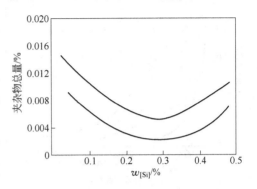

图 6-6　出钢前钢液含硅量与夹杂物总量的关系

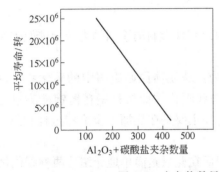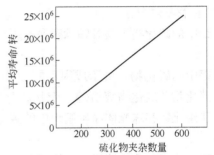

图 6-7　夹杂物数量对轴承寿命的影响 A

夹杂物颗粒尺寸愈大，对轴承寿命的影响愈大，这一点也能从图 6-8 和图 6-9 明显看出。对同一尺寸的夹杂物而言，不同规格的钢材，对轴承疲劳寿命的影响也不同。规格小，影响大，寿命短。反之，规格大，影响小，寿命长。因此，小规格的轴承钢材，夹杂物的级别要求更高。

轴承钢中夹杂物的分布，一般希望要分布均匀，但是轴承零件表面和距表面 1mm 的一层中夹杂物数量愈少愈好。总之夹杂物的分布愈弥散愈好，愈集中愈坏。

综上所述，轴承钢中的非金属夹杂物应该尺寸小，数量少，塑性良好，分布均匀。但是在冶炼过程中全面满足这些要求是很困难的，同时这些要求又是互相矛盾的，互相制约的。例如：夹杂物尺寸小，数量则多；尺寸小的去除困难，而尺寸大的去除则容易；高熔点夹杂物尺寸虽小，但塑性差，而塑性好的低熔点夹杂物，颗粒则大。为解决冶炼中的这些矛盾，提高轴承钢的质量，就必须在生产实践中，抓住主要矛盾，探索较合理的生产工艺。

根据多年来电炉生产轴承钢的实践，通常认为钢水在炉内是较纯净的，而经过出钢到铸锭使钢的纯洁度大大降低。这是由于钢流的二次氧化、混渣、耐火材料被钢液侵蚀后进入钢中，以及凝固过程中脱氧反应的继续进行和杂质偏析等原因而造成的。所以从工艺上采取措施防止和减轻二次氧化，提高耐火材料的质量，规定合理镇静时间等，都是非常必要的。

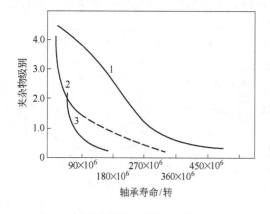

图 6-8　夹杂物数量对轴承寿命的影响 B
试样尺寸：1—18.6mm；2—15.0mm；
3—13.0mm

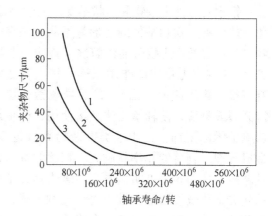

图 6-9　夹杂物数量对轴承寿命的影响 C
试样尺寸：1—18.6mm；2—15.0mm；
3—13.0mm

B　碳化物不均匀性

轴承钢中的碳化物不仅对轴承寿命有影响，而且影响轴承钢的力学性能及退火材料的硬度。

轴承钢中的碳化物，由于成因不同而分为：珠光体原始组织中的碳化物、网状碳化物、带状碳化物及碳化物液析等。带状碳化物和碳化物液析是钢在铸锭冷凝过程中产生的，而网状碳化物和珠光体原始组织中的碳化物主要是在热加工及冷却过程和热处理过程中产生的。

带状碳化物和碳化物液析与冶炼有关，因而在此只是简单地介绍这两种碳化物。

按照热处理的观点，带状碳化物是共析碳化物，是从奥氏体中析出的；碳化物液析是共晶碳化物，是直接从钢液中形成的一次碳化物。产生这种碳化物的根本原因是元素在钢锭中的偏析。偏析程度较低时，呈现带状；偏析程度严重时，会形成碳化物液析。

改善钢锭中碳化物的聚集，只有通过控制浇铸温度和凝固速度，促使钢锭在短时间凝固，从而减弱偏析程度。适当降低浇铸温度对改善碳化物聚集有一定的效果，加大冷却速度也可以起到同样的作用。

应用高温扩散退火对改善轴承钢碳化物液析及带状碳化物也都是有效的。

6.5.3　高速工具钢的冶炼

6.5.3.1　高速工具钢的特点

高速工具钢是机械工业中制造切削刀具的重要金属之一，主要被用来制造生产率高、耐磨性好、在高温下（一般在600℃左右）仍能保持切削性能的刀具，如车刀、钻头、铣刀、拉刀、插齿刀、铰刀、丝锥、锯条等。

随着我国社会的高速发展，在机械工业中高效率的自动车床和高速切削机床不断涌现，新型的难以切削的金属材料也相应地增多，因此对高速工具钢的产量、质量和品种不断提出了新的要求。

A　高速工具钢的分类

高速工具钢按化学成分可分为4类：

（1）钨系高速钢。这类高速钢钨元素的含量在9%以上，最高可达18%，不含钼但含钴。其典型钢号如我国的W18Cr4V，W9Cr4V2等。

（2）钨-钼系高速钢。这类高速工具钢含有一定量的钨和钼，它们之间的含量差一般不超过2%，也不含钴。其典型钢号如W6Mo5Cr4V2、W6Mo5Cr4V3等。

（3）钼系高速钢。这类高速工具钢含钼量较高，一般都大于7%，而含钨量较低，通常不超过2%，可含钴。其典型钢号如W2Mo9Cr4VCo8等。

（4）高碳高钒系高速工具钢。这类高速工具钢含钒量大于3%，含碳量比较高。其典型钢号如W9Cr4V5、W12Cr4V4Mo等。

B　高速工具钢的性能要求

对高速工具钢的性能要求为：

（1）常温硬度。常温硬度是衡量高速工具钢性能指标之一。在淬火回火后，高速工具钢的硬度HRC均大于62，钢号不同，硬度值也不同。其中，含钴高速工具钢和高碳高钒高速工具钢的硬度较高，一般都超过65；而钨系高速工具钢硬度较低，通常在62~65之间。但是高速工具钢的常温硬度并不是显示其性能的主要指标，因为碳素工具钢和合金工具钢在常温下，硬度也能达到这样的水平，但是它们的切削性能比高速工具钢差得多。

（2）红硬性。红硬性是衡量高速工具钢性能的主要指标，也是高速工具钢区别于其他工具钢的主要特性。所谓红硬性是指刃具钢在切削过程中产生高温时，仍能保持较高的硬度和耐磨性的一种性能。高速工具钢之所以具有高的切削性能，就是因为它具有红硬性这一特征，高速工具钢在600℃的高温下仍能保持其硬度HRC>60，而碳素工具钢在此温度下早已软化。高速工具钢的红硬性主要取决于钢中钴、钨、钒、碳等元素的含量，含钴高速工具钢红硬性较高，而钨系高速工具钢的红硬性较低。

（3）耐磨性和可磨削性。耐磨性是指刀具在切削工件时磨损的程度。实质上高速工具钢的耐磨性是钢的红硬性、硬度、韧性等指标在切削加工时的综合反映，所以高速工具钢应该具有良好的耐磨性。

可磨削性是指钢被加工成刀具时磨削的难易程度，这是一个不能忽视的指标。可磨削性差，则刀具制造困难，生产成本高，产量低、磨料（砂轮）损耗大，即使其他性能都很好，也无法广泛地推广应用。钨系高速工具钢的可磨削性较好，而高碳高钒高速工具钢的可磨削性较差。

（4）冲击韧性和抗弯强度。高速工具钢应具有一定的冲击韧性及抗弯强度，如果钢的冲击韧性及抗弯强度差，则刀具使用时发生崩刀现象，从而降低刀具的使用寿命。高速工具钢的冲击功一般为16J左右，抗弯强度一般在3000MPa。

（5）工艺性能。高速工具钢的工艺性能主要是指钢的热变形加工性能、热处理性能及焊接性能等。钢的工艺性能不良，将给刀具生产带来困难，并影响钢材、刀具生产时的成材率。

　　C　高速工具钢中主要合金元素的作用

　　高速工具钢的性能取决于钢的化学成分（内因）及钢的热处理工艺（外因）。化学成分是钢性能变化的依据，而热处理是性能变化的条件。

　　碳：碳是高速工具钢的基本元素，它能与钢中的钨、钼、钒等形成各种碳化物，以提高钢的硬度、耐磨性和红硬性。

　　高速工具钢在热处理上的特点是存在二次硬化现象，即高速工具钢在淬火低温回火后（不大于400℃），其硬度HRC从淬火状态的60～63下降到58～60，再在560℃左右回火时，其硬度又重新升高到63～65，高速工具钢的这种硬度再次升高的现象称为二次硬化。二次硬化和红硬性是各种弥散碳化物所造成的。

　　高速工具钢中的碳含量是根据钢中形成碳化物的合金元素含量来决定的。常用的计算公式为：

$$C \approx 0.033W + 0.063Mo + 0.059Cr + 0.2V \tag{6-20}$$

　　但是按照此式近似算出的碳含量比现行钢号中规定的碳含量要高得多，如W18Cr4V根据计算含碳量应为1.03%，可是规格定为0.70%～0.80%。这是因为用降低碳量来获得较好的塑性，但是红硬性及硬度稍受影响。目前国内外正朝着增加高速工具钢中的含碳量及同时增加碳化物形成元素，以提高硬度和红硬性这个方向发展。例如把W18Cr4V的含碳量提高到0.9%～1.0%，其常温强度HRC从62～65提高到67～68，红硬性及切削性能均有提高。但是随着含碳量的增加，钢的热加工性能变差，抗弯强度和韧性均有所下降，碳化物偏析增加，焊接性能也变差。

　　钨：钨是使高速工具钢具有红硬性的主要元素之一。它与钢中碳形成碳化钨和复合碳化物，提高了钢的强度、耐磨性和红硬性。钨的碳化物还有阻止晶粒长大的能力。在钨系高速钢中，含钨量小于9%时，钢的红硬性和切削性就降低。随着含钨量的增加，钢的红硬性和切削性成比例地提高。但是钢中碳化物不均匀性也随着增加，从而降低了钢的塑性。当钢中含钨量超过22%时，提高红硬性和切削性能已不显著，而塑性急剧下降，所以含钨量一般不超过22%。

　　钼：钼对高速工具钢性能的影响在很多方面类似于钨，而且比钨的作用更显著，这是因为它们的原子大小相近，而钼的原子量只有钨原子量的一半，因此1%的钼约可代替2%的钨。钼还有细化铸态莱氏体组织的作用，所以钼高速工具钢碳化物颗粒细小，分布均匀，韧性较高。钼高速工具钢的最大缺点是脱碳敏感性大。

　　钒：钒是提高高速工具钢切削性能的主要元素之一，钒与碳极易形成高熔点的碳化物。钒的碳化物弥散硬化作用更强，显著地提高钢的耐磨性。而且由于碳化钒细小分散地分布于钢中，对碳化物偏析影响不大，这就可以适当地提高钒的含量。钢中钒量增加后，碳含量也必须相应按比例增加，否则红硬性和硬度就无法保证。

　　必须指出，钒含量增加后，钢的可磨削性能变差。所以现行标准中大多数高速工具钢的含钒量不超过3%，只有少数用途高速钢的含钒量才达5%。

　　铬：铬主要是增加钢的淬透性，同时也能适当提高钢的耐磨性和硬度，但对红硬性影响不大。高速工具钢中铬的含量一般都在4%左右，因铬的含量过低时，钢的淬透性就达不到要求，而含量过高时（大于5%）又会增加钢淬火时的残余奥氏体的含量，造成钢的硬度降低。

钴：钴是提高高速工具钢的红硬性、硬度和切削性能最有效的元素。钢中加入5%~10%的钴，可使钢获得很高的红硬性，提高硬度和切削性能。但是钢中含钴过低（小于1.8%）时，它对钢的性能几乎没有什么影响。随着含钴量的增加，钢的性能也越来越好，可是钢的韧性将会降低，当含钴量达到12%以上时，钢就变脆。因此，目前高速工具钢的含钴量大多控制在5%~10%。钴是不形成碳化物的元素，因此钴在钢中不影响碳化物的不均匀性，同时也不必相应地提高钢中含碳量。

主要高速工具钢的化学成分如表6-9所示。

表6-9　主要高速工具钢的化学成分　　　　　　　　　　（质量分数/%）

钢　号	C	Mn	P	S	Si	Cr	Mo	W	V	Co
W18Cr4V	0.70 ~ 0.80	≤0.40	≤0.030	≤0.030	≤0.40	3.80 ~ 4.40	≤0.30	17.50 ~ 19.00	1.00 ~ 1.40	
W9Cr4V2	0.70 ~ 0.80	≤0.40	≤0.030	≤0.030	≤0.40	3.80 ~ 4.40	≤0.30	8.50 ~ 10.00		
W9Cr4V2	0.85 ~ 0.95	≤0.40	≤0.030	≤0.030	≤0.40	3.80 ~ 4.40	≤0.30	8.50 ~ 10.00	2.00 ~ 2.60	
W12Cr4V4Mo	1.20 ~ 1.40	≤0.40	≤0.030	≤0.030	≤0.40	3.80 ~ 4.40	0.90 ~ 1.20	11.50 ~ 13.00	3.80 ~ 4.40	
W6Mo5Cr4V2	0.80 ~ 0.90	≤0.35	≤0.030	≤0.030	≤0.35	3.80 ~ 4.40	4.75 ~ 5.75	5.75 ~ 6.75	1.80 ~ 2.20	
W6Mo5V2Cr8	0.80 ~ 0.90	≤0.40	≤0.030	≤0.030	≤0.40	3.80 ~ 4.40	4.75 ~ 5.75	5.75 ~ 6.75	1.80 ~ 2.20	约8.00

6.5.3.2　操作要点

高速工具钢不宜采用氧化法冶炼，这是因为高速工具钢中含有大量的钨、铬、钒，如采用氧化法冶炼，这些合金元素都必须在还原期加入，铁合金的加入量约为总钢水量的1/3。这样势必增加还原期熔化合金的任务，使熔池温度大幅度下降，造成冶炼上的困难，使还原期拖得过长，钢液容易吸气，电极消耗增加，炉体的寿命缩短，因而钢的质量得不到保证。还原期加入大量钨铁，钨铁熔点高，密度大，极易沉入炉底，在熔池中分布不均匀（上部低，下部高），造成成分脱格。因此，不宜采用氧化法冶炼。

过去曾采用不氧化法冶炼。该方法要求炉料中磷含量必须低于规格，碳配到规格下限以下0.1%左右，而且炉料质量要好，尽量搭用部分返回料，造渣材料必须进行严格烘烤。此法尽管补加合金少，减轻了劳动强度，炉体损坏较轻而且合金回收率高，可是成本高，管理复杂，所以一般不再用此法冶炼，而采用返回吹氧法冶炼。

以目前大量生产的W18Cr4V为例，介绍返回吹氧法操作要点。

A　对炉体、配料及装料的要求

炉体：冶炼高速工具钢应在炉体良好的情况下进行。新炉体应在5炉以后才可冶炼高速钢，在冶炼过程中炉体应加强维护。

配料：冶炼高速工具钢的原材料主要有本钢种返回料、其他钢种的返回废钢及铁合金等组成，返回钢的比例一般控制在50%左右。配料要求如下：

（1）碳：炉料中的配碳量为 0.75% ~ 0.80%。

（2）钨：炉料中的钨含量应配到规格中限。

（3）铬：炉料中的铬含量应配得稍低，通常在 3.5% ~ 3.8%，以便于还原期可以用补加高碳铬铁来调整碳量。

（4）钒：因钒比较容易氧化，炉料中一般不配入，但在本钢种返回料中会带入部分钒，根据成分分析，在还原期补加。

（5）磷和锰：应愈低愈好，一般 $w_{[P]} \leqslant 0.02\%$，$w_{[Mn]} \leqslant 0.3\%$。装料：炉料的合理布放直接影响到冶炼过程，决不可轻视。

钨铁熔点高，密度大，不能装在炉底和四周，应装在高温区（炉体中心位置）。铬铁有一定的挥发性，又易增碳，所以不能装在电极下，应装在炉坡四周。进料前应铺加石灰于炉底。

　　B　熔化期和氧化期

高速工具钢的炉料熔化过程与造渣制度同其他钢种基本相同，但有两点应注意：一是渣量不能太大，一般在熔清后渣量为料重的 3% 左右，渣量过大会给还原期操作带来困难；二是吹氧时间不能过早，必须在炉料熔化 70% ~ 80% 后开始吹氧助熔。最初在钢渣界面处吹氧，以利于化渣去硅升温，然后应插入熔池中下部，以利于炉底料的熔化，压力不宜过大，一般以 0.3 ~ 0.4MPa 为宜。如吹得过早，合金元素的烧损会增加，尤其是钨。同时炉渣也会变稠，加重还原期的任务。

炉料全熔、取样分析后，吹氧脱碳，吹氧压力不低于 0.4MPa，但不宜过大，要求深吹。脱碳量不低于 0.10%，终点碳的控制取决于还原期的增碳情况，一般控制在 0.6% 左右。

吹氧脱碳的目的是造成熔池沸腾，以去除钢中非金属夹杂物和气体，提高钢的质量，也有助于提高钢温和使合金成分均匀。

在吹氧过程中，将发生下列氧化反应：

$$2W + 3O_2 =\!=\!= 2WO_3 \tag{6-21}$$

$$4Cr + 3O_2 =\!=\!= 2Cr_2O_3 \tag{6-22}$$

$$2V + 5O_2 =\!=\!= 2V_2O_5 \tag{6-23}$$

为了减少合金元素的氧化烧损，炉渣必须要有一定碱度。钢液温度不能过低，吹氧时间不能过长。

　　C　还原期

吹氧结束后取样分析，由于大量的钨、铬、钒等合金元素被氧化，炉渣很粘，容易增碳。所以用硅粉进行预脱氧，通常每批加入 1 ~ 2kg/t，加 2 ~ 4 批调整炉渣，使其具有良好流动性，但须防止增硅。

还原期要强化脱氧，电石用量约为 8 ~ 12kg/t，一批或分批加入炉内。同时掺入适量的硅铁粉、碳粉及萤石。用较大功率送电，紧闭炉门，使炉内保持良好的还原气氛。炉内的还原反应按下列类型进行：

$$(MeO_3) + (CaC_2) =\!=\!= [Me] + (CaO) + 2CO\uparrow \tag{6-24}$$

$$(MeO) + C =\!=\!= [Me] + CO\uparrow \tag{6-25}$$

$$(MeO_2) + Si =\!=\!= [Me] + (SiO_2) \tag{6-26}$$

由于钨、铬、钒等氧化物与电石的激烈作用，熔池表面强烈沸腾，炉顶炉门等处都冒出强烈火焰，沸腾愈强烈效果愈好。炉渣中的 Cr_2O_3、WO_3、V_2O_5 和 FeO 被还原，炉渣的颜色逐渐变化：黑色→棕色→淡绿色→白色。如操作正常，加电石 10～15min 后，炉渣变白。如渣不易变白，或者其他原因使操作困难，可以扒渣。扒渣量要根据具体情况而定（力争不扒渣，采用单渣法），根据渣况可补加适量电石及新渣料。

当炉渣基本转白或转白时，应彻底搅拌熔池。取两只试样全分析，并用硅钙粉继续保持白渣，根据分析结果，调整化学成分。还原期碳量可用 Fe-Cr 调整，铬按 4.0% 配入，钒按 1.20% 配入。Fe-V、Fe-Cr 在出钢前 15～40min 于白渣下加入，合金加入量应按多元素高合金计算法算出，白渣保持时间应大于 30min，$w(FeO) \leqslant 0.40\%$，钢液温度控制在 1560～1590℃，终脱氧插铝 0.3～0.5kg/t，出钢前应充分推转炉渣和搅拌钢液，以利于钢液成分均匀和防止出钢过程中增碳，出钢时必须钢渣同出。

6.5.3.3 冶炼工艺分析

A 无氧化去磷操作

因高速工具钢采用返回吹氧法冶炼时，配入炉料中的合金元素含量很高，不能去磷，所以炉料中的磷已在规格范围内，而且配得越低越好。

B 单渣法和双渣法

根据还原初期是否扒除炉渣，返回吹氧法又分为单渣法和双渣法。单渣法就是整个冶炼过程不扒除炉渣。双渣法就是炉渣预脱氧后扒除炉渣，造新渣。

单渣法的铬、钒回收率较高，但还原变渣时间长，对脱硫不利。而双渣法的铬、钒回收率稍低，但还原变渣时间短，对脱硫有利，又可在熔池温度过高时作为降温手段。因此，单渣法和双渣法各有利弊，通常以单渣法操作进行冶炼，当变渣困难时，可以扒除部分炉渣以便于操作。

C 成分控制

高速工具钢的冶炼过程中，钨和碳比较难于控制。钨铁用量多，且密度大，熔点高，易沉炉底，因而钨的回收率不稳定，往往产生炉中分析偏低而实际偏高的现象。为此，炉料按中限配钨以减少还原期钨铁补加量。另外，取样前必须充分搅拌钢液，补加钨铁应是小块，钨铁必须完全熔化，以保证分析结果的可靠性。

如果还原期的两只试样分析结果误差大（$w(\Delta[W]) > 0.30\%$，$w(\Delta[C]) > 0.03\%$）时，应重新取样分析。

高速工具钢化学成分的控制普遍偏于中下限，这有利于改善碳化物不均匀性和节约贵重金属。控制成分如表 6-10 所示。

表 6-10　W18Cr4V 钢的控制成分　　　　　　（质量分数/%）

元　素	C	W	Si	Mn	V	Cr
控制成分	0.73～0.78	17.50～17.80	0.15～0.30	0.15～0.30	1.20	4.0

D 温度控制

高速工具钢的温度控制十分重要，钢液温度不但影响到冶炼操作进行，更重要的是对钢材的碳化物不匀性影响极大，所以冶炼高速工具钢，温度控制是关键之一。

为了减少碳化物的偏析程度，浇铸温度应偏低些。高速工具钢的导热性差，裂纹敏感性强，也要求浇铸温度低一些。为此，相应的出钢温度也要偏低些，可是为了保证炉料的熔化和钢渣物化反应的顺利进行，应有较高的冶炼温度。根据长期的实践经验，钢液温度的控制应该"先高后低"，即中上温度精炼，中温出钢，中低温度浇铸。通常，加钒铁前温度控制在 1590 ~ 1610℃，加钒铁后温度约 1580 ~ 1600℃，出钢温度为 1560 ~ 1590℃。

6.5.3.4　冶炼工艺对碳化物不均匀性的影响

碳化物不均匀性是衡量高速工具钢质量的主要技术指标。多年来，各国都把改善碳化物不均匀性作为提高高速工具钢质量的重要途径。

钢中碳化物偏析对钢质量的影响如下：

（1）降低钢的力学性能，碳化物不均匀性对钢的力学性能的影响如表 6-11 所示。

表 6-11　碳化物不均匀性对 W18Cr4V 钢的力学性能的影响

碳化物不均匀性级别	抗弯强度/MPa	冲击功/J	挠度/mm
2	3000	17	4.2
4	2750	16	3.8
6	2400	12	2.5
10（铸态）	1200 ~ 1800		0.6

（2）增加工具在淬火时产生裂纹的敏感性，往往在碳化物堆积和块度较大的地方产生裂纹。

（3）易使工具在使用过程中造成表面剥落，降低工具使用寿命。

碳化物不均匀性与钢的冶炼、浇铸、加工及热处理工艺等很多因素有关。浇铸工艺、锭型及钢锭退火等将在铸锭中叙述。

钢的成分与碳化物不均匀性的影响：当碳和其他合金元素偏高时，碳化物不均匀性的倾向就增大，因此在保证钢的性能和化学成分合格的前提下，尽量把它们控制在规格中下限。

精炼期尽量避免用钨铁和生铁调整成分，以避免增大碳化物不均匀性，可试加微量稀土元素改善结晶条件，从而改善钢的塑性和降低碳化物不均匀性。

出钢温度与碳化物不均匀性的影响：钢液温度对晶粒大小有较大影响，温度越高晶粒越大，从而粗化了铸态共晶体的网络，增加了碳化物的偏析程度。高速工具钢出钢温度应偏低些的原因就在这里。出钢温度与碳化物不均匀性的关系如图 6-10 所示。

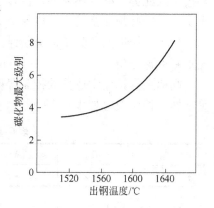

图 6-10　出钢温度对钢材
碳化物不均匀性的影响

6.5.4　不锈钢的冶炼

随着科学技术的不断发展，一般的合金钢材料已经不能满足需要。而不锈钢由于在抗腐蚀、高温抗氧化、抗蠕变等方面具有化学稳定性和热稳定性，从而在合金钢生产中得到了不断发展，产量逐年增长。典型钢种有铬 13 型和 17-8 型不锈钢，品种已有管、带、丝棒、板、饼、环以及其他多种异型钢材。

不锈钢的分类一般按用途可分为 4 类：

（1）抗大气腐蚀不锈钢：在大气中能抵抗空气（如大气、水等）的氧化，这类有铬不锈钢 1~4Cr13、9Cr18 等，常用于制造汽轮机叶片、水压机阀门、医疗器械及家庭用具等。

（2）耐酸不锈钢：在各种侵蚀强烈的介质中，能抵抗腐蚀作用的钢。如 Cr17、Cr25Ti、Cr28、1Cr18Ni9Ti、Cr18Ni18Mo2Cu2Ti 等，用于制造化工、石油等工业设备。

（3）高温不起皮钢，在高温下有较好的抗氧化能力。如 4Cr9Si2、Cr13Si3、Cr17-Al4Si 等，用于制造各种加热炉底板、气体渗碳炉等。

（4）热强钢（耐热钢）：在高温下有足够强度和抗氧化性，又有较高抗蠕变抗破断能力。如 1Cr18Ni9Ti、4Cr14Ni14W2Mo 等，用于制造内燃机的汽缸排气阀和阀杆等。在实际使用中，上述四者难以严格区分，往往一种不锈钢既可作为抗大气腐蚀不锈钢，又可作为耐酸或耐热不锈钢使用。一般地说，具有抗酸和耐热特征的不锈钢具有良好的抗大气腐蚀性，113-8 型的不锈钢就是比较典型的例子。

在冶金生产中，不锈钢也往往按金相组织来分类，主要可分为马氏体、铁素体、奥氏体等三类。

6.5.4.1 晶间腐蚀

A 金属的腐蚀性质和类型

对于金属材料的腐蚀问题，主要反映了金属材料在外界介质（大气、水、含有酸、碱、盐类的溶液等）的作用下引起的破坏。从腐蚀的性质来分，有化学腐蚀和电化学腐蚀两种。

化学腐蚀是直接化学作用的结果。纯铁在水中的腐蚀是化学腐蚀的典型的例子，又如钢铁在加热时形成氧化铁皮，也是常见的化学腐蚀的一种形式。有时金属在高温下氧化形成的氧化物，能致密地覆盖在金属表面，能阻碍基体继续被氧化，对金属起防护作用。不锈钢的抗腐蚀性能主要就是由于表面生成一层致密的铬氧化膜（称为钝化膜），阻止了金属基体的继续被氧化和腐蚀。

电化学腐蚀是由于金属内部组织的不均匀性及非金属夹杂物存在，引起材料电极电位不同，在电解质溶液中阳极基体发生溶解的结果，它跟化学腐蚀的性质不同，不能在金属表面形成氧化物致密层并覆盖于金属表面，因此对金属表面不起防护作用。由于金属不断被溶解的结果，金属材料被腐蚀破坏，最后失去了金属性质。

金属材料的腐蚀类型很多，常见有：一般腐蚀、晶间腐蚀、点腐蚀、应力腐蚀、疲劳腐蚀等。在不锈钢的生产检验中，晶间腐蚀倾向是主要腐蚀之一。

B 不锈钢的晶间腐蚀

腐蚀是集中发生在金属晶界周围，从而使晶粒间的连续性遭到破坏，严重时使材料强度几乎完全消失，并失去了金属声，轻敲即可碎成粉末。产生晶间腐蚀倾向与不锈钢中碳含量和热加工条件有关，常温下碳在奥氏体中的溶解度为 0.02%~0.03%，一般的不锈钢含碳量高于此值，由于经过固溶处理，使碳溶解于奥氏体晶粒中，呈过饱和状态。如 113

–8 型不锈钢在加热过程中，特别在 450~800℃ 温度范围内，钢中的碳在过饱和奥氏体组织中，处于不稳定状态。当温度达到 450℃ 时，由于碳原子较小，其活动能力比原子大的铬要高，就开始沿晶界析出，与晶界铬形成碳化铬（Cr23C6）。当温度在 600~800℃ 范围内时，碳化铬从晶界处析出最快，由于碳化铬的含量远高于基体中的含铬量，它势必引起邻近区域铬的聚集扩散，使晶界附近含铬量降至不锈钢耐腐蚀需要的最低含铬量（12%）以下，这种贫铬现象的形成使晶界不能抵抗某些介质的腐蚀，腐蚀逐渐向晶界内部延伸，引起晶间腐蚀。此外，由于贫铬区与富铬区之间形成了微小的电位差，产生微电池电化学腐蚀作用，在腐蚀介质作用下晶间腐蚀迅速发展，最后导致金属破坏。

在冶炼过程中，为了防止和消除不锈钢的晶间腐蚀，可采取下述有效措施：

（1）在冶炼不锈钢的过程中，降低钢中含碳量。发展超低碳不锈钢，使含碳量低于 0.03% 以下。

（2）向钢中按比例地添加与碳亲和力比铬大的钛、铌等元素，使它们与碳结合为稳定的碳化钛、碳化铌等，阻止碳化铬的形成，消除贫铬现象。

关于按比例添加钛、铌结合成碳化物（TiC，NbC），其加入量根据原子量的比例关系换算出。通常钢中钛和铌的加入量用下式计算。

$$[Ti]=5([C]-0.02\%)~0.8\% \qquad [Nb]=10\times[C]$$

6.5.4.2　不锈钢中碳和铬的氧化理论

目前国内外不锈钢冶炼的方法很多，通常的方法有电弧炉冶炼，感应炉冶炼、电渣重熔。而近几年则发展了在转炉中用氢氧混合气体吹炼的方法，又称 AOD 法。从生产、原料、成本及综合利用方面来看 AOD 法是最经济的，到 1978 年底在世界上已有 70% 以上的不锈钢采用此法生产。在我国目前仍以电弧炉返回吹氧法为主要生产方法。高铬不锈钢返回吹氧法的特点是：含铬量高于 13% 以上，在一般的炼钢温度下（1600℃ 左右）吹氧，会造成铬的大量氧化。因此，在吹氧脱碳的过程中如何保证铬的回收，降低铬损是返回吹氧法冶炼工艺的关键问题。

含铬钢液在标准状态下吹氧时碳和铬氧化的热力学条件如下：

$$[C]+[O]\longrightarrow CO\uparrow \qquad \Delta G_1^{\ominus}=-8510-7.52T \qquad (6-27)$$

$$2[Cr]+3[O]\longrightarrow Cr_2O_3 \quad \Delta G_2^{\ominus}=-361280+179.37T \qquad (6-28)$$

从热力学条件而言，[Cr] 和 [C] 均为 1% 时化学反应进行的难易程度，决定于标准自由能 $\Delta G^{\ominus}$ 的数值，而 $\Delta G^{\ominus}$ 的大小又是温度的函数关系。$\Delta G^{\ominus}$ 负值越大，说明反应过程越容易进行；反之，$\Delta G^{\ominus}$ 负值越小，则反应过程难于进行。

当 $\Delta G_1^{\ominus}=\Delta G_2^{\ominus}$，即 $t=1615℃$ 时，进行吹氧则碳铬将同时氧化，当 $t<1615℃$ 时，$\Delta G_1^{\ominus}>\Delta G_2^{\ominus}$，式（6-28）的反应比式（6-27）的反应易于进行，也就是说，铬同氧的亲和力较大。故铬将大量氧化，当 $t>1615℃$ 时 $\Delta G_1^{\ominus}<\Delta G_2^{\ominus}$，式（6-27）的反应易于进行。也就是说，在此温度条件下，碳同氧的亲和力大于铬，吹氧脱碳易于进行。而在高铬不锈钢液中，即使在 1615℃ 下吹氧也不可避免地要有部分铬被烧损，因此在一般冶炼温度下是不可能冶炼高铬低碳钢的。从上述分析表明，为了减少铬的吹损，必须使熔池温度远高于一般钢种的冶炼温度，这是返回吹氧法冶炼不锈钢的基本特点。

在高温熔池中碳和铬相互竞争氧化，而随着温度升高碳和氧的亲和力就大于铬和氧的亲和力，因此碳也就可以将铬从其氧化物中还原出来，反应式为：

$$(Cr_mO_n) + n[C] === m[Cr] + n\{CO\} \tag{6-29}$$

当反应达到平衡时，则：

$$K = \frac{a_{[Cr]}^m p_{CO}^n}{a_{[C]}^n a_{(Cr_mO_n)}} \tag{6-30}$$

在高铬不锈钢吹氧脱碳时，炉渣将为（Cr_mO_n）所饱和，故 $a(Cr_mO_n)=1$。在大气下冶炼时，可认为 $p_{co}=0.1MPa$，如将钢中铬及碳的活度近似地认为等于它的浓度，式 (6-30) 可改为：

$$K' = \frac{[Cr]^m}{[C]^n} = f(T)$$

由实验得：

$$\lg = \frac{[Cr]}{[C]} = \frac{-13800}{T} + 8.76 \tag{6-31}$$

根据式（6-31），可以算出不同温度下各个的定量关系，如图6-11所示。图6-11表明，钢中铬含量一定时，碳含量将随温度的提高而降低，如钢中铬含量为10%。碳含量为0.10%，其平衡温度为1770℃。也即要保住铬含量10%的钢中，通常吹氧脱碳将碳降至0.10%时，此时熔池温度必须高于1770℃。

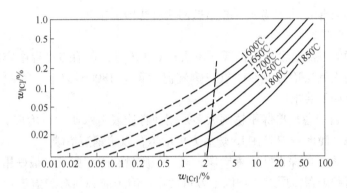

图6-11 在不同的脱碳温度下钢中含铬量和含碳量的关系

利用式（6-31），可以得出[Cr]/[C]比值与脱碳温度的关系，如图6-12所示。平衡曲线将图分为上下两部分。当钢液实际状态处于平衡曲线上部分各点时，先氧化的是铬而不是碳，处于平衡曲线下部分各点时，先氧化的是碳不是铬。例如钢液中铬为10%，碳为0.10%，则[Cr]/[C]=100，当温度为1600℃时，相当于图中的A点，因A点在平衡曲线的上部，因此开始吹氧时，铬先氧化。随着铬的氧化，[Cr]/[C]比值逐渐降低，这时熔池温度逐渐升高，

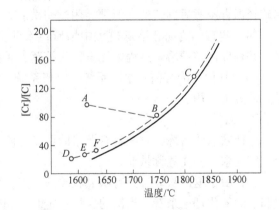

图6-12 铬碳比例（[Cr]/[C]）和温度的关系

A 点将沿着虚线 AB 向右向下移动与曲线交于 B 点。在 B 点继续吹氧，碳就要氧化。从 B 点开始，随着吹氧脱碳将继续升温，$[Cr]/[C]$ 比值和温度同时增加，它们的变化关系，将沿着曲线 C 点方向移动。如在原 $[Cr]/[C]$ 比值下，一开始就使碳先氧化，从曲线中可以查出，开始吹氧氧化的温度必须高于 1770℃。

从图 6-12 可以看出，当钢液碳含量高时，在较低温度下碳也能氧化。如钢液含铬10%，碳 0.30%，温度 1600℃，此时 $[Cr]/[C]=33$，相当于图中的 D 点，它虽然在平衡曲线上部，但离曲线距离很短，吹氧后能很快与曲线交于 E 点，因此碳就在较低温度下（约 1610℃）开始氧化。虽然铬也氧化，但损失较少。因此在不锈钢的生产中，控制一定的 $[Cr]/[C]$ 比值，有利于降碳保铬。

铬碳比一定时，与其平衡的温度也是一定的。根据这一点可以确定终点碳的钢液温度。如脱碳终了钢中铬为 8%，碳为 0.08%，则 $[Cr]/[C]=100$，从曲线可查出温度为1770℃。当铬含量相同，而终点碳为 0.04% 时，则 $[Cr]/[C]=200$，此时温度可达到1860℃。因此，脱碳终了钢中铬含量愈高，碳含量愈低，即 $[Cr]/[C]$ 比值愈大，温度就愈高，而脱碳也就愈困难。

6.5.4.3　操作要点

以 1Cr18Ni9Ti 钢的冶炼为例，介绍返回吹氧法冶炼工艺。

A　冶炼前的准备

由于本钢种的成品碳含量比较低（不大于 0.12%），在冶炼过程中容易增碳，造成操作被动。在返回吹氧法冶炼时，吹氧毕钢液温度可达 1800℃ 以上。为此，对炉衬、出钢槽、电极方面有如下要求：

（1）炉衬：目前各厂冶炼不锈钢大多采用沥青质或卤水质炉衬冶炼。卤水炉衬须在 5 炉以后方可冶炼，而沥青炉需在 15 炉后方可冶炼，以防钢液增碳。

（2）炉盖：为了确保正常冶炼操作，对炉盖质量有一定要求，最好用一级高铝质或铝镁质砖砌筑，新砌炉盖需用过 2 炉以上方可使用。冶炼前必须对炉盖进行检查。防止冶炼中途塌炉盖。

（3）出钢槽：目前各厂使用不一，有用整体耐火混凝土出钢槽的，也有用沥青砖或高铝砖经沥青浸煮后砌筑的，但都需用过一次后方可供不锈钢使用。

（4）电极：为防止冶炼过程中增碳，事前要对电极做认真检查，所用电极不得有裂缝，并须保证整炉冶炼过程中无电极头掉落，否则需处理或调换后方可使用。

（5）其他：冶炼前对水冷系统、电气系统、机械设备等逐一仔细检查，发现故障及时排除后方可使用。

B　配料

返回吹氧法冶炼，对配料有严格的要求，除了炉料要清洁干燥外，必须使配料成分符合规定要求，并注意称量准确性。

碳：由于返回吹氧法具有吹氧脱碳的特点，对配料中碳含量允许有一个控制范围。从碳和铬的氧化理论来看，当铬的含量一定时，如果碳的含量较高，可使熔池在较低的温度下就开始吹氧脱碳，但碳含量过高将延长吹氧时间。一般配碳量为 0.30% 左右。

硅：由于硅比铬容易氧化，因此配有一定量的硅，在吹氧初期可起到保铬的作用，同时有利于钢液升温。但硅含量过高将延缓碳的氧化，降低了炉渣碱度，反而增加铬的损失，还会严重侵蚀炉衬。炉料中的配硅量一般控制在0.80%～1.00%。

铬：炉料中随着配铬量增高，必将增大［Cr］/［C］比值。为了脱碳保铬，势必要提高开始吹氧的温度和吹氧终点的熔池温度，从而给操作造成困难和影响炉体寿命。配铬量过低，又限制了返回钢的使用量，显示不了返回吹氧法的优越性。目前一般的配铬量为10%～13%。

磷：在高铬钢液中，磷同氧的亲和力比铬小，钢液温度随着吹氧脱碳而迅速的提高，造渣材料和炉衬中磷的氧化物稳定性将急剧降低。即使有少量氧化进入炉渣，在随后还原铬的过程中，也将全部回入钢中。因此，返回吹氧法不可能去磷，配料时对磷的要求比较严格，一般要求不高于0.025%，越低越好。

锰：在炉料中所起的作用与硅相似，但炉料中对配锰量不作要求，一般都是随炉料带入，约有0.50%～0.80%。

镍：由于与氧亲和力较小，在返回吹氧法冶炼时，一般将它全部配入炉料中。镍能提高碳活度，将镍全部配入炉料中对吹氧脱碳也有利，可以降低脱碳温度。如有10%左右镍存在时，可使氧化末期温度降低40～50℃而达到同样的脱碳效果，在1800℃以上能降低50℃是十分宝贵的。

6.5.4.4 冶炼工艺分析

A 进料和熔化

进料前炉底先加入料重2%左右的石灰，使熔化渣有一定的碱度，对吹氧过程中脱碳保铬以及维护炉衬都有好处。

熔化期以大功率送电，什么时候开始吹氧助熔，这关系到铬损失量的大小。从表6-12可看出，过早的吹氧助熔，将增加铬损。因此，大多数钢厂都在炉料熔化80%左右进行吹氧助熔。当炉料全部熔化后，经充分搅拌后取样分析所需元素。

表6-12　吹氧助熔开始时间与铬损失的关系

送电到开始吹氧时间/min	50	65	70	100
未熔炉料/%	65	52	46	25
铬损失量/%	2.5	1.5	0.6	0.3

B 氧化和终点碳控制

在返回吹氧法冶炼不锈钢时，开始吹氧脱碳的温度是脱碳保铬的关键，可以根据［Cr］/［C］与温度的关系来选择合适的吹氧脱碳温度。如熔清后钢液实际含铬量为10%，碳含量为0.30%，则［Cr］/［C］=33，即可从图6-12中查得温度为1620℃。因为钢液中配有一定硅量，所以开始吹氧温度为大于1600℃，这与各厂开始吹氧温度基本相符。

在整个吹氧脱碳过程中，能不能顺利地进行脱碳操作，就在于保证一定的脱碳速度，而脱碳速度决定于吹氧压力及单位时间内向钢液的供氧量。实际生产中，通常是采用提高吹氧压力，增加吹氧管支数的办法来达到一定的脱碳速度，提高吹氧压力能够强化熔池搅拌，增加供氧量，加速碳氧反应，加强脱碳效果。但不是说，氧气压力越高越好，过高的吹氧压力，不但不能提高脱碳速度，相反会降低氧气的利用率，增加金属损失，熔池产生严重喷溅。因此，一般控制吹氧压力在 0.8～1.2MPa。吹氧管管径公称 1～3t 电弧炉使用 19mm；公称 5t 以上电弧炉使用 25mm，并且采用双管和多管齐吹操作。当 $w_{[C]}$<0.10% 时，供氧速度已不是主要环节，氧气压力的作用显著。

关于终点碳的控制，在吹氧脱碳终了时，熔池温度已经相当高，通常在 1800℃ 以上，从电极孔冒出的火焰明显收缩无力呈棕褐色，熔池表面沸腾微弱而只冒小泡，炉渣面白亮，炉渣也明显黏稠。这时表明钢液中碳已降至 0.06% 以下，有经验的炼钢工根据炉前情况，迅速做出是否停止吹氧的判断。吹氧过程的特征如表 6-13 所示，以做参考。

表 6-13　吹氧过程的特征

$w_{[C]}$/%	v_C/%·min^{-1}	特　　征
>0.15	0.01	有白亮炭火焰自炉门电极孔冒出，钢水激烈大翻，渣子稠有泡沫
0.09～0.15	0.005	炉门火焰渐收，或时隐时现，电极孔有褐色火星，熔池面有小气泡，渣渐稀
<0.09	0.002	火焰全收，电极孔冒褐色烟，熔池白亮，反射极强

一般终点碳根据成品材要求控制在 0.04%～0.08%，终点碳太高，会由于还原和出钢过程的增碳而出格，终点碳控制过低，特别是终点碳小于 0.035% 以下，钢液中铬损就显著增加，影响铬的回收率。

C　加铬铁和高氧化铬炉渣的初还原

当吹氧脱碳停止后，立即向钢液插铝 1～1.5kg/t，并加低碳锰铁或硅铬合金等进行预脱氧，各厂具体操作各异，不一一举例。此时熔池温度高达 1800℃ 以上，炉体温度已经远远超过耐火材料荷重软化温度，应迅速旋转炉盖或开出炉体，将所需的微碳铬铁一次加入炉内，利用过热钢液快速熔化铬铁，从而降低了熔池温度，保护了炉衬。为了避免电极增碳，把露于渣面上的固体铬铁推入钢液中，并分 2～4 批加入硅钙粉或铝粉进行还原。有些钢厂还采用吹氧助熔化铬去硅操作，但吹氧压力不能太大，一般掌握在 0.2～0.3MPa。在实际生产中，要提高炉料中铬的回收率，大多从两个方面着手，除了减少吹氧过程铬的损失外，还努力将吹氧毕含高氧化铬的炉渣加以还原。因此，做好高氧化铬渣的还原具有十分重要的意义。总之，在扒氧化渣前，进行反复还原，并加强搅拌工作，才能提高铬的回收率。一般情况下，返回吹氧法冶炼不锈钢时，铬的回收率为 85%～95%。当高氧化铬渣还原结束，炉渣从灰绿色变为浅黄绿色后，经过充分搅拌取样分析碳、铬、镍等元素，就开始全部或部分扒渣。

D　钢液的脱氧

扒渣后造新渣，稀薄渣形成后，根据钢中含硅量，分批加铝粉或硅钙粉继续扩散脱氧。当炉渣变白时，取样分析所需元素。因为钢中铬含量高，钢液流动性差，成分不易均匀，所以取样前必须充分搅拌，分析试样不少于两个。

E　调整成分

关于 [Cr]/[Ni] 比值的控制，由于铬是铁素体的形成元素，如铬的控制成分在上限，而镍的控制成分在下限，那么其结果 [Cr]/[Ni] 增大，会出现二相组织，使不锈钢加工性能变坏。通常铬含量控制在中下限，镍含量控制在中上限较好，[Cr]/[Ni] 比根据钢材要求各厂有具体规定。

在出钢前 7～15min 按要求的 [Ti]/[C] 比值加入预热的钛铁，加钛前炉渣要脱氧良好，$w(\text{FeO}) \leqslant 0.4\%$，不能过稀过稠。加毕后用木耙推动钛铁，隔 3～5min 后通电，以减少钛的烧损。正常情况下，钛的回收率为 50% 左右。但钛的回收率是随着熔池温度的高低、炉渣脱氧的程度而变化的，这就需要根据实际情况和操作经验来确定加入钛铁的数量。为了提高钛的回收率和减少钛对硅的还原，也有采用减少炉内渣量，在薄渣下加入钛铁的。

钛含量控制别过高，否则会使奥氏体不锈钢中铁素体增加，影响加工性能和耐腐蚀性，又增加钛的氮化物夹杂。因此，在冶炼过程中应将碳控制低些，以降低钢中含钛量。

F　温度制度

返回吹氧法随着吹氧脱碳操作的进行温度逐渐升高。吹氧毕钢液温度高达 1800 ℃以上，此时炉渣温度低于钢液温度。大量铬铁加入后，熔池温度迅速降低，但仍能满足整个还原期温度的要求。从工艺要求来看，还原期要控制好炉渣温度，使炉渣有良好的流动性。同时，由于铬含量较高钢液流动性较差，出钢前还要加入钛铁，温度要控制偏高些。但温度过高钢液容易增碳，钛的回收率也难于控制。此外，还要根据浇铸的锭型及方法确定合理的出钢温度。出钢温度各厂不相同，通常在 1600～1640℃。

复习思考题

6-1　氧化法冶炼 45 号钢，用下注法浇铸 2t 重方锭 8 根，汤道及中注管重 200kg，注余重 150kg，炉料由 40% 的外来废钢、返回废钢及低磷硫生铁组成。使用的铁合金料为：Fe-Mn 含锰量 75%，收得率为 98%；Fe-Si 含硅量 75%，收得率 90%。求配料量及炉料组成。

6-2　冶炼 45 号钢，炉料含硅为 0.45%，熔化渣控制碱度 $R = 2.3$，石灰含 $w(\text{CaO}) = 85\%$，则每吨钢应加垫底石灰量为多少？

6-3　原计划钢液质量为 40t，加铌前铌的含量为 0.10%，加铌后计算铌的含量为 0.15%，实际分析为 0.13%，求钢液的实际质量。

参 考 文 献

[1] Alzetta F, Ruscio E, Poloni A. 达涅利 FastArcTM 高技术电弧炉 [C]. 2007 中国钢铁年会论文集. 成都：中国金属学会，2007.

[2] 刘根来. 炼钢原理与工艺 [M]. 北京：冶金工业出版社，2006.

[3] 俞海明. 现代电炉炼钢操作 [M]. 北京：冶金工业出版社，2009.

[4] 沈才芳，孙社成，陈建斌. 电弧炉炼钢工艺与设备 [M]. 北京：冶金工业出版社，2007.

[5] 李厚实. 新编电炉炼钢新工艺、新技术与操作技能实用手册 [M]. 北京：冶金工业出版社，2003.

[6] Gerhard Fuchs. New Energy Saving Electric Arc Furnace Design [C]. AISTech 2008 Proceedings. Pittsburgh：Association for Iron and Steel Technology，2008：709.

[7] Francesco Memoli, Angelo Manenti. A New Era for the Continuous Scrap Charge：the Definitive Success of Consteel Technology and Its Expansion in Europe From a Productivity and Environmental Perspective [C]. AIST 2007 Proceedings. Indianapolis：Association for Iron and Steel Technology，2007：871.

[8] Larry Gates, Kuniharu Fujimoto, Yasukazu Okada, et al. Installation of Praxair CoJet Gas Injection System at Sumikin Steel and other EAFs With Hot Metal Charges [C]. AISTech 2008 Proceedings. Pittsburgh：Association for Iron and Steel Technology，2008：723.

[9] 朱荣，王新江. 安钢 100 t 竖式电弧炉高热装铁水比的工艺实践 [J]. 特殊钢，2008，29（1）：40.

[10] 陈丽，吕卫阳，朱甲兵. 基于模糊聚类的电弧炉炼钢氧枪优化用氧的研究 [J]. 冶金能源，2007，26（1）：12.

[11] 张露，温德松，孙开明. 现代电弧炉热装铁水实践与再认识 [J]. 天津冶金，2008（5）：43.

[12] Tony Klippel, Ron Miller, John Counce, et al. Results of Gerdau Ameristeel Jackson EAF Operation with PTI Inc. LimeJetTM Injection System [C]. AISTech 2009 Proceedings. St. Louis：Association for Iron and Steel Technology，2009：585.

[13] Joe Maiolo, Paolo Clerci. IEAF（Technology：Dynamic Process Control for the Electric Arc Furnace [C]. AISTech 2009 Proceedings. St. Louis：Association for Iron and Steel Technology，2008：565.

[14] Luis Ferro, Paolo Giuliano, Paolo Galbiati, et al. The Electric Arc Furnace of Tenaris Dalmine：From the Application of Digital Electrode Regulation and Multipoint Injection to the Dynamic Control of the Process [C]. AISTech 2007 Proceedings. Indianapolis：Association for Iron and Steel Technology，2007：847.

[15] 马晓茜，陈伯航. 电弧炉炼钢两种余热回收方式的比较 [J]. 工业炉，1998，20（4）：20.

[16] 王广连，马佐仓，李猛，等. 实现电炉炼钢节能减排和清洁生产的可持续发展 [J]. 中国冶金，2008，18（7）：45.

[17] 陶务纯，王胜，朱宝晶，等. 电炉除尘兼余热回收系统的设计与应用 [J]. 中国冶金，2007，17（9）：51.

[18] 张海滨. 电炉回收烟气余热实现负能除尘 [J]. 冶金动力，2009（4）：77.

[19] 卢春苗，顾佳晨，孙彦广. 基于 SVM 逆模型的电炉静态温度预报模型研究 [J]. 仪器仪表学报，2008，29（4）：821.

[20] Marshall Khan, Doug Zuliani. EAF Water Detection Using Offgas Measurement [C]. AISTech 2009 Proceedings. St. Louis：Association for Iron and Steel Technology，2009：549.

[21] 姜静，李华德，孙铁，等. 基于混合遗传算法的电弧炉终点目标温度预报模型 [J]. 特殊钢，2007，28（5）：22.